住房城乡建设部土建类学科专业“十三五”规划教材
全国住房和城乡建设职业教育教学指导委员会工程管理类专业指导委员会规划推荐教材

建筑与装饰装修工程计量与计价实务

周慧玲 主编
程莉 陈晓 副主编
朱文华 覃芳 主审

U0234361

中国建筑工业出版社

图书在版编目(CIP)数据

建筑与装饰装修工程计量与计价实务 / 周慧玲主编；朱文华，覃芳主审. — 北京：中国建筑工业出版社，2021.8（2023.1 重印）
住房城乡建设部土建类学科专业“十三五”规划教材 全国住房和城乡建设职业教育教学指导委员会工程管理类专业指导委员会规划推荐教材
ISBN 978-7-112-26300-4

Ⅰ. ①建… Ⅱ. ①周… ②朱… ③覃… Ⅲ. ①建筑装饰—工程装修—工程造价—高等职业教育—教材 Ⅳ. ①TU723.3

中国版本图书馆 CIP 数据核字（2021）第 132654 号

本教材根据工程造价计价工作实务工作过程编写而成。本教材编写团队在致力于传授给学生基础性理论知识的同时，融入多年工程计价实践、教学实践经验，紧密围绕高等职业教育工程造价专业人才培养目标，以职业工作过程为导向，顺应一体化教学模式编写教材内容。

本教材主要包含以下三大部分：建筑与装饰装修工程计价概论、建筑与装饰装修工程工程量计算及工料单价法实务操作。教材配套造价工作常用资料及典型案例工程全套 CAD 图纸，便于学生在学习理论知识的同时强化实操，真正掌握实用技能。

为更好地支持相应课程的教学，我们向采用本书作为教材的教师提供教学课件，有需要者可与出版社联系，邮箱：jckj@cabp.com.cn，电话：（010）58337285，建工书院：http://edu.cabplink.com。

责任编辑：吴越恺　张　晶
责任校对：党　蕾

住房城乡建设部土建类学科专业“十三五”规划教材
全国住房和城乡建设职业教育教学指导委员会工程管理类专业指导委员会规划推荐教材
建筑与装饰装修工程
计量与计价实务
周慧玲　主　编
程　莉　陈　晓　副主编
朱文华　覃　芳　主　审
*
中国建筑工业出版社出版、发行（北京海淀三里河路 9 号）
各地新华书店、建筑书店经销
北京红光制版公司制版
北京云浩印刷有限责任公司印刷
*
开本：787 毫米×1092 毫米　1/16　印张：14½　插页：5　字数：388 千字
2021 年 8 月第一版　2023 年 1 月第二次印刷
定价：**48.00** 元（赠教师课件）
ISBN 978-7-112-26300-4
（37842）
版权所有　翻印必究
如有印装质量问题，可寄本社图书出版中心退换
（邮政编码 100037）

教材编审委员会名单

主　任： 胡兴福

副主任： 黄志良　贺海宏　银　花　郭　鸿

秘　书： 袁建新

委　员：（按姓氏笔画排序）

王　斌　王立霞　文桂萍　田恒久　华　均

刘小庆　齐景华　孙　刚　吴耀伟　何隆权

陈安生　陈俊峰　郑惠虹　胡六星　侯洪涛

夏清东　郭起剑　黄春蕾　程　媛

序　言

全国住房和城乡建设职业教育教学指导委员会工程管理类专业指导委员会（以下简称工程管理专指委），是受教育部委托，由住房城乡建设部组建和管理的专家组织。其主要工作职责是在教育部、住房城乡建设部、全国住房和城乡建设职业教育教学指导委员会的领导下，负责工程管理类专业的研究、指导、咨询和服务工作。按照培养高素质技术技能人才的要求，研究和开发高职高专工程管理类专业教学标准，持续开发“工学结合”及理论与实践紧密结合的特色教材。

高职高专工程管理类各专业教材自2001年开发以来，经过“示范性高职院校建设”“骨干院校建设”等标志性的专业建设历程和普通高等教育“十一五”国家级规划教材、“十二五”国家级规划教材、教育部普通高等教育精品教材的建设经历，已经形成了有特色的教材体系。

根据住房和城乡建设部人事司《全国住房和城乡职业教育教学指导委员会关于召开高等职业教育土木建筑大类专业“十三五”规划教材选题评审会议的通知》（建人专函〔2016〕3号）的要求，2016年7月，工程管理专指委组织专家组对规划教材进行了细致地研讨和遴选。2017年7月，工程管理专指委组织召开住房城乡建设部土建类学科专业“十三五”规划教材主编工作会议，专指委主任、委员、各位主编教师和中国建筑工业出版社编辑参会，共同研讨并优化了教材编写大纲、配套数字化教学资源建设等方面内容。这次会议为“十三五”规划教材建设打下了坚实的基础。

近年来，随着国家推广建筑产业信息化、推广装配式建筑等政策出台，工程管理类专业的人才培养、知识结构等都需要更新和补充。工程管理专指委制定完成的教学基本要求，为本系列教材的编写提供了指导和依据，使工程管理类专业教材在培养高素质人才的过程中更加具有针对性和实用性。

本系列教材内容根据行业最新法律法规和相关规范标准编写，在保证内容先进性的同时，也配套了部分数字化教学资源，方便教师教学和学生学习。本轮教材的编写，继承了工程管理专指委一贯坚持的“给学生最新的理论知识、指导学生按最新的方法完成实践任务”的指导思想，让该系列教材为我国的高职工程管理类专业的人才培养贡献我们的智慧和力量。

全国住房和城乡建设职业教育教学指导委员会
工程管理类专业指导委员会
2017年8月

前　言

工程计价是一项融政策、技能、实践、沟通等于一体，综合性很强的工作，本教材根据工程造价计价工作的实务工作过程编写而成。本教材是工程造价专业课程体系中的专业核心课程教材，学习本教材之前已完成的基础课程应有建筑构造与识图、建筑材料、建筑施工工艺、施工组织设计等；后续课程包括工程量清单计价、招投标与合同管理、建设工程项目管理、签证与索赔等。

本教材编写过程中融合了编者多年从事工程计价、教学实践的经验，紧紧围绕高职高专工程造价专业及其专业群的人才培养目标，以职业工作过程为导向顺应一体化教学模式取定教材内容。本教材理论知识简单明了，以够用为度，教材内容侧重实务工作应用，通俗易懂，便于读者理解与掌握。

建设行业发展过程中，不断涌现的新工艺、新材料、新技术，使清单规范、定额及其配套的计价文件等各类计价依据不断地同步更新，在学习本教材同时，学员更应侧重掌握解决问题的方法，领会教师身上隐性的工作经验。

本教材由广西建设职业技术学院周慧玲任主编，广西建设职业技术学院程莉、广西建设工程造价管理总站陈晓任副主编。具体编写分工为：周慧玲负责撰写与整理文字内容；陈晓负责工程费用计算部分；周慧玲、程莉、黄海波、刘异、李柳、莫自庆负责编写案例题；陆丽奎、冼雪飞、莫智莉、阎梦晴负责实例工程的工程量计算并编制预算书；曾秋宁、秦荷成负责CAD图纸的整理。全书由周慧玲统稿。

本教材可作为高等职业教育工程管理类专业学生的课程教材，也可作为工程造价、工程管理等从业人员的函授、网络教育、自学考试等参考用书。

由于编者水平有限，书中错漏之处在所难免，恳请广大读者和同行批评指正。在此致谢！

编者

2020年9月

目　录

第一篇

建筑与装饰装修工程计价概述

任务1　工程计价基础知识

1.1　基本建设的基本概念

1. 基本建设的含义

基本建设是国民经济各部门、各单位购置和建造新的固定资产的经济活动过程以及与它有关的工作的总和。简单地说，就是形成新的固定资产的过程。它为国民经济各部门的发展和人民物质文化生活水平的提高建立物质基础。基本建设通过新建、扩建、改建和重建等形式来完成。其中新建和扩建是最主要的形式。

基本建设的最终成果表现为固定资产的增加。但是，并非一切新增加的固定资产都属于基本建设，而是有一定的界限，即对于那些低于规定的数量或价值的零星固定资产购置和零星土建工程，一般作为固定资产更新改造处理；对于利用各种专项拨款和企业基金进行挖潜、革新、改造项目，也不列入基本建设范围之内。

基本建设是一种宏观的经济活动，它是通过建筑业的勘察、设计和施工等活动，以及其他有关部门的经济活动来实现的。它横跨于国民经济各部门，包括生产、分配、流通各个环节，既有物质生产活动，又有非物质生产活动。它包括建筑工程、安装工程，设备、工器具的购置，以及其他基本建设工作。

2. 基本建设的分类

建设工程项目的种类繁多，为了适应科学管理的需要，可以从不同的角度进行分类。

（1）按建设性质划分

建设工程项目可分为新建项目、扩建项目、改建项目、迁建项目和恢复项目。

（2）按投资作用划分

建设工程项目可分为生产性建设工程项目和非生产性建设工程项目。

（3）按项目规模划分

为适应对建设工程项目分级管理的需要，国家规定基本建设项目分为大型、中型、小型三类；更新改造项目分为限额以上和限额以下两类。

（4）按项目的投资效益划分

建设工程项目可分为竞争性项目、基础性项目和公益性项目。

（5）按项目的投资来源划分

建设工程项目可分为政府投资项目和非政府投资项目。

按照其盈利性不同，政府投资项目又可分为经营性政府投资项目和非经营性政府投资项目。

3. 基本建设程序

基本建设是一项多行业与多部门密切配合的、综合性比较强的经济活动，涉及面广、环节多，必须遵循基本建设程序，即一个建设项目在整个建设过程中各项工作必须遵循的先后次序。它是客观存在的自然规律和经济规律的正确反映，是经过大量实践工作所总结出来的客观规律。

各个国家和国际组织在工程项目建设程序上可能存在着某些差异，但是按照工程项目发展的内在规律，投资建设一个工程项目都要经过投资决策和建设实施的发展时期。各个发展时期又可分为若干个阶段，各个阶段之间存在严格的先后次序，可以进行合理交叉，但不能任意颠倒次序。

基本建设程序一般可以划分为计划任务书、设计和工程准备、施工和生产准备、竣工验收与交付使用四个阶段（图1-1）。

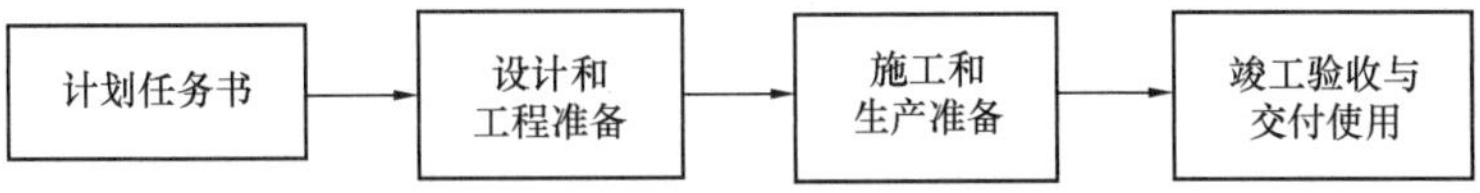

图1-1　基本建设程序示意图

在实际工作中通常将其划分为项目建议书、可行性研究、计划任务书、设计文件、年度计划、建设准备、全面施工、生产准备、竣工验收与交付使用等九个环节。

4. 基本建设项目的划分

在建设工程造价中，设备、工器具、生产家具概算价值的确定是比较容易的，因为它是一种价值的转移，其他费用的确定，根据国家和地方有关部门的规定进行计算也是方便的。但是对构成建设工程造价主要组成部分的建筑及安装工程造价的计算，却是一项较为复杂的工作。因为它是由许多部分组成的庞大复杂的综合体，直接计算出它的全部工、料、机械台班的消耗量及其价值是很困难的，所以，为了精确地计算和确定建筑及设备安装工程的造价，必须对基本建设项目进行科学的分析与分解，使之有利于建设预算的编审，以及基本建设的计划、统计、会计和基建拨款等各方面工作。

基本建设工程，按照它的组成内容不同，从大到小，把一个建设项目划分为单项工程、单位工程、分部工程和分项工程等项目。

（1）建设项目

建设项目又称建设单位。一般是指具有一个设计任务书、按一个总体设计进行施工、经济上实行独立核算、行政上有独立组织形式的建设单位。它是由一个或几个单项工程组成的。在工业建设中，一般是以一座工厂为一个建设项目，如一个钢铁厂、汽车厂、机械制造厂等。在民用建设中，一般是以一个事业单位，如一所学校、一所医院等为一个建设项目。在农业建设中，一般是以一个拖拉机站、农场等为一个建设项目。在交通运输建设中，是以一条铁路或公路等为一个建设项目。

（2）单项工程

单项工程又称工程项目。一般是指在一个建设单位中，具有独立的设计文件，竣工后可以独立发挥生产能力或效益的一组配套齐全的工程项目。它是建设项目的组成部分。

一个建设项目可包含多个单项工程，也可以只有一个单项工程。如一座工厂中包含各个主要车间、辅助车间、办公楼和住宅等；一所电影院或剧场往往只是由一个工程项目组成的。由此可见，单项工程是具有独立存在意义的一个完整工程，也是一个复杂的综合体。因此，工程项目造价的计算是十分复杂的。为方便计算，仍需进一步分解为多个单位工程。

（3）单位工程

单位工程是单项工程的组成部分。它通常是指具有单独设计的施工图纸和单独编制的施工图预算，可以独立施工及独立作为计算成本对象，但建成后一般不能单独进行生产或投入使用的工程。一个单位工程，一般可以按投资构成划分为：建筑工程、安装工程、设备和工器具购置等四个方面。

因为建筑工程是一个复杂的综合体，为计算简便，一般根据各个组成部分的性质和作用，分为以下单位工程：

1）建筑工程一般包括下列单位工程：

① 一般土建工程。一切建筑物或构筑物的结构工程和装饰工程均属于一般土建工程。

② 电气照明工程。如室内外照明设备、灯具的安装、室内外线路敷设等工程。

③ 给水排水及暖通工程。如给水排水工程、采暖通风工程、卫生洁具安装等工程。

④ 工业管道工程。

2）设备安装一般包括下列单位工程：

① 机械设备安装工程。如各种机床的安装、锅炉汽机等安装工程。

② 电气设备安装工程。如变配电及电力拖动设备安装调试的工程。

（4）分部工程

分部工程是单位工程的组成部分。一般是按单位工程的各个部位、构件性质、使用的材料、工种或设备的种类和型号等不同划分而成的。例如，一般土建工程可以划分为：土石方工程、打桩工程、砌筑工程、混凝土和钢筋混凝土工程、金属结构工程、木结构工程、屋面工程、脚手架工程、防腐保温隔热工程、楼地面工程、天棚工程、构筑物工程等分部工程。电气照明工程可划分为：配管安装、灯具安装等分部工程。

在每个分部工程中，由于构造、使用材料规格或施工方法等因素的不同，完成同一计量单位的工程所需要消耗的工、料和机械台班数量及其价值的差别是很大的。因此，为计算造价的需要，还应将分部工程进一步划分为分项工程。

（5）分项工程

分项工程一般是按照选用的施工方法、所使用的材料、结构构件规格的不同等因素划分的，用较为简单的施工过程就能完成，以适当的计量单位就可以计算工程量及其单价的建筑或设备安装工程的产品。例如，在砌筑工程中根据选用的施工方法、材料和规格等因素的不同划分为：标准砖基础、中砖基础、标准砖混水砖墙 240mm 厚、中砖墙混水砖墙 240mm 厚、小型砌块墙等分项工程。每个分项工程都能选用简单的施工过程完成，都可以用一定的计量单位计算（如基础和墙的计量单位为 $10m^3$），并能求出完成相应计量单位的分项工程所需要消耗的人工、材料和机械台班的数量及其单价。

分项工程是单项工程组成部分中最基本的构成要素。它一般没有独立存在的意义，只是为了编制工程造价时，人为确定的一种比较简单和可行的“假定”产品。尽管单项工程的类型繁多，但其组成部分中的基本构成要素，往往是大同小异。任何类型的建筑物，其基本构成要素都是由土方、垫层、基础、回填土、门窗、地面、墙体等分项工程组成的。这样，通过一定的科学方法，对每一个分项工程应完成的工作内容和工程量计算方法，以及完成一定计量单位的分项工程所需要消耗的人工、材料和机械台班数量统一规定出标准，再结合建设地区建筑安装工人的工资标准、材料预算价格、施工机械台班费用等资料，就可以计算出各个分项工程的单位基价，这就形成了概预算定额。

综上所述，一个建设项目是由一个或几个单项工程组成的，一个单项工程又是由几个单位工程组成的，一个单位工程又是由若干个分部工程组成的，一个分部工程又可以划分为若干个分项工程，而建设预算文件的编制就是从分项工程开始的（图1-2）。

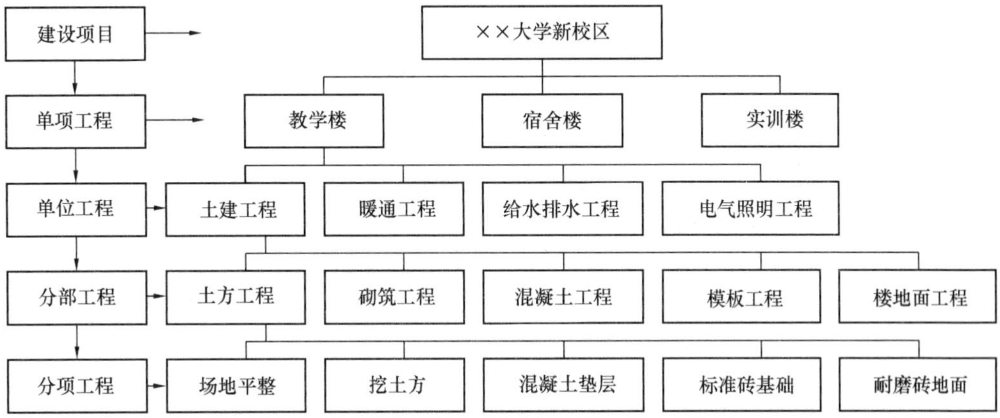

图1-2 ××大学新校区工程建设项目划分示意图

1.2 工程造价相关概念

1. 工程造价的含义

工程造价的直意就是工程的建造价格。工程泛指一切建设工程，它的范围和内涵具有很大的不确定性。工程造价本质上属于价格范畴，在市场经济条件下，工程造价有两种含义。

（1）工程造价的第一种含义

工程造价的第一种含义，是从投资者或业主的角度来定义。

建设工程造价是指有计划地建设某项工程，预期开支或实际开支的全部固定资产投资和流动资产投资的费用。即有计划地进行某建设工程项目的固定资产再生产建设，形成相应的固定资产、无形资产和铺底流动资金的一次性投资的总和。

工程建设的范围，不仅包括了固定资产的新建、改建、扩建、恢复工程及与之连带的工程，而且还包括整体或局部性固定资产的恢复、迁移、补充、维修、装饰装修等内容。固定资产投资所形成的固定资产价值的内容包括：建筑安装工程费，设备、工器具的购置费和工程建设其他费用等（图1-3）。

工程造价的第一种含义表明，投资者选定一个投资项目，为了获得预期的效益，就要通过项目评估后进行决策，然后进行设计、工程施工直至竣工验收等一系列投资管理活动。在投资管理活动中，要支付与工程建造有关的全部费用，才能形成固定资产和无形资产。上述所有开支就构成了工程造价。从这个意义上说，工程造价就是工程投资费用。非生产性建设项目的工程总造价就是建设项目固定资产投资的总和。而生产性建设项目的总

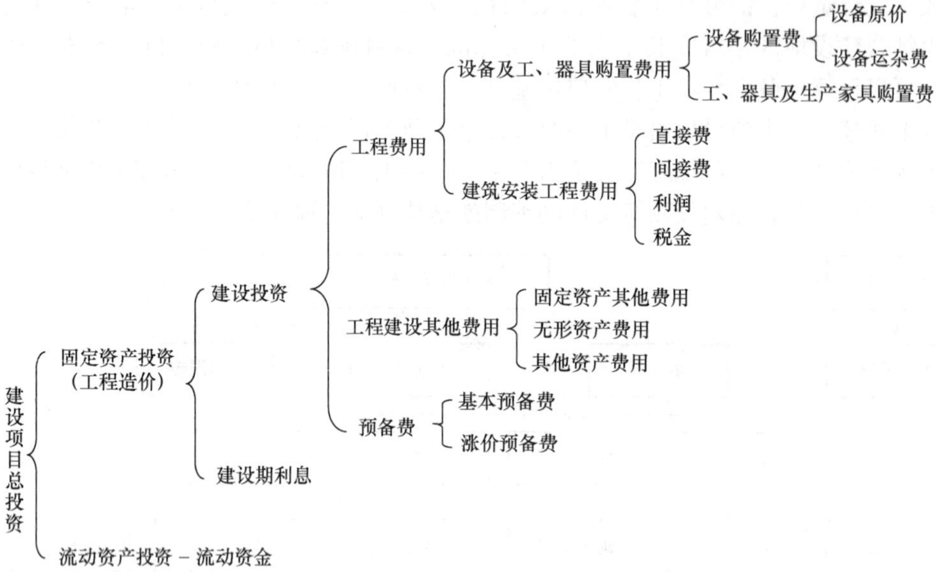

图 1-3　我国现行工程造价构成示意图

造价是固定资产投资和铺底流动资金投资的总和。

（2）工程造价的第二种含义

工程造价第二种含义，是从承包商、供应商、设计市场供给主体来定义。

建设工程造价是指为建设某项工程，预计或实际在土地市场、设备市场、技术劳务市场、承包市场等交易活动中，形成的工程承发包（交易）价格。

工程造价的第二种含义是以市场经济为前提的，是以工程、设备、技术等特定商品形式作为交易对象，通过招标投标或其他交易方式，在各方进行反复测算的基础上，最终由市场形成的价格。其交易的对象，可以是一个建设项目，一个单项工程，也可以是建设的某一个阶段，如可行性研究报告阶段、设计工作阶段等，还可以是某个建设阶段的一个或几个组成部分。如建设前期的土地开发工程、安装工程、装饰工程、配套设施工程等。随着经济发展和技术进步，分工的细化和市场的完善，工程建设中的中间产品也会越来越多，商品交易会更加频繁，工程造价的种类和形式也会更为丰富。特别是投资体制的改革，投资主体多元化和资金来源的多渠道，使相当一部分建筑产品作为商品进入了流通。住宅作为商品已为人们所接受，普通工业厂房、仓库、写字楼、公寓、商业设施等建筑产品，一旦投资者将其推向市场就成为真实的商品而流通。无论是采取购买、抵押、拍卖、租赁，还是企业兼并形式，其性质都是相同的。

工程造价的第二种含义通常把工程造价认定为工程承发包价格。它是在建筑市场通过招标，由需求主体投资者和供给主体建筑商共同认可的价格。建筑安装工程造价在项目固定资产投资中占有的份额，是工程造价中最活跃的部分，也是建筑市场交易的主要对象之一。设备采购过程，经过招标投标形成的价格，土地使用权拍卖或设计招投标等所形成的承包合同价，也属于第二种含义的工程造价的范围。

上述工程造价的两种含义，一种是从项目建设投资角度提出的建设项目工程造价，它是一个广义的概念；另一种是从工程交易或工程承包、设计范围角度提出的建筑安装工程造价，它是一个狭义的概念。

2. 工程造价的特点

由于工程建设的特点，使工程造价具有以下特点：

（1）大额性

任何一项建设工程，不仅实物形态庞大，而且造价高昂，需投资几百万、几千万甚至上亿的资金。工程造价的大额性关系到多方面的经济利益，同时也对社会宏观经济产生重大影响。

（2）单个性

任何一项建设工程都有特殊的用途，其功能、用途各不相同。因此，每一项工程的结构、造型、平面布置、设备配置和内外装饰都有不同的要求。工程内容和实物形态的个别差异性决定了工程造价的单个性。

（3）动态性

任何一项建设工程从决策到竣工交付使用，都有一个较长的建设期。这一期间，如工程变更，材料价格、费率、利率、汇率等会发生变化。这种变化必然会影响工程造价的变动，直至竣工决算后才能最终确定工程实际造价。建设周期长，资金的时间价值突出，这体现了建设工程造价的动态性。

（4）层次性

一个建设项目往往含有多个单项工程，一个单项工程又是由多个单位工程组成。与此相适应，工程造价也由三个层次相对应，即建设项目总造价、单项工程造价和单位工程造价。

（5）阶段性（多次性）

建设工程规模大、周期长、造价高，随着工程建设的进展需要在建设程序的各个阶段进行计价。多次性计价是一个逐步深化、逐步细化、逐步接近最终造价的过程（图1-4）。

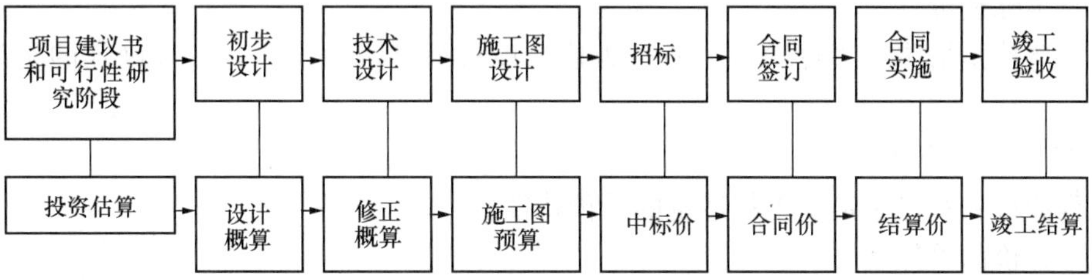

图1-4　工程多次计价示意图

3. 工程造价的分类

（1）投资估算

在编制项目建议书和可行性研究阶段，对投资需要量进行估算是一项不可缺少的内容。投资估算是指在项目建议书和可行性研究阶段对拟建项目所需投资，通过编制估算文件预先测算和确定的过程；也可表示估算出的建设项目的投资额，或称估算造价。就一个工程项目来说，如果项目建议书和可行性研究分不同阶段，例如分规划阶段、项目建议书阶段、可行性研究阶段、评审阶段，那么相应的投资估算也分为四个阶段。投资估算是决策、筹资和控制造价的主要依据。

（2）设计概算

设计概算是指在初步设计阶段，根据设计意图，通过编制工程概算文件预先测算和限定的工程造价，概算造价较投资估算造价准确性有所提高，但它受估算造价的控制。概算造价的层次性十分清晰，分建设项目概算总造价、各个单项工程概算综合造价及各单位工程概算造价。

（3）修正概算

修正概算是指在采用三阶段设计的技术设计阶段，根据技术设计的要求，通过编制修正概算文件预先测算和限定的工程造价。它对初步设计概算进行修正调整，比概算造价准确，但受概算造价控制。

（4）施工图预算

施工图预算是指在施工图设计阶段，根据施工图纸通过编制预算文件，预先测算和限定的工程造价。它比概算造价或修正概算造价更为详尽和准确。但同样要受前一阶段所限定的工程造价的控制。

（5）合同价

合同价是指在工程招投标阶段通过签订总承包合同、建筑安装工程承包合同、设备材料采购合同，以及技术和咨询服务合同确定的价格。合同价属于市场价格的性质，它是由承发包双方，也即商品和劳务买卖双方根据市场行情共同议定和认可的成交价格，但它并不等同于最终决算的实际工程造价。按计价方法不同，建设工程合同有许多类型，不同类型合同的合同价内涵也有所不同。

（6）结算价

结算价是指在合同实施阶段，在工程结算时按合同调价范围和调价方法对实际发生的工程量增减、设备和材料价差等进行调整后计算和确定的价格。结算价是该结算工程的实际价格。

（7）实际造价

实际造价是指竣工决算阶段，通过为建设项目编制竣工决算，最终确定的实际工程造价。

4. 工程造价的计价特征

工程造价的特点决定了工程造价的计价特征。

（1）计价的单件性

产品的个体差别性决定每项工程都必须单独计算造价。

（2）计价的多次性

建设工程按建设程序要分阶段进行，相应地也要在不同阶段多次计价，以保证工程造价计算的准确性和控制的有效性。

（3）造价的组合性

工程造价的计算是分部组合而成的，这一特征和建设项目的组合性有关。一个建设项目是一个工程综合体，这个综合体可以分解为许多有内在联系的独立和不能独立的工程。从计价和工程管理的角度，分部分项工程还可以分解。建设项目的组合性决定了计价的过程是一个逐步组合的过程。这一特征在计算概算造价和预算造价时尤为明显，同时也反映到合同价和结算价中。其计算过程和计算顺序是：分部分项工程单价→单位工程造价→单项工程造价→建设项目总造价。

（4）方法的多样性

工程造价多次性计价有各不相同的计价依据，对造价的精确度要求也不相同，这就决定了计价方法有多样性特征。计算概、预算造价的方法有单价法和实物法等。计算投资估算的方法有设备系数法、生产能力指数估算法等。不同的方法利弊不同，适应条件也不同，计价时要根据具体情况加以选择。

（5）依据的复杂性

由于影响造价的因素多、计价依据复杂，种类繁多。主要可分为以下7类：

1）计算设备和工程量的依据。包括项目建议书、可行性研究报告、设计文件等。

2）计算人工、材料、机械等实物消耗量的依据。包括投资估算指标、概算定额、预算定额等。

3）计算工程单价的价格依据。包括人工单价、材料价格、材料运杂费、机械台班费等。

4）计算设备单价的依据。包括设备原价、设备运杂费、进口设备关税等。

5）计算其他直接费、现场经费、间接费和工程建设其他费用的依据，主要是相关的费用定额和指标。

6）政府规定的税、费。

7）物价指数和工程造价指数。

依据的复杂性不仅使计算过程复杂，而且要求计价人员熟悉各类依据并加以正确应用。

1.3　工程计价基本原理与方法

1. 工程计价基本原理——工程项目分解与组合

工程计价即对投资项目造价（或价格）的计算，也称之为工程预算。由于工程项目的技术经济特点如单件性、体积大、生产周期长、价值高以及交易在先、生产在后等，使得工程项目造价形成过程与机制和其他商品不同。

工程项目是单件性与多样性组成的集合体。每一个工程项目的建设都需要按业主的特定需要单独设计、单独施工，不能批量生产和按整个工程项目确定价格，只能以特殊的计价程序和计价方法，即要将整个项目进行分解，划分为可以按定额等技术经济参数测算价格的基本单元子项或称分部、分项工程。这是既能够用较为简单的施工过程生产出来，又可以用适当的计量单位计算并便于测定或计算的工程的基本构造要素，也可称为假定的建筑安装产品。工程计价的主要特点就是按工程分解结构进行，将这个工程分解至基本项就能很容易地计算出基本子项的费用。一般来说，分解结构层次越多，基本子项也越细，计算也更精确。

任何一个建设项目都可以分解为一个或几个单项工程。单项工程是具有独立意义的，能够发挥功能要求的完整的建筑安装产品。任何一个单项工程都是由一个或几个单位工程所组成，作为单位工程的各类建筑工程和安装工程仍然是一个比较复杂的综合实体，还需要进一步分解。就建筑工程来说，包括的单位工程有：一般土建工程、给水排水工程、暖卫工程，电气照明工程、室外环境、道路工程以及单独承包的建筑装饰工程等。单位工程若是细分，又是由许多结构构件、部件、成品与半成品等所组成。以单位工程中的一般土建工程来说，通常是指房屋建筑的结构工程和装修工程，按其结构组成部分可以分为基础、墙体、楼地面、门窗、楼梯、屋面、内外装修等。这些组成部分是由不同的建筑安装工人，利用不同工具和使用不同材料完成的。从这个意义上来说，单位工程又可以按照施工顺序细分为土石方工程、砖石工程、混凝土及钢筋混凝土工程、木结构工程、楼地面工程等分部工程。

对于上述房屋建筑的一般土建工程分解成分部工程后，虽然每一部分都包括不同的结构和装修内容，但是从建筑工程估价的角度来看，还需要把分部工程按照不同的施工方法、不同的构造及不同的规格，进行更为细致的分解，划分为更为简单细小的部分。经过这样逐步分解到分项工程后，就可以得到基本构造要素了。找到了适当的计量单位，就可以采取一定的估价方法，进行分部组合汇总，计算出某工程的全部造价。

工程造价的计算从分解到组合的特征和建设项目的组合性有关。一个建设项目是一个工程综合体，这个综合体可以分解为许多有内在联系的独立和不能独立的工程，那么建设项目的工程计价过程就是一个逐步组合的过程。

2. 工程计价的基本方法

工程计价的形式和方法有多种，各不相同，但工程计价的基本过程和原理是相同的。如果仅从工程费用计算角度分析，工程计价的顺序见图 1-5。

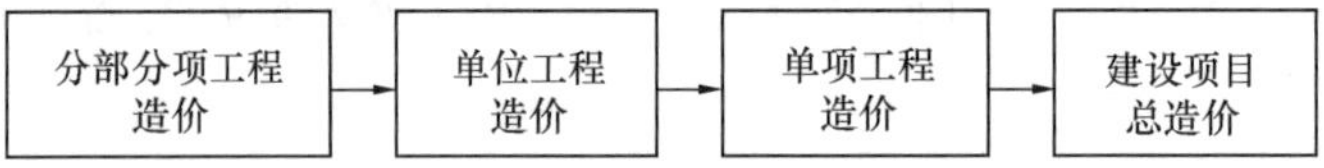

图 1-5　工程计价顺序示意图

影响工程造价的主要因素有两个，即基本构造要素的单位价格和基本构造要素的实物工程数量，可用下列基本计算式表达：

$$工程造价 = \sum_{i=1}^{n}(工程实物量 \times 单位价格)$$

式中　i——第 i 个基本子项；

n——工程结构分解得到的基本子项数目。

基本子项的单位价格高，工程造价就高；基本子项的实物工程数量大，工程造价也就大。

在进行工程计价时，实物工程量的计量单位是由单位价格的计量单位决定的。如果单位价格计量单位的对象取得较大，得到的工程估算就较粗，反之则工程估算较细较准确。

基本子项的工程实物量可以通过工程量计算规则和设计图纸计算而得，它可以直接反映工程项目的规模和内容。

对基本子项的单位价格分析，可以有两种形式：

（1）直接费单价

直接费单价是指分部分项工程单位价格仅仅考虑人工、材料、机械资源要素的消耗量和价格形成，即：

$$单位价格 = \Sigma(分部分项工程的资源要素消耗量 \times 资源要素的价格)$$

资源要素消耗量的数据经过长期的收集、整理和积累形成了工程建设定额，它是工程计价的重要依据。它与劳动生产率、社会生产力水平、技术和管理水平密切相关。业主方工程计价定额反映的是社会平均生产力水平；而工程项目承包方进行计价的定额反映的是该企业技术与管理水平的企业定额。资源要素的价格是影响工程造价的关键因素。在市场经济体制下，工程计价时采用的资源要素价格应该是市场价格。

（2）综合单价

如果在单位价格中还考虑直接费以外的其他费用，如管理费、利润等，则构成的是综合单价。

不同的单价形式形成不同的计价模式。

3. 工程计价模式

工料单价法计价和清单计价是工程计价的两种主要模式。根据招标文件要求，确定相应的计价形式是计价工作的前提。近几年来，我国建设市场快速发展，并且逐步与国际接轨，呈现出良好的发展趋势，工程造价计价更趋合理，工程造价的确定正从“工料单价法计价”向“清单计价”过渡。这两种计价方式在我国将同时存在一定时期，这里对这两种计价方式做一些初步的介绍。

（1）工料单价法计价

工料单价法是指在工程造价的确定中，根据现行的定额计量规则计算工程量，然后依据现行的概预算定额，套用人工、材料和机械消耗量，确定相应综合单价，计算分部分项工程费用和技术措施费用，再根据费用定额计算其他各项费用及税金；最后确定工程造价。这种计价方式在我国沿用几十年，在我国建设工程中起到了巨大的作用。

（2）工程量清单计价方式

工程量清单计价是一种国际上通行的建设工程造价计价方法，是在建设工程招标投标中，首先由招标人按照国家统一的工程量计算规则提供工程数量，再由投标人依据工程量清单自主报价，经评审后确定中标的工程造价计价方式。

工程量清单计价的主要特点如下：

1）计价规范起主导作用

工程量清单计价由国家颁发的《建设工程工程量清单计价规范》GB 50500—2013 来规范计价方法。该规范具有权威性和强制性。

2）规则统一、价格放开

规则统一是指工程量清单实行统一编码、计量单位、工程量计算规则及合理的项目名称、项目描述。价格放开是指工程量清单计价的综合单价由投标企业自主确定。

3）以综合单价法确定分部分项工程费

综合单价不仅包括人工费、材料费、机械使用费，还包括管理费和利润。它是计算分部分项工程费用的重要依据。

4）计价方法与国际通行做法接轨

工程量清单计价采用综合单价法的特点与 FIDIC 合同条件所要求的单价合同情况相符合，能较好地与国际通行的计价方法接轨。

5）工程量统一，消耗量可变

在工程量清单计价中，招标单位提供的工程量是统一的，但各投标报价的消耗量，可由各自企业定额消耗量水平的情况确定，是可以变化的。

（3）工料单价法计价与工程量清单计价的区别

1）计算内容不同

工料单价法计价模式下，招投标人要自行计算工程量；而工程量清单计价模式的工程量由招标人提供，招标人对工程量的准确性和完整性负责。

2）计算依据不同

工料单价法计价模式依据国家规定的预算定额、费用定额和工料机单价来计算工程造价。工程量清单计价方式没有统一的要求，投标人可自己确定采用什么定额，采用什么样的工料机单价来计算投标报价。

3）分部分项工程项目划分不同

工料单价法按定额列项套用定额子目，而定额子目一般按施工工序进行设置，包含的工程内容较单一，据此规定相对应的工程量计算规则；工程量清单计价模式的项目划分，是以一个“综合实体”考虑的，一般包括多个分项工程的内容，据此规定了相对应的工程量计算规则。因此，两者的工程内容和工程量计算规则有明显的区别。

思考与习题

1. 基本建设的含义是什么？是如何分类的？
2. 如何划分基本建设项目？
3. 什么是单项工程、单位工程？
4. 工程造价的两种含义分别是什么？
5. 工程造价的特点是什么？工程造价的分类主要有哪些内容？
6. 工程造价的计价特征是什么？
7. 现行的工程计价模式有哪两种？
8. 两种计价模式的区别是什么？

任务 2　工程造价计价依据

2.1　工 程 定 额 体 系

所谓工程造价计价依据，是用以计算工程造价的基础资料总称，包括工程定额，人工、材料、机械台班及设备单价，工程量清单，工程造价指数，工程量计算规则以及政府主管部门发布的有关工程造价的经济法规、政策等。

1. 工程定额的概念

所谓“定”就是规定；“额”就是额度或限度，是进行生产经营活动时，人力、物力、财力消耗方面所应遵守或达到的数量标准。从广义理解，定额就是规定的额度或限度，即标准或尺度。在现代社会经济生活中，定额几乎无处不在。

建设工程定额是指正常的施工条件与合理劳动组织、合理使用材料与机械的条件下，完成一定计量单位合格产品所必须消耗资源的数量标准。

概念中的“正常施工条件”，是界定研究对象的前提条件。一般在定额子目中，仅规定了完成单位合格产品所必须消耗人工、材料、机械台班的数量标准，而定额的总说明、册说明、分部说明中，对定额的编制依据、定额子目包括的内容和未包括的内容、正常施工条件和特殊条件下，数量标准的调整系数等均作了说明和规定，所以了解正常施工条件，是学习使用定额的基础。

概念中“合理劳动组织、合理使用材料与机械”的含义，是指定额规定的劳动组织、施工应符合国家现行的施工及验收规范、规程、标准，施工条件完善，材料符合质量标准，运距在规定的范围内，施工机械设备符合质量规定的要求，运输、运行正常等。

概念中“单位合格产品”的单位是指定额子目中的单位。合格产品的含义是施工生产提供的产品，必须符合国家或行业现行施工及验收规范和质量评定标准的要求。

概念中“资源”是指施工中人工、材料、机械和资金这些生产要素。

如为完成每 $10m^3$ 的现浇混凝土柱需要 387.03 元；需要消耗：混凝土 $10.15m^3$，水 $0.91m^3$，草袋 $2.1m^2$，插入式振捣器 10.13 个台班。其中 387.03 元是所消耗的人工费；混凝土、水、草袋指的是材料消耗，插入式振捣器指的是机械消耗。

2. 工程定额体系

工程定额是一个综合概念，是建设工程造价、计价和管理中各类定额的总称，包括许多种类的定额，可以按照不同的原则和方法对它进行分类。

（1）按定额反映的生产要素消耗内容分类

可以把工程定额划分为劳动消耗定额、机械消耗定额和材料消耗定额三种。

1）劳动消耗定额

简称劳动定额（也称为人工定额），是指完成一定数量的合格产品（工程实体或劳务）规定活劳动消耗的数量标准。劳动定额的主要表现形式是时间定额，但同时也表现为产量定额。时间定额与产量定额互为倒数。

2）机械消耗定额

机械消耗定额是以一台机械一个工作班为计量单位，所以又称为机械台班定额。机械消耗定额是指为完成一定数量的合格产品（工程实体或劳务）所规定的施工机械消耗的数量标准。机械消耗定额的主要表现形式是机械时间定额，同时也以产量定额表现。

3）材料消耗定额

简称材料定额，是指完成一定数量的合格产品所需消耗的原材料、成品、半成品、构配件、燃料以及水、电等动力资源的数量标准。

（2）按定额的用途分类

可以把工程定额分为施工定额、预算定额、概算定额、概算指标、投资估算指标五种。

1）施工定额

施工定额是施工企业（建筑安装企业）组织生产和加强管理在企业内部使用的一种定额，属于企业定额的性质。施工定额是以同一性质的施工过程——工序作为对象编制，表示生产品数量与生产要素消耗综合关系的定额。为了适应组织生产和管理的需要，施工定额的项目划分很细，是工程定额中分项最细、定额子目最多的一种定额，也是工程定额中的基础性定额。

2）预算定额

预算定额是在编制施工图预算阶段，以工程中的分项工程和结构构件为对象编制，用来计算工程造价和计算工程中的劳动、机械台班、材料需要量的定额。预算定额是一种计价性定额。从编制程序上看，预算定额是以施工定额为基础综合扩大编制的，同时它也是编制概算定额的基础。

3）概算定额

概算定额是以扩大分项工程或扩大结构构件为对象编制的，计算和确定劳动、机械台班、材料消耗量所使用的定额，也是一种计价性定额。概算定额是编制扩大初步设计概算、确定建设项目投资额的依据。概算定额的项目划分粗细，与扩大初步设计的深度相适应，一般是在预算定额的基础上综合扩大而成的，每一综合分项概算定额都包含了数项预算定额。

4）概算指标

概算指标的设定和初步设计的深度相适应，比概算定额更加综合扩大。概算指标是概算定额的扩大与合并，它是以整个建筑物和构筑物为对象，以更为扩大的计量单位来编制的。概算指标的内容包括劳动、机械台班、材料定额三个基本部分。同时还列出各结构分部的工程量及单位建筑工程（以体积计或面积计）的造价，是一种计价定额。

5）投资估算指标

它是在项目建议书和可行性研究阶段编制投资估算、计算投资需要量时使用的一种定额。它非常概略，往往以独立的单项工程或完整的工程项目为计算对象，编制内容是所有项目费用之和。它的概略程度与可行性研究阶段相适应，投资估算指标往往根据历史的预、决算资料和价格变动等资料编制，但其编制基础仍然离不开预算定额、概算定额。

上述各种定额的相互联系可参见表 2-1。

各种定额间关系比较　　表2-1

	施工定额	预算定额	概算定额	概算指标	投资估算指标
对象	工序	分项工程	扩大的分项工程	整个建筑物或构筑物	独立的单项工程或完整的工程项目
用途	编制施工预算	编制施工图预算	编制扩大初步设计概算	编制初步设计概算	编制投资估算
项目划分	最细	细	较粗	粗	很粗
定额水平	平均先进	平均	平均	平均	平均
定额性质	生产性定额	计价性定额			

（3）按照适用范围分类

工程定额分为全国通用定额、行业通用定额和专业专用定额三种。全国通用定额是指在部门间和地区间都可以使用的定额；行业通用定额是指具有专业特点在行业部门内可以通用的定额；专业专用定额是特殊专业的定额，只能在指定的范围内使用。

（4）按主编单位和管理权限分类

工程定额可以分为全国统一定额、行业统一定额、地区统一定额、企业定额、补充定额五种。

1）全国统一定额是由国家建设行政主管部门综合全国工程建设中技术和施工组织管理的情况编制，并在全国范围内执行的定额。

2）行业统一定额，是考虑到各行业部门专业工程技术特点，以及施工生产和管理水平编制的。一般只在本行业和相同专业性质的范围内使用。

3）地区统一定额包括省、自治区、直辖市定额。地区统一定额主要是考虑地区性特点，对全国统一定额水平作适当调整和补充编制的。

4）企业定额是由施工企业考虑本企业具体情况，参照国家、部门或地区定额水平制定的定额。企业定额只在企业内部使用，是企业素质的一个标志。企业定额水平一般应高于国家现行定额，才能满足生产技术发展、企业管理和市场竞争的需要。在工程量清单计价方式下，企业定额作为施工企业进行建设工程投标报价的计价依据，正发挥着越来越大的作用。

5）补充定额是指随着设计、施工技术的发展，现行定额不能满足需要的情况下，为了补充缺陷所编制的定额。补充定额只能在指定的范围内使用，可以作为以后修订定额的基础。

上述各种定额虽然适用于不同的情况和用途，但是它们是一个互相联系的整体，在实际工作中配合使用。

3. 工程定额的特点

（1）科学性

工程定额的科学性包括两重含义：一重含义是指工程定额和生产力发展水平相适应，反映出工程建设中生产消费的客观规律；另一重含义是指工程定额管理在理论、方法和手段上适应现代科学技术和信息社会发展的需要。

工程定额的科学性，首先表现在用科学的态度制定定额，尊重客观实际，力求定额水平合理；其次表现在制定定额的技术方法上，利用现代科学管理的成就，形成一套系统的、完整的、在实践中行之有效的方法；第三，表现在定额制定和贯彻的一体化。制定定额是为了提供贯彻的依据，贯彻是为了实现管理的目标，也是对定额的信息反馈。

（2）系统性

工程定额是相对独立的系统，它是由多种定额结合而成的有机整体，它的结构复杂、层次鲜明、目标明确。

工程定额的系统性是由工程建设的特点决定的。按照系统论的观点，工程建设就是庞大的实体系统，工程定额是为这个实体系统服务的。因而工程建设本身的多种类、多层次决定了以它为服务对象的工程定额的多种类、多层次。从整个国民经济来看，进行固定资产生产和再生产的工程建设，是一个有多项工程集合体的整体。其中包括农林水利、轻纺、机械、煤炭、电力、石油、冶金、化工、建材、交通运输、邮电工程，以及商业物资、科学教育文化、卫生体育、社会福利和住宅工程等。这些工程的建设又有严格的项目划分，如建设项目、单项工程、单位工程、分部分项工程；在计划和实施过程中有严密的逻辑阶段，如规划、可行性研究、设计、施工、竣工交付使用，以及投入使用后的维修。与此相适应必然形成工程定额的多种类、多层次。

（3）统一性

工程定额的统一性，主要是由国家对经济发展有计划的宏观调控职能决定的。为了使国民经济按照既定的目标发展，就需要借助于某些标准、定额、参数等，对工程建设进行规划、组织、调节、控制。

工程定额的统一性按照其影响力和执行范围来看，有全国统一定额，地区统一定额和行业统一定额等；按照定额的制定、颁布和贯彻使用来看，有统一的程序、原则、要求和统一的用途。

我国工程定额的统一性与工程建设本身的巨大投入和巨大产出有关。它对国民经济的影响不仅表现在投资的总规模和全部建设项目的投资效益等方面，还表现在具体建设项目的投资数额及其投资效益方面。

（4）指导性

随着我国建设市场的不断成熟和规范，工程定额尤其是统一定额原具备的指令性特点逐渐弱化，转而成为对整个建设市场和具体建设产品交易的指导作用。

工程定额指导性的客观基础是定额的科学性。只有科学的定额才能正确地指导客观的交易行为。工程定额的指导性体现在两个方面：一方面工程定额作为国家各地区和行业颁布的指导性依据，可以规范建设市场的交易行为，在具体的建设产品定价过程中也可以起到相应的参考性作用，同时统一定额还可以作为政府投资项目定价以及造价控制的重要依据；另一方面，在现行的工程量清单计价方式下，体现交易双方自主定价的特点，投标人报价的主要依据是企业定额，但企业定额的编制和完善仍然离不开统一定额的指导。

（5）稳定性与时效性

工程定额中的任何一种都是一定时期技术发展和管理水平的反映，因而在一段时间内都表现出稳定的状态。稳定的时间有长有短，一般在 5 年至 10 年之间。保持定额的稳定性是维护定额的指导性所必需的，更是有效地贯彻定额所必要的。如果某种定额处于经常修改变动之中，那么必然造成执行中的困难和混乱，很容易导致定额指导作用的丧失。工程定额的不稳定也会给定额的编制工作带来极大的困难。

但是工程定额的稳定性是相对的。当生产力向前发展时，定额就会与生产力不相适应。这样，它原有的作用就会逐步减弱以至消失，需要重新编制或修订。

2.2　人材机消耗量的确定

确定消耗量定额人工、材料、机械台班消耗指标时，以基础定额为依据综合考虑确定。但是，这种综合不是简单的合并和相加，而需要在综合过程中增加两种定额之间的适当水平差。

1. 人工消耗量的确定

人工定额，也称劳动定额，是指在正常的施工技术和组织条件下，为完成单位合格产品，或完成一定量的工作所预先规定的人工消耗量标准。消耗量定额的人工消耗量标准是以劳动定额为基础的，其原则是：人工不分工种、技术等级，以综合工日表示，每工日为8小时。内容包括基本用工、超运距用工、辅助用工、人工幅度差。

（1）基本用工

基本用工是指完成单位合格产品所必须消耗的技术工种用工。按技术工种相应劳动定额工时定额计算，以不同工种列出定额工日。

（2）超运距用工

超运距用工是指预算定额的平均水平运距超过劳动定额规定水平运距部分。可表示为：

超运距＝预算定额取定运距－劳动定额已包括的运距

（3）辅助用工

辅助用工是指技术工种劳动定额内不包括在此预算定额内必须考虑的工时。如电焊着火用工等。

（4）人工幅度差

人工幅度差是指在劳动定额作业时间外，在预算定额应考虑的在正常施工条件下所发生的各种工时损耗。内容包括：

1）各工种时间的工序搭接及交叉作业互相配合所发生的停歇用工。

2）施工机械在单位工程之间转移及临时水电线路移动所造成的停工。

3）质量检查和隐蔽工程验收工作的影响。

4）班组操作地点转移用工。

5）工序交接时对前一工序不可避免的修整用工。

6）施工中不可避免的其他零星用工。

人工幅度差的计算公式为：

人工幅度差＝（基本用工＋超运距用工＋辅助用工）×人工幅度差系数

人工幅度差系数在10%左右。

2. 材料消耗量的确定

（1）材料的分类

合理确定材料消耗量，必须研究和区分材料在施工过程中的类别。

1）根据材料消耗的性质划分

根据材料消耗的性质不同，施工中材料的消耗可分为必需消耗的材料和损失的材料两类。

需消耗的材料，是指在合理用料的条件下，生产合格产品所需消耗的材料。它包括：直接用于建筑和安装工程的材料、不可避免的施工废料、不可避免的材料损耗。

必需消耗的材料属于施工正常消耗，是确定材料消耗定额的基本数据。其中，直接用于建筑和安装工程的材料，为净用量；不可避免的施工废料和材料损耗，为材料损耗量。

2）根据材料消耗与工程实体的关系划分

施工中的材料可分为实体材料和非实体材料两类。

① 实体材料，是指直接构成工程实体的材料，它包括工程直接性材料和辅助材料。工程直接性材料主要是指一次性消耗、直接用于工程上构成建筑物或结构本体的材料，如钢筋混凝土柱中的钢筋、水泥、砂、石等；辅助性材料主要是指虽也是施工过程中所必需，却不构成建筑物或结构本体的材料，如土石方爆破工程中所需的炸药、引信、雷管等。主要材料用量大，辅助材料用量少。

② 非实体材料，是指在施工中必须使用但又不能构成工程实体的施工措施性材料。非实体材料主要是指周转性材料，如模板、脚手架等。

（2）确定材料消耗量

1）实体材料消耗量

材料消耗定额是指在先进合理的施工条件下，节约并合理使用材料时，生产质量合格的单位产品所必须消耗的某种一定规格的建筑材料、成品、半成品和水、电等资源的数量。它包括材料的净用量和必要的损耗量。如浇筑混凝土构件，所需要的混凝土材料在搅拌、运输过程中不可避免的损耗以及振捣后体积变得密实，因而每立方米混凝土产品需要耗用1.01～1.05m^3的混凝土材料。由此，材料总消耗量为材料净用量与材料损耗量之和。

材料净用量指在不计废料和损耗的情况下，直接用于建筑物上的材料。材料的损耗一般按损耗率计算，材料的损耗量与材料总消耗量之比称为材料损耗率，即：

$$材料损耗率 = 材料损耗量 / 材料总消耗量 \times 100\%$$

因而，材料总消耗量 = 材料净用量 + 材料损耗量 = 材料净用量 ×（1 + 材料损耗率）

【例 2-1】 已知：按消耗量定额，石料块料镶贴地面、墙面，损耗率2%，定额计量单位100m^2。

试计算：大理石、花岗岩镶贴楼地面和墙面的板材定额消耗量。

【解】 根据板材定额消耗量计算公式，有：

大理石花岗岩板材定额消耗量：$100m^2 \times (1+2\%) = 102m^2$

【例 2-2】 已知：按消耗定额，水泥砂浆铺贴陶瓷地面砖作法中，1∶3水泥砂浆的厚度为20mm，素水泥浆的厚度为1mm。砂浆损耗率1%，定额计量单位100m^2。

试计算：1∶3水泥砂浆及素水泥浆定额消耗量。

【解】 1∶3水泥砂浆消耗量$=100m^2 \times 0.02m \times (1+1\%) = 2.02m^3$

素水泥浆消耗量$=100m^2 \times 0.001m \times (1+1\%) = 0.101m^3$

2）周转性材料消耗量

除了构成产品实体的直接性消耗材料外，还有另一类称之为周转性材料。周转性材料就是指用在施工过程中的工具性材料，如钢筋混凝土工程中用的模板、脚手架的架料以及土方工程中的挡土板等。这些材料可以多次周转，反复使用，但它的消耗不能直接构成工程实体。

因为周转性材料不能在一次使用中全部消耗，它的消耗量应按照多次使用，分次摊销的方法计算。定额中周转性材料消耗指标使用一次使用量和摊销量两个指标。一次使用量是指完成定额计量单位产品所必需的第一次投入，是没有经过重复使用的材料量。摊销量是指完成定额计量单位产品所必需消耗的数量，即分摊到每一定额计量单位的结构构件上的周转性材料消耗数量。摊销量的计算与以下几个因素有关：

① 周转使用量：周转使用量是指周转性材料每周转一次的平均使用量，计算公式为：

$$\begin{aligned}\text{周转使用量} &= [\text{一次使用量} + \text{一次使用量} \times (\text{周转次数} - 1) \times \text{损耗率}] / \text{周转次数} \\ &= \text{一次使用量} \times [(1 + \text{周转次数} - 1) \times \text{损耗率}] / \text{周转次数} \\ &= \text{一次使用量} \times K_1\end{aligned}$$

式中 K_1——周转性使用系数，$K_1=[1+(\text{周转次数}-1)\times\text{损耗率}]\times\text{周转次数}$。

周转次数——周转性材料从第一次使用（假如不补充材料）起到材料不能再使用时的使用次数；

损耗率——周转性材料使用一次后因损坏不能复用数量占一次使用量的损耗百分数，这部分在使用过程中的损耗需加以补充和加工才能投入下一次使用。

② 周转回收量：周转回收量是指周转性材料每周转一次后可以回收的数量，也就是每次使用后除去损耗部分而剩余的，经过加工处理后能再次使用的材料数量。其计算公式为：

$$\begin{aligned}\text{周转回收量} &= [\text{一次使用量} - (\text{一次使用量} \times \text{损耗率})] / \text{周转次数} \\ &= [\text{一次使用量} \times (1 - \text{损耗率})] / \text{周转次数}\end{aligned}$$

③ 周转材料摊销量：

$$\text{周转材料摊销量} = \text{周转使用量} - \text{周转回收量}$$

$$\begin{aligned}\text{即：摊销量} &= \text{一次使用量} \times K_1 - \text{一次使用量} \times (1 - \text{损耗率}) / \text{周转次数} \\ &= \text{一次使用量} \times [K_1 - (1 - \text{损耗率}) / \text{周转次数}]\end{aligned}$$

预制混凝土构件模板的摊销量是按多次使用平均摊销的方法计算，不计算每次周转损耗率，其摊销量按下式计算：

$$\text{预制混凝土构件的模板摊销量} = \frac{\text{一次使用量}}{\text{周转次数}}$$

3. 施工机械台班消耗量的确定

消耗量定额中的施工机械台班消耗量指标，是以台班为单位计算的，每台班为 8 小时。消耗量定额的机械化水平，应以多数施工企业采用和推广的先进方法为标准。确定机械台班消耗量是以统一劳动定额中机械施工项目的台班产量为基础进行计算，还应考虑在合理的施工组织条件下机械的停歇因素，这些因素会影响机械的效率，因而需加上一定的机械幅度差。

机械台班幅度差是指在基础定额中所规定的范围内没有包括，而在实际施工中又不可避免产生的影响机械或使机械停歇的时间。机械幅度差以系数表示，其内容包括：

（1）施工机械转移工作面及配套机械相互影响损失的时间。

（2）在正常施工条件下，机械在施工中不可避免的工序间歇。

（3）工程开工或收尾时工作量不饱满所损失的时间。

（4）检查工程质量影响机械操作的时间。

（5）临时停机、停电影响机械操作的时间。

（6）机械维修引起的停歇时间。

综上所述，消耗量定额的机械台班消耗量按下式计算：

消耗量定额机械台班用量＝基础定额机械台班用量×（1＋机械幅度差系数）

2.3　工程量清单计价规范

规范是一种标准。所谓“计价规范”，就是应用于规范建设工程计价行为的国家标准。具体地讲，就是工程造价行政主管部门对确定建筑产品价格的分部分项工程名称、项目特征、工作内容、项目编码、工程量计算规则、计量单位、费用项目组成与划分、费用项目计算方法与程序等作出的全国统一规定标准。

1. 2013版清单计价规范

我国现行的计价规范是《建设工程工程量清单计价规范》GB 50500—2013和九个专业工程量计算规范（下简称“13规范”）。经住房和城乡建设部批准为国家标准，于2013年7月1日正式施行。

“13规范”是我国国家级标准，其中部分条款为强制性条文，用黑体字标志，必须严格执行。计价规范的发布实施，是我国工程造价工作向逐步实现“政府宏观调控、企业自主报价、市场形成价格”的基础。

2. 工程量清单计价与工料单价法计价的区别

工程量清单计价模式是一种符合建筑市场竞争规则、经济发展需要和国际惯例的计价办法，是工程计价的趋势。工料单价法计价模式（也称定额计价模式）在我国已使用多年，具有一定的实用性。未来，工程量清单计价和工料单价法计价两种模式将并存，形成以工程量清单计价模式为主导，工料单价法计价模式为补充方式的计价局面。两种计价模式的区别主要有以下几点：

（1）适用范围不同

使用国有资金投资建设工程项目必须采用工程量清单计价。除此以外的建设工程，可以采用工程量清单计价模式，也可采用工料单价法计价模式。

（2）项目划分不同

工料单价法计价的项目是按定额子目来划分的，所含内容相对单一，一个项目包括一个定额子目的工作内容；而工程量清单项目，基本以一个“综合实体”考虑，一个项目既可能包括一个定额子目的工作内容，也可能包括多个定额子目的工作内容。例如，清单项目中“混凝土独立基础”，工作内容包括混凝土制作、浇捣，而工料单价法计时采用的定额子目“混凝土基础”仅包含混凝土浇捣，混凝土制作需另列项目计算。

（3）计价依据不同

工料单价法计价模式主要是依据建设行政主管部门发布的计价定额计算工程造价，具有地域的局限性；工程量清单计价模式的主要计价依据是《建设工程工程量清单计价规范》GB 50500—2013 和 9 个专业工程量计算规范，实行全国统一。

(4) 编制工程量的主体不同

采用工料单价法计价模式，建设工程的工程量、工程价格均由投标人自行计算；而采用工程量清单计价模式，工程量由招标人或委托有关工程造价咨询单位统一计算，各投标人根据招标人提供的工程量清单，根据自身的技术装备、施工经验、企业成本、企业定额、管理水平等进行报价。

(5) 风险分担不同

工程量清单由招标人提供，招标人承担工程量计算风险，投标人则承担单价风险；而工料单价法计价模式下的招投标工程，工程数量由各投标人自行计算，工程量计算风险和单价风险均由投标人承担。

(6) 计量与计价的单位不同

工料单价法计价模式计量与计价的单位为定额单位，定额单位一般为扩大单位，如“$10m^3$、$1000m^3$、$100m^2$”等。工程量清单计价模式计量与计价的单位为标准单位，如“m、m^3、m^2”等。

3. 2013 清单计价规范的主要内容

(1)“13 规范”简介

2012 年 12 月 25 日，住房和城乡建设部以 10 个公告发布了《建设工程工程量清单计价规范》GB 50500—2013 和九个专业工程量计算规范（简称“13 规范”），计价与计量规范共 10 本，适用于建设工程发承包及实施阶段的计价活动。

“13 规范”是以《建设工程工程量清单计价规范》GB 50500—2013 为母规范，各专业工程工程量计算规范与其配套使用的工程计价、计量标准体系。该标准体系将为深入推行工程量清单计价，建立市场形成工程造价机制奠定坚实基础，并对维护建设市场秩序，规范建设工程发承包双方的计价行为，促进建设市场健康发展发挥重要作用。

(2)“13 规范”体系

“13 规范”体系见表 2-2。

“13 规范”体系汇总表 **表 2-2**

序号	标准	名称	说明
1	GB 50500—2013	建设工程工程量清单计价规范	
2	GB 50854—2013	房屋建筑与装饰工程工程量计算规范	
3	GB 50855—2013	仿古建筑工程工程量计算规范	
4	GB 50856—2013	通用安装工程工程量计算规范	
5	GB 50857—2013	市政工程工程量计算规范	
6	GB 50858—2013	园林绿化工程工程量计算规范	
7	GB 50859—2013	矿山工程工程量计算规范	
8	GB 50860—2013	构筑物工程工程量计算规范	
9	GB 50861—2013	城市轨道交通工程工程量计算规范	
10	GB 50862—2013	爆破工程工程量计算规范	

4. “13 规范”地方实施细则

我国地域宽广，幅员辽阔，建设工程领域地方特性显著，为更好地服务与规范各地方建设工程行业，部分地方出台了“13 规范”地方实施细则，下面以广西壮族自治区为例进行讲解。

（1）广西实施细则简介

为规范广西建设工程造价计价与计量行为，按照政府宏观调控、企业自主报价、竞争形成价格、监管行之有效的工程造价管理和形成机制，结合《广西壮族自治区建设工程造价管理办法》（广西壮族自治区人民政府令第 43 号）等法规规章规定，结合广西实际，制定计价、计量广西实施细则。

根据国家计价规范，制定《建设工程工程量清单计价规范（GB 50500—2013）广西壮族自治区实施细则》。

根据国家 9 个专业工程量计算规范，制定《建设工程工程量计算规范（GB 50854～50862—2013）广西壮族自治区实施细则》。

（2）广西实施细则编制情况

1）广西实施细则是在国家计算规范的基础上，结合广西实际计价和计量情况进行了调整。

2）广西实施细则把 2013 国家《建设工程施工合同示范文本》和广西现行《招标文件示范文本》中关于工程计价与计量的条款进行融合。

3）根据广西的实际情况对部分工程计价表格进行了调整。

4）结合广西实际情况，各专业均调整了部分清单项目，增补的清单项目既有新增项目，也有取代国家计量规范清单项目的情况。

2.4　广西 2013 建筑装饰装修工程消耗量定额

1. 广西 2013 消耗量定额组成

广西现行的计价定额为 2013 年建筑装饰装修工程定额，主要由下列定额组成：

（1）《广西壮族自治区建筑装饰装修工程消耗量定额》上册；

（2）《广西壮族自治区建筑装饰装修工程消耗量定额》下册；

（3）《广西壮族自治区建筑装饰装修工程人工材料配合比机械台班基期价》；

（4）《广西壮族自治区建筑装饰装修工程费用定额》；

（5）《广西壮族自治区建设工程费用定额》；

（6）《广西壮族自治区绿色建筑工程消耗量定额》；

（7）《广西壮族自治区装配式建筑工程消耗量定额》。

其中《广西壮族自治区建筑装饰装修工程消耗量定额》（上册、下册）为工程计价过程中查阅消耗量的主要工具书。这两册消耗量定额按建筑结构、施工顺序、工程内容等分成若干分部；每一分部又按工程内容、材料等分成若干节；每一节再按工程做法、材料类别等分成若干定额子目。

2. 消耗量定额内容

消耗量定额内容组成见图 2-1。

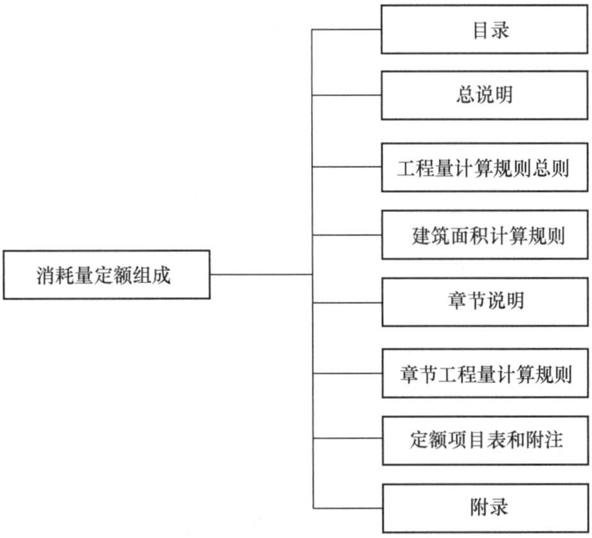

图 2-1 消耗量定额内容

(1) 目录

《广西建筑装饰装修工程消耗量定额》是以一个单位工程为研究对象，按章、节、子目顺序编制的。一个单位工程由若干个分部工程组成，定额内每一章即为一个分部工程。每一章由若干节组成，每一节由若干定额子目组成，定额内每一定额子目即为一个分项工程，如人工平整场地、人工挖沟槽等，定额子目为最小的组成因素。

依据国家规范和定额有关特点，《广西建筑装饰装修工程消耗量定额》划分为 22 个分部，合计 3648 个定额子目，见表 2-3。

广西建筑装饰装修工程消耗量内容 表 2-3

章序	章名称	子目数	说明
A. 1	土(石)方工程	224	实体工程
A. 2	桩与基地基础工程	267	
A. 3	砌筑工程	157	
A. 4	混凝土及钢筋混凝土工程	391	
A. 5	厂库房大门、特种门、木结构工程	37	
A. 6	金属结构工程	122	
A. 7	屋面及防水工程	219	
A. 8	防腐、隔热、保温工程	291	
A. 9	楼地面工程	174	
A. 10	墙、柱面工程	353	
A. 11	天棚工程	179	
A. 12	门窗工程	190	
A. 13	油漆、涂料、裱糊工程	274	
A. 14	其他装饰工程	228	

续表

章序	章名称	子目数	说明
A. 15	脚手架工程	98	措施项目
A. 16	垂直运输工程	36	
A. 17	模板工程	248	
A. 18	混凝土运输及泵送工程	12	
A. 19	建筑物超高增加费	28	实体工程
A. 20	大型机械设备基础、安拆及进退场费	44	措施项目
A. 21	材料二次运输	60	
A. 22	成品保护工程	16	
合计		3648	

（2）总说明

各分部需说明的共性问题列入总说明，总说明的基本内容包括：定额的适用范围及编制依据；定额的编制原则；定额中人工、材料、机械台班消耗量的计算方法；编制消耗量定额时已考虑和未考虑的因素，以及消耗量定额在使用过程中应注意的问题和有关事项的说明等。因此使用定额前应仔细阅读总说明的内容。

（3）工程量计算规则总则

为统一计算口径，总则对工程量计算依据、工程计算过程中的计算尺寸、汇总工程量的有效位数进行规定。

（4）建筑面积计算规则

建筑面积计算规则严格、较全面地规定了计算建筑面积的规范和方法。建筑面积是基本建设中重要的经济指标，也是其他技术经济指标的基础（详见本教材任务 5)。

（5）各分部说明

分部说明主要说明使用本分部定额子目时应注意的有关问题。对编制中有关问题的解释、套用定额子目应注意的事项、特殊情况的处理等做出说明。它是定额的重要组成部分，是执行定额的基准，是确定套用定额子目及判断是否需换算的基础之一，必须全面掌握。

（6）分部工程量计算规则

工程量计算规则统一规定了各分项工程量计算的方法与原则，是准确计算工程量的依据。统一的工程量计算规则避免了因计算口径不一而导致计算工程量结果的差异。

（7）附录

附录一般列在定额的最后或单独成册。如《广西建筑装饰装修工程消耗量定额》的附录为附图。

（8）《广西建筑装饰装修工程人工材料配合比机械台班基期价》

《广西建筑装饰装修工程人工材料配合比机械台班基期价》主要内容包括见表 2-4。

广西建筑装饰装修工程人工材料配合比机械台班基期价内容　　表 2-4

序号	名称	序号	名称
1	人工、材料基期价	2	配合比基期价

续表

序号	名称	序号	名称
3	施工机械台班基期价	附表四	汽车运输转载率表
附表一	材料采购及保管费率表	附表五	材料经仓库比例表
附表二	材料运输损耗表	附表六	材料成品、半成品运距取定表
附表三	圆(方)钢、螺纹钢规格组合表		

进行工程计价时，如配合比发生变化，可以按本册进行消耗量换算；确定机械台班单价时，按本册所列示的机械台班单价组成，结合机械工日单价、燃料动力费进行计算。

3. 消耗量定额项目表的表现形式

定额项目表是消耗量定额中的核心部分与主要内容，它包括工作内容、定额子目名称、定额编号、定额单位和人工、材料、机械台时消耗指标及附注。

附注列于定额表下方，主要是根据施工条件变更的情况，规定人工、材料和机械台时消耗的增减变化。

（1）工作内容

工作内容位于定额项目表的表头左上方，它规定了各分项工程所包括的施工内容。在套用定额子目时，要正确理解定额子目工作内容，避免列项时漏项或重项。

（2）定额单位

定额单位位于表格右上方（部分子目位于表格内），一般为扩大的计量单位。确定列项并套用定额子目后，各分项工程工程量的计量单位，必须与相应定额子目的定额单位一致。如人工挖土方的计量单位为“$100m^3$”，混凝土柱的计量单位为“$10m^3$”。

（3）定额子目表

定额子目表是消耗量定额的主要组成部分，它反映了完成规定计量单位分项工程所需的人工、材料和机械台班消耗量标准。

定额子目包括表定额编号、定额名称、消耗量、参考基价。

定额参考基价＝人工费＋材料费＋机械费

其中：人工费＝人工费

材料费＝∑(各种材料耗用量×相应材料单价)＋其他材料费

机械费＝∑(机械台班耗用量×相应机械台班单价)

定额参考基价所体现的价格为编制定额时的基期价格，式子中相应的人工、材料、机械台班单价均为编制定额时的基期价格。

其中，定额中材料、配合比、机械单价中的分子表示除税价，分母表示含税价。执行营改增一般计税法时，按除税价计取。

【例 2-3】表 2-5 中“A4-18 混凝土矩形柱”参考基价（含税）计算过程如下：

人工费＝387.03 元

材料费＝10.15×262.00＋0.91×3.40＋1.00×4.50＝2666.89 元

机械费＝1.24×11.54＝14.31 元

则参考基价＝387.03＋2666.89＋14.31＝3068.23 元/$10m^3$

A4. 1. 2. 2 柱 　　　　表 2-5

工作内容：清理、湿润模板、浇捣、养护 　　　　单位：$10m^3$

定额编号				A4-18	A4-19
项目				混凝土柱	
				矩形	…
参考基价(元)				$\frac{2989.26}{3069.13}$	
其中	人工费(元)			387.03	
	材料费(元)			$\frac{2588.71}{2666.89}$	
	机械费(元)			$\frac{13.52}{15.21}$	
编码	名称	单位	单价(元)	数量	
041401026	碎石 GD40 商品普通混凝土 C20	m^3	$\frac{254.37}{262.00}$	10.150	
310101065	水	m^3	$\frac{3.30}{3.40}$	0.910	
021701001	草袋	m^2	$\frac{3.85}{4.50}$	1.000	
990311002	混凝土振捣器[插入式]	台班	$\frac{10.90}{12.27}$	1.240	

(4) 定额子目编号设置

定额子目参考基价编号由英文大写字母及阿拉伯数字组成。如建筑工程混凝土拌制定额编号：A4-1。

字母表示广西各专业消耗量定额，A 表示建筑装饰装修工程消耗量定额；B 表示安装工程消耗量定额；C 表示市政工程消耗量定额；D 表示园林绿化工程消耗量定额。

字母后连着的数字对于建筑装饰装修、市政、园林绿化工程消耗量定额则表示章节编码；对于安装工程消耗量定额则表示本专业中的各册编码。

横线之后的数字表示广西各消耗量定额的子目编号。

(5) 附注

部分定额子目表的左下方有附注，针对定额消耗量的调整和换算进行说明。当设计分项工程的做法与套用定额子目不完全相符时，如有附注说明，则按附注进行相应定额子目的消耗量调整。

4. 消耗量定额的应用

(1) 定额子目综合单价的确定

1) 定额子目参考基价的组成。人工费、材料费按编制定额时相应编码的市场人工单价、材料单价计取，组成定额参考基价。

2) 工程计价过程中，人工费的确定由区建设工程造价管理总站根据各市建设工程造价管理站上报资料审定后公布执行。定额子目参考基价的机械台班单价除人工费、动力燃料费可按相应规定调整外，其余均不得调整。

（2）定额子目综合单价中的综合费率（或费用）由区建设工程造价管理总站根据全区实际进行统一制定和调整。招标人编制标底（或预算控制价）时，管理费和利润的计取一般按《广西建设工程费用定额》中费率区间的平均值计算。

（3）《广西消耗量定额》中使用的各种人工、材料、配合比、机械等编码由广西建设工程造价管理总站统一制定，各地市需新增内容时，由各市建设工程造价管理站收集整理后上报区建设工程造价管理总站。

5. 总说明及计算规则总则

（1）定额《总说明》

1）《广西壮族自治区建筑装饰装修工程消耗量定额》（以下简称本定额）是完成规定计量单位建筑和装饰装修分部分项工程合格产品所需的人工费、材料和机械台班的消耗量标准。

2）本定额适用于广西壮族自治区辖区范围内新建、扩建和改建的工业与民用建筑工程。

3）本定额是编审设计概算、施工图预算、招标控制价、竣工结算、调解处理工程造价纠纷、鉴定工程造价的依据；是合理确定和有效控制工程造价、衡量投标报价合理性的基础；是编制企业定额、投标报价的参考。

4）本定额的编制依据

①《广西壮族自治区建设工程造价管理办法》；

②《房屋建筑与装饰工程工程量计算规范》GB 50854—2013；

③《建筑工程建筑面积计算规范》GB/T 50353—2013；

④《全国统一建筑工程基础定额》GJD—101—95 和《全国统一建筑工程基础定额编制说明》（土建工程）；

⑤ 2005 年《广西壮族自治区建筑工程消耗量定额》和 2005 年《广西壮族自治区装饰装修工程消耗量定额》以及有关补充定额；

⑥ 2004 年《全国建筑安装工程统一劳动定额》及广西补充劳动定额；

⑦ 现行国家有关产品标准、设计规范、施工及验收规范、技术操作规程、质量评定标准和安全操作规程；

⑧ 其他法律、法规及有关建筑工程造价管理规定。

5）本定额是按照广西建筑施工企业正常施工条件、现有的施工机械装备水平、合理的施工工期、施工工艺和劳动组织为基础进行编制的，反映了社会平均消耗水平。

6）本定额的工作内容，扼要说明了主要施工工序，次要工序虽未具体说明，但均已包含在定额内。

7）本定额包括施工过程中所需的人工费、材料、半成品和机械台班数量，除定额中有规定允许调整外，不得因具体工程施工组织设计、施工方法及工、料、机等耗量与定额不同时进行调整换算。如定额中以饰面夹板、实木、木质装饰线条表示的，其材质包括榉木、橡木、柚木、枫木、核桃木、樱桃木、桦木、水曲柳等；部分列有榉木或者柚木等的子目，如实际使用的材质与取定的不符时，可以换算。

8）本定额人工消耗量确定：人工消耗量以实物量人工费表现，是完成规定计量单位建筑和装饰装修分部分项工程合格产品所需的人工费用。包括基本工资、工资性津贴、生产工人辅助工资、职工福利费、生产工人劳动保护费，以及按规定缴纳个人部分的住房公积金与社会保险费（养老保险费、医疗保险费、失业保险费、工伤保险费、生育保险费）。

9）本定额材料及配合比消耗量的确定

① 本定额采用的建筑装饰装修材料、成品、半成品均应符合国家质量标准和相应设计要求的合格产品。

② 本定额中的材料消耗量包括施工中消耗的主要材料、辅助材料和零星材料等，并计算了相应的施工场内运输及施工操作的损耗。损耗的内容和范围包括：从工地仓库、现场集中堆放地点或现场加工地点至操作或安装地点的运输损耗、施工操作损耗、施工现场堆放损耗。

③ 用量很少、占材料费比重很小的零星材料合并为其他材料费，以元表示。

④ 施工措施性消耗部分，周转性材料按不同施工方法、不同材质分别以一次摊销量列出。

⑤ 本定额中均已包括材料、成品、半成品，从工地仓库、现场集中堆放地点或现场加工地点至操作或安装地点的水平和垂直运输。如发生再次搬运的，按本定额 A.21 材料二次运输相应子目计算。

10）本定额的机械台班消耗量确定：是按正常合理的机械配备、机械施工工效、结合现场实际测算确定的。用量很少、占机械费比重很小的其他机械合并为其他机械费，以元表示。

11）本定额木种分类如下：

一类：红松、水桐木、樟子松。

二类：白松（云杉、冷杉）、杉木、杨木、柳木、椴木。

三类：青松、黄花松、秋子木、马尾松、东北榆木、柏木、苦楝木、梓木、黄菠萝、椿木、楠木、柚木、樟木。

四类：栎木（柞木）、檀木、色木、槐木、荔木、麻栗木（麻栎、青刚）、桦木、荷木、水曲柳、华北榆木。

12）本定额除脚手架、垂直运输定额已注明其适用高度外，均按建筑物檐口高度 20m 以下编制；檐口高度超过 20m 时，另按本定额 A.19 建筑物超高增加费相应子目计算。

13）本定额已综合了搭拆 3.6m 以内简易脚手架用工及脚手架摊销材料，3.6m 以上需搭设的装饰装修脚手架按本定额 A.15 脚手架工程相应子目执行。

14）使用预拌砂浆和干混砂浆

按本定额中相应使用现场搅拌砂浆的子目进行套用和换算，并按以下办法对人工费、材料和机械台班消耗量进行调整：

① 使用预拌砂浆

A. 使用机械搅拌的子目，每立方米砂浆扣减定额人工费 41.04 元；使用人工搅拌的子目，每立方米砂浆扣减定额人工费 50.73 元；

B. 将定额子目中的现场搅拌砂浆换算为预拌砂浆；

C. 扣除相应子目中的灰浆搅拌机台班。

② 使用干混砂浆。

A. 每立方米砂浆扣减定额人工费 17.10 元；

B. 每立方米现场搅拌砂浆换算成干混砂浆1.75t及水0.29m^3；

C. 灰浆搅拌机台班不变，如用其他方式搅拌亦不增减费用。

15）本定额未列的子目，参照安装、市政、园林工程等定额的相应子目执行。

16）本定额注有××以内或××以下者，均包括××本身；××以外或××以上者，则不包括××本身。

17）工程计价中如发生定额缺项需作补充的，可由建设单位和施工单位根据实际情况作一次性补充定额，报当地建设工程造价管理机构审核，并由当地建设工程造价管理机构报广西壮族自治区建设工程造价管理总站备案。

18）本定额由广西壮族自治区建设工程造价管理总站统一管理，统一解释。

（2）工程量计算规则总则

1）为了统一工业与民用建筑的建筑装饰装修工程各分部分项工程量的计算尺度及标准，制定本规则。

2）本规则适用于使用本定额计算工业与民用建筑的建筑装饰装修工程各分部分项工程量。

3）建筑装饰装修工程工程量的计算除按本定额说明和各章节规则规定外，尚应依据以下文件：

① 经审定的施工设计图纸及说明，以及设计文件规定采用的标准图集。

② 经审定的施工组织设计或施工技术措施方案。

③ 施工及验收规范、经审定的其他有关技术经济文件。

4）本规则的计算尺寸，以设计图纸表示的尺寸为准。除另有规定外，工程量的计量单位应按下列规定计算：

① 以体积计算的为立方米（m^3）；

② 以面积计算的为平方米（m^2）；

③ 以长度计算的为米（m）；

④ 以重量计算的为吨或千克（t或kg）；

⑤ 以个（件、套或组）计算的为个（件、套或组）。

5）汇总工程量时，工程量的有效位数应遵循下列规定。

① 以立方米、平方米、米、千克（m^3、m^2、m、kg）为单位的，保留小数点后两位数字，第三位四舍五入。

② 以吨（t）为单位的，保留小数点后三位数字，第四位四舍五入。

③ 以个（件、套或组）为单位的，取整数。

6）各分部分项工程量计算规则除定额中另有规定外，各章节之间的计算规则不得相互串用。

思考与习题

1. 什么是建设工程定额？
2. 请简述工程定额体系的分类。
3. 工程定额的特点是什么？如何理解定额的稳定性与时效性？

4. 消耗量定额中，材料消耗量主要有哪两大类？

5. 广西现行的计价定额组成内容是什么？

6. 广西 2013 消耗量定额的组成内容是什么？

7. 广西建筑装饰装修工程消耗量定额分别有哪几个分部工程？

8. 定额编码分别代表什么含义？

9. 计算天棚面刮腻子的综合工日消耗量。

任务 3　建筑与装饰装修工程费用计算

3.1　费用定额总说明

下面以广西壮族自治区为例进行讲解。定额总说明如下：

(1)《广西壮族自治区建设工程费用定额》(以下简称“本定额”) 适用于广西壮族自治区辖区范围内的建设工程并与本区颁发的相应工程消耗量定额配套执行。

(2) 本定额是编制设计概算、施工图预算、招标控制价（或标底)、竣工结算，调解处理工程造价纠纷、鉴定工程造价的依据；是合理确定和有效控制工程造价、衡量投标报价合理性的基础。

(3) 本定额的编制依据

1) 住房和城乡建设部财政部关于印发《建筑安装工程费用项目组成》的通知（建标〔2013〕44 号)；

2)《建设工程工程量清单计价规范》GB 50500—2013；

3)《中华人民共和国增值税暂行条例》(国务院令第 538 号)、《关于全面推开营业税改征增值税试点的通知》（财税〔2016〕36 号)、《营业税改征增值税试点方案》（财税〔2011〕110 号)、《关于简并增值税征收率政策的通知》(财税〔2014〕57 号) 及《关于做好建筑业营改增建设工程计价依据调整准备工作的通知》(建办标〔2016〕4 号)；

4)《广西壮族自治区建设工程造价管理办法》(广西壮族自治区人民政府令第 43 号)；

5) 其他法律、法规以及有关建设工程造价管理规定。

(4) 建设工程造价中已包括检验试验配合费，但未包括检验试验费。检验试验费在工程建设其他费用中单独计列。检验试验费应由建设单位和检验试验机构就检验试验内容另行签订委托合同，并按合同约定进行结算。

(5) 费用计价程序和计算规则应按本定额规定执行，取费费率中除安全文明施工费、规费、增值税外，其余费率属指导性费用，具体费率按有关规定取定。

(6) 规费由社会保险费（养老保险费、失业保险费、医疗保险费、生育保险费、工伤保险费)、住房公积金和工程排污费组成。

(7) 本费用定额未包括的其他项目，发承包双方可自行补充或约定。

3.2　建设工程费用项目的组成

1. 费用项目组成

建设工程费用是指施工发承包工程造价，根据不同划分方法分为两类构成。

(1) 按照费用构成要素划分，建设工程费用由直接费、间接费、利润和增值税组成，各项费用价格均不包含增值税进项税额（表 3-1)。

建设工程费用组成表（按构成要素分） 表 3-1

建设工程费	直接费	人工费	计时工资(或计价工资)
			津贴、补贴
			特殊情况下支付的工资
		材料费	材料原价
			运杂费
			运输损耗费
			采购及保管费
		机械费	折旧费
			大修理费
			经常修理费
			安拆费及场外运费
			人工费
			燃料动力费
			税费
	间接费	企业管理费	管理人员工资
			办公费
			差旅交通费
			固定资产使用费
			工具用具使用费
			劳动保险和职工福利费
			劳动保护费
			工会经费
			职工教育经费
			财产保险费
			财务费
			税金
			其他
		规费	社会保险费
			住房公积金
			工程排污费
	利润		
	增值税		

（2）按照工程造价形成划分，建设工程费由分部分项工程费、措施项目费、其他项目费、规费、税前项目费、增值税组成，分部分项工程费、措施项目费、其他项目费包含人工费、材料费、施工机具使用费、企业管理费和利润。各项费用的价格均不包含增值税进项税额（表 3-2）。

建设工程费用组成表（按工程造价形成分）　　表 3-2

<table>
<tr><td rowspan="26">建设工程费</td><td colspan="3">分部分项工程费</td><td rowspan="21">1. 人工费
2. 材料费
3. 机械费
4. 管理费
5. 利润</td></tr>
<tr><td rowspan="16">措施项目费</td><td rowspan="9">单价措施费</td><td>脚手架工程费</td></tr>
<tr><td>垂直运输机械费</td></tr>
<tr><td>混凝土、钢筋混凝土模板及支架费</td></tr>
<tr><td>混凝土运输及泵送费</td></tr>
<tr><td>大型机械进出场及安拆费</td></tr>
<tr><td>二次搬运费</td></tr>
<tr><td>已完工程保护费</td></tr>
<tr><td>夜间施工增加费</td></tr>
<tr><td>……</td></tr>
<tr><td rowspan="7">总价措施费</td><td>安全文明施工费</td></tr>
<tr><td>检验试验配合费</td></tr>
<tr><td>雨季施工增加费</td></tr>
<tr><td>工程定位复测费</td></tr>
<tr><td>优良工程增加费</td></tr>
<tr><td>提前竣工(赶工补偿)费</td></tr>
<tr><td>……</td></tr>
<tr><td rowspan="4">其他项目费</td><td colspan="2">暂列金额</td></tr>
<tr><td colspan="2">暂估价(材料暂估价、专业工程暂估价)</td></tr>
<tr><td colspan="2">计日工</td></tr>
<tr><td colspan="2">总承包服务费</td></tr>
<tr><td rowspan="3">规费</td><td colspan="3">社会保险费</td></tr>
<tr><td colspan="3">住房公积金</td></tr>
<tr><td colspan="3">工程排污费</td></tr>
<tr><td colspan="4">税前项目费</td></tr>
<tr><td colspan="4">增值税</td></tr>
</table>

2. 费用项目概念（按照费用构成要素划分）

建设工程费用由直接费、间接费、利润和增值税组成。

（1）直接费

直接费由人工费、材料费、施工机械使用费组成。

1）人工费：是指按工资总额构成规定，支付给从事工程施工的生产工人和附属生产单位的各项费用。内容包括：

① 计时工资或计件工资：是指按计时工资标准和工作时间或已做工作按计件单价支

付给个人的劳动报酬。

② 津贴、补贴：是指为了补偿职工特殊或额外的劳动消耗和因其他特殊原因支付给个人的津贴，以及为了保证职工工资水平不受物价影响支付给个人的物价补贴。如流动施工津贴、高温作业临时津贴、高空津贴等。

③ 特殊情况下支付的工资：是指根据国家法律、法规和政策规定，因病、工伤、产假、计划生育假、婚丧假、事假、探亲假、定期休假、停工学习、执行国家或社会义务等原因按计时工资标准或计时工资标准的一定比例支付的工资。

2）材料费：材料费是指施工过程中耗费的原材料、辅助材料、构配件、零件、半成品或成品的费用和周转使用材料的摊销（或租赁）费用。内容包括：

① 材料原价：是指材料的出厂价格或商家供应价格。

② 运杂费：是指材料自来源地运至工地仓库或指定堆放地点所发生的全部费用。

③ 运输损耗费：是指材料在运输装卸过程中不可避免的损耗。

④ 采购及保管费：是指为组织采购、供应、保管材料的过程中所需要的各项费用。包括采购费、仓储费、工地保管费、仓储损耗。

3）机械费：是指施工作业所发生的机械使用费以及机械安拆费和场外运输费或其租赁费。由下列七项费用组成：

① 折旧费：指施工机械在规定的使用年限内，陆续收回其原值的费用及购置资金的时间价值。

② 大修理费：指施工机械按规定的大修理间隔台班进行必要的大修理，以恢复其正常功能所需的费用。

③ 经常修理费：指施工机械除大修理以外的各级保养和临时故障排除所需的费用。包括为保障机械正常运转所需替换设备与随机配备工具附具的摊销和维护费用，机械运转中日常保养所需润滑与擦拭的材料费用及机械停滞期间的维护和保养费用等。

④ 安拆费及场外运费：安拆费指施工机械（大型机械另计）在现场进行安装与拆卸所需的人工、材料、机械和试运转费用以及机械辅助设施的折旧、搭设、拆除等费用；场外运费指施工机械整体或分体停放地点运至施工现场或由一施工地点运至另一施工地点的运输、装卸、辅助材料及架线等费用。

⑤ 人工费：指机上司机和其他操作人员的人工费。

⑥ 燃料动力费：指施工机械在运转作业中所消耗的各种燃料及水、电等。

⑦ 税费：指施工机械按照国家规定应缴纳的车船使用税、保险费及年检费等。

（2）间接费

间接费由企业管理费和规费组成。

1）企业管理费：是指施工企业组织施工生产和经营管理所需的费用。内容包括：

① 管理人员工资：是指按规定支付给管理人员的计时工资、津贴补贴、加班加点工资及特殊情况下支付的工资等。

② 办公费：是指企业管理办公用的文具、纸张、账表、印刷、邮电、书报、办公软件、现场监控、会议、水电、烧水和集体取暖降温（包括现场临时宿舍取暖降温）等费用。

③ 差旅交通费：是指职工因公出差、调动工作的差旅费、住勤补助费，市内交通费

和误餐补助费，职工探亲路费，劳动力招募费，职工退休、退职一次性路费，工伤人员就医路费，工地转移费以及管理部门使用的交通工具的油料、燃料等费用。

④ 固定资产使用费：是指管理和附属生产单位使用的属于固定资产的房屋、设备、仪器等的折旧、大修、维修或租赁费。

⑤ 工具用具使用费：是指企业管理使用的不属于固定资产的工具、器具、家具、交通工具、测绘、消防用具等的购置、维修和摊销费。

⑥ 劳动保险和职工福利费：是指由企业支付的职工退职金、按规定支付给离休干部的经费，集体福利费、冬季取暖补贴、上下班交通补贴等。

⑦ 劳动保护费：是企业按规定发放的劳动保护用品的支出。如工作服、手套、防暑降温饮料以及在有碍身体健康的环境中施工的保健费用等。

⑧ 工会经费：是指企业按《工会法》规定的全部职工工资总额比例计提的工会经费。

⑨ 职工教育经费：是指按职工工资总额的规定比例计提，企业为职工进行专业技术和职业技能培训，专业技术人员继续教育、职工职业技能鉴定、职业资格认定以及根据需要对职工进行各类文化教育所发生的费用。

⑩ 财产保险费：是指施工管理用财产、车辆等的保险费用。

⑪ 财务费：是指企业为施工生产筹集资金或提供预付款担保、履约担保、职工工资支付担保等所发生的各种费用。

⑫ 税金：是指企业按规定缴纳的房产税、非施工机械车船使用税、土地使用税、印花税等。

⑬ 其他：包括技术转让费、技术开发费、投标费、业务招待费、绿化费、广告费、公证费、法律顾问费、审计费、咨询费、保险费等。

2）规费：是指按国家法律、法规规定，由省级政府和省级有关部门规定必须缴纳或计取的费用。包括：

① 社会保险费：是指企业按照规定标准为职工缴纳的养老保险、失业保险费、医疗保险费、生育保险费、工伤保险费。

② 住房公积金：是指企业按规定标准为职工缴纳的住房公积金。

③ 工程排污费：是指施工现场按规定缴纳的工程排污费。

（3）利润

是指施工企业完成所承包工程获得的盈利。

（4）增值税

是指国家规定的应计入建设工程造价内的增值税。增值税为当期销项税额。

3. 费用项目概念（按照工程造价形成划分）

建设工程费由分部分项工程费、措施项目费、其他项目费、规费、税前项目费、增值税组成。分部分项工程费、措施项目费、其他项目费包含人工费、材料费、施工机具使用费、企业管理费和利润。各项费用的价格均不包含增值税进项税额。

（1）分部分项工程费

分部分项工程费是指施工过程中，建设工程的分部分项工程应予列支的各项费用。分部分项工程划分见现行国家建设工程工程量计算规范。

综合单价：是完成一个分部分项工程项目所需的人工费、材料、施工机械使用费和企业管理费、利润以及一定范围内的风险费用。

（2）措施项目费

措施项目费为完成工程项目施工，发生于该工程施工准备和施工过程中技术、生活、安全、环境保护等方面的非工程实体项目，包括单价措施费和总价措施费。

1）单价措施费

① 脚手架工程费：是指施工需要的各种脚手架搭、拆、运输费用以及脚手架购置费的摊销（或租赁）费用。

② 垂直运输机械费：指在合理工期内完成单位工程全部项目所需的垂直运输机械台班费用。

③ 混凝土、钢筋混凝土模板及支架费：混凝土施工过程中需要的各种模板及支架的支、拆、运输费用和模板及支架的摊销（或租赁）费用。

④ 混凝土泵送费：泵送混凝土所发生的费用。

⑤ 大型机械进出场及安拆费：是指大型机械整体或分体自停放场地运至施工现场或由一个施工地点运至另一个施工地点，所发生的机械进出场运输转移费用及机械在施工现场进行安装、拆卸所需的人工费、材料费、机械费、试运转费和安装所需的辅助设施（如塔吊基础）的费用。

⑥ 二次搬运费：是指因施工场地条件限制而发生的材料、构配件、半成品等一次运输不能到达堆放地点，必须进行二次或多次搬运所发生的费用。

⑦ 已完工程保护费：竣工验收前，对已完工程进行保护所需的费用。

⑧ 施工排水、降水费：为确保工程在正常条件下施工，采取各种排水、降水措施所发生的各种费用。

⑨ 建筑物超高加压水泵费：是指建筑物地上超过 6 层或设计室外标高至檐口高度超过 20m 以上，水压不够，需增加加压水泵而发生的费用。

⑩ 夜间施工增加费：因夜间施工所发生的夜班补助费、夜间施工降效、夜间施工照明设备摊销及照明用电等费用。

2）总价措施费

① 安全文明施工费

A. 环境保护费：是指施工现场为达到环保部门要求所需要的各项费用。

B. 文明施工费：是指施工现场文明施工所需要的各项费用。

C. 安全施工费：是指施工现场安全施工所需要的各项费用，包括安全网等有关围护费用。

D. 临时设施费：是指施工企业为进行建设工程施工所必须搭设的生活和生产用的临时建筑物、构筑物和其他临时设施费用。包括临时设施的搭设、维修、拆除、清理费或摊销费等。临时设施包括：临时宿舍、文化福利及公用事业房屋与构筑物，仓库、办公室、加工厂（场）以及在规定范围内道路、水、电、管线等临时设施和小型临时设施。

② 检验试验配合费：是指施工单位按规定进行建筑材料、构配件等试样的制作、封样、送检和其他保证工程质量进行的检验试验所发生的费用。

③ 雨季施工增加费：在雨季施工期间所增加的费用。包括防雨和排水措施、工效降低等费用。

④ 工程定位复测费：是指工程施工过程中进行全部施工测量放线和复测工作的费用。

⑤ 优良工程增加费：招标人要求承包人完成的单位工程质量达到合同约定为优良工程所必须增加的施工成本费。

⑥ 提前竣工（赶工补偿）费：在工程发包时发包人要求压缩工期天数超过定额工期的20%或在施工过程中发包人要求缩短合同工程工期，由此产生的应由发包人支付的费用。

⑦ 特殊保健费：在有毒有害气体和有放射性物质区域范围内施工人员的保健费，与建设单位职工享受同等特殊保健津贴。

⑧ 交叉施工补贴：建筑装饰装修工程与设备安装工程进行交叉作业而相互影响的费用。

⑨ 暗室施工增加费：在地下室（或暗室）内进行施工时所发生的照明费、照明设备摊销费及人工降效费。

⑩ 其他：根据各专业、地区及工程特点补充的施工组织措施费用项目。

（3）其他项目费

1）暂列金额：招标人在工程量清单中暂定并包括在合同价款中的一笔款项。用于工程合同签订时尚未确定或者不可预见的所需材料、服务的采购，施工中可能发生的工程变更、合同约定调整因素出现时的合同价款调整以及发生的索赔、现场签证等确认的费用。

2）暂估价：招标人在工程量清单中提供的用于支付必然发生但暂时不能确定价格的材料以及专业工程的金额。

3）计日工：在施工过程中，承包人完成发包人提出的工程合同范围以外的零星项目或工作，按合同中约定的单价计价的一种方式。计日工综合单价应包含了除增值税进项税额以外的全部费用。

4）总承包服务费：总承包人为配合协调发包人进行的专业工程发包，对发包人自行采购的材料等进行保管以及施工现场管理、竣工资料汇总整理等服务所需的费用。一般包括总分包管理费、总分包配合费、甲供材的采购保管费。

① 总分包管理费是指总承包人对分包工程和分包人实施统筹管理而发生的费用，一般包括：涉及分包工程的施工组织设计、施工现场管理协调、竣工资料的汇总整理等活动所发生的费用。

② 总分包配合费是指分包人使用总承包人的现有设施所支付的费用。一般包括：脚手架、垂直运输机械设备、临时设施、临时水电管线的使用，提供施工用水电及总包和分包约定的其他费用。

③ 甲供材的采购保管费是指发包人供应的材料需总承包人接受及保管的费用。总承包服务费率与工作内容可参照本定额的规定约定，也可以由甲乙双方在合同中定按实际发生计算。

5）停工窝工损失费：建筑施工企业进入现场后，由于设计变更、停水、停电累计超过8小时（不包括周期性停水、停电）以及按规定应由建设单位承担责任的、现场调剂不了的停工、窝工损失费用。

6）机械台班停滞费：非承包商责任造成的机械停滞所发生的费用。

(4) 规费

定义同前。

(5) 税前项目费

是指在费用计价程序的增值税项目前，根据交易习惯按市场价格进行计价的项目费用。税前项目的综合单价不按定额和清单规定程序组价，而按市场规则组价，其内容为包含了除增值税额以外的全部费用。

(6) 增值税

定义同前。

3.3 建设工程费用计价程序

1. 工料单价法的工程总造价计价程序

建筑装饰装修工程工料单价法计价程序见表 3-3。

工料单价法计价程序 表 3-3

(以人工费＋材料费＋机械费为计算基数)

序号	项目名称	计算程序
1	分部分项工程及单价措施项目费用计价合计	Σ(分部分项及单价措施项目工程量×相应综合单价)
1.1	其中：Σ人工费	Σ(分部分项及单价措施项目定额子目工程量×相应消耗量定额人工费)
1.2	Σ材料费	Σ(分部分项及单价措施项目定额子目工程量×相应消耗量定额材料费)
1.3	Σ机械费	Σ(分部分项及单价措施项目定额子目工程量×相应消耗量定额机械费)
2	总价措施费	按有关规定计算
3	其他项目费	按有关规定计算
4	规费	＜4.1＞＋＜4.2＞＋＜4.3＞
4.1	社会保险费	＜1.1＞×相应费率
4.2	住房公积金	＜1.1＞×相应费率
4.5	工程排污费	[＜1.1＞＋＜1.2＞＋＜1.3＞]×相应费率
5	税前项目费	
6	增值税	(＜1＞＋＜2＞＋＜3＞＋＜4＞＋＜5＞)×相应费率
7	工程总造价	＜1＞＋＜2＞＋＜3＞＋＜4＞＋＜5＞＋＜6＞

注：“＜ ＞”内的数字均为表中对应的序号。

2. 工料单价法的综合单价组成表

管理费、利润计算基数＝Σ(人工费＋机械费)。

综合单价计算程序见表 3-4。

工料单价法综合单价组成表 表 3-4

序号	组成内容	计算方法
		以“人工费＋机械费”为计算基数
A	人工费	消耗量定额子目人工费
B	材料费	Σ(消耗量定额子目材料含量×相应材料除税单价)
C	机械费	Σ(消耗量定额子目机械台班含量×相应机械除税单价)
D	管理费	(A＋C)×管理费费率
E	利润	(A＋C)×利润费率
小计		A＋B＋C＋D＋E

3.4 建筑装饰装修工程费用适用范围和计算规则

1. 建筑装饰装修工程适用范围

（1）建筑工程：适用于工业与民用新建、改建、扩建的建筑物、构筑物工程。包括各种房屋、设备基础、烟囱、水塔、水池、站台、围墙工程等。但建筑工程中的装饰装修工程、土石方及其他工程、地基基础及桩基础工程单列计费，具体详见表3-5。

建筑装饰装修工程消耗量定额章节取费对应表　　表3-5

<table>
<tr><th>章节</th><th>名称</th><th>取费</th><th>说明</th></tr>
<tr><td>A.1</td><td>土(石)方工程</td><td>土石方及其他</td><td></td></tr>
<tr><td>A.2</td><td>桩与地基基础工程</td><td>桩工程</td><td></td></tr>
<tr><td>A.3</td><td>砌筑工程</td><td rowspan="6">建筑工程</td><td rowspan="6"></td></tr>
<tr><td>A.4</td><td>混凝土及钢筋混凝土工程</td></tr>
<tr><td>A.5</td><td>木结构工程</td></tr>
<tr><td>A.6</td><td>金属结构工程</td></tr>
<tr><td>A.7</td><td>屋面及防水工程</td></tr>
<tr><td>A.8</td><td>保温、隔热、防腐工程</td></tr>
<tr><td>A.9</td><td>楼地面工程</td><td rowspan="6">装饰装修工程</td><td rowspan="6"></td></tr>
<tr><td>A.10</td><td>墙、柱面工程</td></tr>
<tr><td>A.11</td><td>天棚工程</td></tr>
<tr><td>A.12</td><td>门窗工程</td></tr>
<tr><td>A.13</td><td>油漆、涂料、裱糊工程</td></tr>
<tr><td>A.14</td><td>其他装饰工程</td></tr>
<tr><td>A.15</td><td>脚手架工程</td><td>建筑工程</td><td></td></tr>
<tr><td>A.16</td><td>垂直运输工程</td><td>土石方及其他</td><td></td></tr>
<tr><td>A.17</td><td>模板工程</td><td>建筑工程</td><td></td></tr>
<tr><td>A.18</td><td>混凝土运输及泵送工程</td><td>土石方及其他</td><td></td></tr>
<tr><td rowspan="3">A.19</td><td rowspan="3">建筑物超高增加费</td><td>建筑工程</td><td>19.1 建筑装饰超高</td></tr>
<tr><td>装饰装修工程</td><td>19.2 局部装饰超高</td></tr>
<tr><td>土石方及其他</td><td>19.3 超高加压水泵</td></tr>
<tr><td rowspan="3">A.20</td><td rowspan="3">大型机械设备基础、安拆及进退场费</td><td>建筑工程</td><td>20.1 塔吊电梯基础</td></tr>
<tr><td rowspan="2">土石方及其他</td><td>20.2 大型机械安拆</td></tr>
<tr><td>20.3 大型机械进退场</td></tr>
<tr><td>A.21</td><td>材料二次运输</td><td>土石方及其他</td><td></td></tr>
<tr><td>A.22</td><td>成品保护工程</td><td>装饰装修工程</td><td></td></tr>
</table>

（2）装饰装修工程：适用于工业与民用新建、改建、扩建的建筑物、构筑物等的装饰装修工程。

（3）地基基础及桩基础工程：适用于工业与民用建筑物、构筑物等地基基础及桩基础工程。

（4）土石方及其他工程：适用于建筑物和构筑物的土石方工程（包括爆破工程）、垂直运输工程、混凝土运输及泵送工程、建筑物超高增加加压水泵台班、大型机械安拆及进退场、材料二次运输。

2. 建筑装饰装修工程费用计算规则

（1）计算基数

1）分部分项工程费及单价措施项目费中的管理费、利润均以“人工费＋机械费”为计算基数。

2）按费率计费的总价措施费：以分部分项工程费及单价措施项目费中的“人工费＋材料费＋机械费”为计算基数。

3）规费：社会保险费、住房公积金以分部分项工程费及单价措施项目费中的“人工费”为计算基数；工程排污费以分部分项工程费及单价措施项目费中的“人工费＋材料费＋机械费”为计算基数。

（2）人工费、材料费、机械费的确定

1）人工费：按消耗量定额子目中的人工费(包括机械台班中的人工费)计算，自治区建设行政主管部门发布系数时进行相应调整。计日工(包括现场签证中的零工)中的人工费不得作为计费基数。

2）材料费：材料费＝∑材料消耗量×材料除税单价。材料消耗量按消耗量定额确定，材料单价按当时当地造价管理机构发布的信息价或市场询价确定，无信息价或市场询价时，可参照基期计算。材料单价不包含增值税进项税额。材料租赁费不得作为计费基数。

3）机械费：机械费＝∑机械台班消耗量×机械除税台班单价。机械台班消耗量按消耗量定额规定确定，机械台班单价按自治区造价管理机构发布的价格计取，其中人工和燃料等可以按有关规定调整。机械台班单价不包含增值税进项税额。机械租赁费不得作为计费基数。

（3）措施费项目应根据定额规定并结合工程实际确定，定额未包括的其他措施项目费，发承包双方可自行补充或约定。

（4）安全文明施工费按定额规定的费率计算，为不可竞争费用。

（5）在编制施工图预算、标底、招标控制价等时，有费率区间的项目应按费率区间的中值至上限值间取定。一般工程按费率中值取定，特殊工程可根据投资规模、技术含量、复杂程度在费率中值至上限值间选择，并在招标文件中载明。无费率区间的项目一律按规定的费率取值。

（6）投标报价时，除不可竞争费用、规费和税金按费用定额规定的费率计算外，其余各项费用企业可自主确定。

（7）提前竣工（赶工补偿）费

1）提前竣工费：发包人在招标文件中规定（非招标工程在合同中约定）要求压缩工期天数超过定额工期20％的，按经审定的赶工措施方案计算相应费用。

2）赶工补偿费：承包人应发包人的要求而采取加快工程进度措施，使合同工程工期缩短，按经审定的赶工措施方案计算相应的赶工补偿费。

（8）甲供材料费应计入相应的材料费中，按计费程序规定计取各项费用，工程结算时在工程总造价中扣除甲供材料费。

（9）总承包服务费

1）总分包管理费和总分包配合费按本定额规定的费率计算，其计算基数为分包工程造价（不含税金）。

2）甲供材的采购保管费按《广西壮族自治区建筑装饰装修工程人工材料配合比机械台班基期价》附表一“材料采购及保管费率表”规定计算。

（10）其他项目费中的材料暂估价应为除税单价，专业工程暂估价应为不含增值税进项税额的工程造价。

（11）甲供材料费及专业分包工程结算时，在工程总造价中扣减相应费用，扣减公式如下：

1）甲供材料结算价＝∑甲供材料价×相应数量×(1＋11％)

2）专业分包工程结算价＝专业分包工程×(1＋11％)

（12）费率表中的各项费率按百分数表示，百分数保留小数点后两位数字，第三位四舍五入。

3.5　建筑装饰装修工程取费费率

为加强对建设工程定额人工工资单价的动态管理，结合建设工程市场实际情况，合理确定和有效控制工程造价，建设行政主管部门会根据行业发展的具体情况，以文件通知方式发布对建设工程定额人工费及有关费率进行调整的相关规定。

1. 管理费与利润费率

根据现行“关于调整建设工程定额人工费及有关费率的通知（桂建标〔2018〕19号）”计价文件，费用定额的建筑装饰装修工程的管理费、利润费率已有所调整。

建筑装饰装修工程的管理费与利润费率见表 3-6。

关于调整建设工程定额人工费及有关费率的通知（桂建标〔2018〕19号）

管理费与利润费率表　　**表 3-6**

编号	项目名称	计算基数	管理费率(％)	利润率(％)
1	建筑工程	∑[分部分项、单价措施项目(人工费＋机械费)]	29.86～36.48	0～16.92
2	装饰装修工程		24.56～30.04	0～14.12
3	土石方工程及其他工程		8.54～10.46	0～4.90
4	地基基础桩基础工程		13.67～16.73	0～7.52

2. 总价措施费费率

建筑装饰装修工程的总价措施费费率见表 3-7、表 3-8。

安全文明施工费费率表　　**表 3-7**

编号	项目名称		计算基数	费率或标准		
				市区	城(镇)	其他
1	安全文明施工费	$S<10000m^2$	∑[分部分项、单价措施项目(人工费＋材料费＋机械费)]	7.36％	6.27％	5.14％
		$10000m^2\leqslant S\leqslant 30000m^2$		6.45％	5.49％	4.51％
		$S>30000m^2$		5.54％	4.72％	3.88％

其他费费率表　　表 3-8

编号	项目名称	计算基数	费率或标准
2	检验试验配合费	Σ[分部分项、单价措施项目（人工费+材料费+机械费）]	0.11%
3	雨季施工增加费		0.53%
4	优良工程增加费		3.17%～5.29%
5	提前竣工（赶工）补偿费		按经审定的赶工措施方案计算
6	工程定位复测费		0.05%
7	暗室施工增加费	暗室施工定额人工费	25%
8	交叉施工补贴	交叉部分定额人工费	10%
9	特殊保健费	厂区（车间）内施工项目的定额人工费	厂区内：10.00% 车间内：20.00%
10	其他	有关规定	

3. 其他项目费率

建筑装饰装修工程的其他项目费率见表 3-9。

其他项目费费率表　　表 3-9

编号		项目名称		计算基数	费率或标准
1		暂列金额		Σ（分部分项工程费及单价措施项目费+总价措施项目费）	5%～10%
2		总承包服务费			
其中	2.1	总分包管理费		分包工程造价	1.67%
	2.2	总分包配合费			3.89%
	2.3	甲供材的采购保管			按规定计算
3		暂估价	材料暂估价	按实际发生计算	
			专业工程暂估价		
4		计日工		按暂定工程量×相应单价	
5		机械台班停滞费		签证停滞台班×机械停滞台班费	系数 1.25
6		停工窝工人工补贴		停工窝工工日数（工日）	51.00 元/工日

4. 规费费率

建筑装饰装修工程的规费费率见表 3-10。

规费费率表　　表 3-10

编号		项目名称	计算基数	费率
1		社会保险费	Σ分部分项及单价措施项目人工费	29.35%
其中	1.1	养老保险费		17.22%
	1.2	失业保险费		0.34%
	1.3	医疗保险		10.25%
	1.4	生育保险费		0.64%
	1.5	工伤保险费		0.90%
2		住房公积金		1.85%
3		工程排污费	Σ分部分项及单价措施费定额（人工费+材料费+机械费）	0.25%～0.43%

注：建筑面积＜10000m^2取高值，10000m^2≤建筑面积≤30000m^2取中值，建筑面积＞30000m^2取低值。

5. 税（费）取费费率

根据广西现行“自治区住房城乡建设厅关于调整建设工程计价增值税税率的通知（桂建标〔2019〕12号）”计价文件，增值税税率已有所调整。增值税税率见表3-11。

关于调整建设工程计价增值税税率的通知（桂建标〔2019〕12号）

建筑装饰装修工程增值税费率表　　表3-11

编号	项目名称	计算基数	费率
1	增值税	Σ(分部分项工程费及单价措施项目费＋总价措施项目费＋其他项目费＋税前项目费＋规费)	9%

3.6　计算工程总造价

工程费用组成包括的内容有多项，实际工作过程中，必须按规定的计价程序完成工程项目所需计入的费用内容，计算出工程总造价，形成工程造价文件，即工程预算书。实务工作中，工程总造价计算公式如下：

建设工程造价＝Σ(分部分项工程和单价措施项目费＋总价措施项目费＋其他项目费＋税前项目费＋规费＋税金)。

1. 分部分项工程和单价措施项目费

分部分项工程费是指施工过程中耗费的构成工程实体的人工费、材料费、施工机械使用费、管理费及利润。它不仅包括建设工程费用组成中的分部分项工程直接工程费，还包括了管理费和利润。

单价措施项目是措施项目中可以按图纸计算工程量的措施项目。

分部分项工程和单价措施项目费＝Σ(工程量×综合单价)

或＝Σ(人工费＋材料费＋机械费＋管理费＋利润)

分部分项工程和单价措施项目费是实务工作中总造价计算程序中的计算基础，所以在这一工作环节，要正确计算工程量，合理确定综合单价。

2. 总价措施项目费

措施费是指为完成工程项目施工，发生于该工程施工前和施工过程中非工程实体项目的费用，内容包括单价措施费和总价措施费。

措施项目计价应根据拟建工程的施工组织设计计算。

总价措施费是指措施项目中以总价计价的项目，即此类项目无工程量计算规则，以总价（或计算基数乘以费率）计算的措施项目。

总价措施费中的安全文明施工费应按照国家或自治区建设主管部门的规定计价，不得作为竞争性费用。

3. 其他项目费用

（1）暂列金额应按招标人在其他项目清单中列出的金额填写。

（2）材料暂估价应按招标人列出的单价计入综合单价；专业工程暂估价应按招标人列出的金额填写。

（3）总承包服务费根据招标文件中列出的内容和提出的要求确定。

4. 税前项目费

税前项目可直接通过当地工程造价管理机构《造价信息》上发布的税前项目市场报价或自行确定报价，该项目报价已含有税金以外的全部费用。

5. 规费及税金

规费和税金应按国家、自治区建设主管部门或税务主管部门的规定计算，不得作为竞争性费用。

6. 综合案例

【例 3-1】某工程天棚面刮腻子综合单价计算结果为 434.76 元/100m²，楼地面 600×600 防滑砖为 3935.07 元/100m²；经按图纸计算，天棚刮腻子工程量为 620m²，楼地面 600×600 防滑砖为 510m²。试计算：该工程的分部分项工程费用。

【解】

分部分项工程费用 = Σ工程量×综合单价

1）楼地面防滑砖=5.1×3935.07=20068.86 元

2）天棚面刮腻子=6.2× 434.76=2695.51 元

分部分项工程费用=20068.86+2695.51=22764.37 元

【例 3-2】市区内某综合楼工程建筑面积为 130m²，编制招标控制价过程中获取计价资料如下：

1）分部分项工程和单价措施费用为 8.47 万元；

2）总价措施费为 0.61 万元；

3）其他项目费为 0.90 万元；

4）税前项目费为 1.28 万元；

5）规费为 0.37 万元；

6）增值税费率为 9%。

试计算：根据现行规定编制招标控制价，计算该工程总造价。

【解】

1）分部分项工程和单价措施项目费=8.47 万元；

2）总价措施项目费=0.61 万元；

3）其他项目费=0.90 万元；

4）税前项目费=1.28 万元；

5）规费=0.37 万元；

6）税金=[1)+2)+3)+4)+5)]×9%

=(8.47+0.61+0.90+1.28+0.37)×9%

=1.05 万元

总造价=1)+2)+3)+4)+5)+6)

=8.47+0.61+0.90+1.28+0.37+1.05=12.68 万元

【例 3-3】市区内某综合楼工程建筑面积为 2630m²，编制招标控制价过程中获取计价资料如下：

1）分部分项工程和单价措施费用为 2259643.35 元；其中人工费为 303437.29 元，材料费为 1312238.37 元，机械费为 384286.42 元；

2）总价措施费用仅计取安全文明施工费、检验试验配合费、雨季施工增加费、工程定位复测费；

3）其他项目费为 0 元；

4）税前项目费为 961.80 元；

5）规费为 105767.35 元；

6）增值税费率为 9%。

试计算：根据现行规定编制招标控制价，计算该工程总造价。

【解】

1）分部分项工程和单价措施项目费＝2259643.35 元；

2）总价措施项目费

计算基数＝分部分项工程和单价措施项目人工费＋材料费＋机械费

＝303437.29＋1312238.37＋384286.42

＝1999962.08 元

总价措施项目费＝1999962.08×(7.36＋0.11＋0.53＋0.05)%

＝160996.95 元

3）其他项目费＝0 元；

4）税前项目费＝961.80 元；

5）规费＝105767.35 元；

6）税金＝[1)＋2)＋3)＋4)＋5)]×9%

＝(2259643.35＋160996.95＋0＋961.80＋105767.35)×9%

＝227463.25 元

总造价＝1)＋2)＋3)＋4)＋5)＋6)

＝2259643.35＋160996.95＋0＋961.80＋105767.35＋227463.25

＝2754832.70 元

【例 3-4】市区内某综合楼工程建筑面积为 12630m^2，编制招标控制价过程中获取计价资料如下：

1）分部分项工程和单价措施费用为 1319.36 万元；其中人工费为 190.91 万元，材料费为 794.10 万元，机械费为 106.36 万元；

2）总价措施费仅计取安全文明施工费、检验试验配合费、雨季施工增加费、工程定位复测费；

3）其他项目费为 95 万元；

4）税前项目费为 38.60 万元。

试计算：根据现行规定编制招标控制价，计算该工程总造价。

【解】

1）分部分项工程和单价措施项目费＝1319.36 万元；

2）总价措施项目费

计算基数＝分部分项工程和单价措施项目(人工费＋材料费＋机械费)

＝190.91＋794.10＋106.36

＝1091.37 万元

总价措施项目费＝1091.37×(6.45%＋0.11%＋0.53%＋0.05%)
＝77.92 万元

3）其他项目费＝95 万元；

4）税前项目费＝38.60 万元；

5）规费＝190.91×(29.35%＋1.85%)＋1091.37×0.34%
＝63.27 万元

6）增值税＝[1)＋2)＋3)＋4)＋5)]×9%
＝(1319.36＋77.92＋95＋38.60＋63.27)×9%
＝143.47 万元

总造价＝1)＋2)＋3)＋4)＋5)＋6)
＝1319.36＋77.92＋95＋38.60＋63.27＋143.47
＝1737.62 万元

3.7　计算综合单价

建筑装饰装修工程综合单价指完成一个规定计量单位的分部分项工程项目或技术措施项目所需的人工费、材料费、施工机械使用费和企业管理费与利润，以及一定范围内的风险费用。

1. 综合单价计算程序

综合单价计价程序见表 3-12、表 3-13。各项费用计算方式如下：

A：人工费＝人工费

B：材料费＝∑材料消耗量×相应材料除税单价

C：机械费＝∑机械消耗量×相应机械除税台班单价

D：管理费＝（A＋C）×费率百分比

E：利润＝（A＋C）×费率百分比

综合单价＝A＋B＋C＋D＋E

综合单价分析表（一）　　　　**表 3-12**

A4-18 换　C25 混凝土矩形柱　　　　单位：$10m^3$

序号	名称	单位	用量	单价	合计
A	人工费	元	387.03		387.03
B	材料费				4490.65
041401027	碎石 GD40 商品普通混凝土 C25	m^3	10.150	441.75	4483.76
310101065	水	m^3	0.910	3.34	3.04
021701001	草袋	m^2	1.000	3.85	3.85
C	机械费				12.43
990311002	混凝土振捣器［插入式］	台班	1.24	10.02	12.43
	直接费单价（A＋B＋C）				4890.11
D	管理费（A＋C）×33.17%				132.50
E	利润（A＋C）×8.46%				33.79
综合单价＝人工费＋材料费＋机械费＋管理费＋利润					5056.40

综合单价分析表（二） 表 3-13

A13-206 内墙面刮成品腻子粉两遍 单位：100m²

序号	名称	单位	用量	单价	合计
A	人工费	元	549.78		549.78
B	材料费				150.17
110106019	成品腻子粉（一般型）	kg	170.000	0.88	149.60
310101065	水	m^3	0.170	3.34	0.57
C	机械费				0.00
	直接费单价（A+B+C）				699.95
D	管理费（A+C）×27.30%				150.09
E	利润（A+C）×7.06%				38.81
综合单价=人工费+材料费+机械费+管理费+利润					888.85

在综合单价的组成过程中，因各分项工程的施工内容不同，不一定每个分项工程都消耗人工、材料、机械三要素。如人工挖土方子目就仅消耗人工费，而不产生材料及机械的消耗量。

由综合单价分析表可知，计算综合单价必须存在三个已知条件：①消耗量；②消耗要素价格；③管理费率和利润率。

招标人编制招标控制价时，管理费和利润的计取一般按规定费率区间的平均值计算。

2. 确定人材机消耗量

消耗量定额列示出各分项工程的消耗要素及其对应的消耗数量，通过正确套用定额子目，结合工程实际情况就可合理确定消耗要素及其对应的消耗数量。

消耗量定额中各分部分项工程章节、子目的设置是根据建筑装饰装修工程常用的项目制定的，也就是说定额子目是按照一般情况下常见的建筑装饰装修工程构件、材料、施工工艺和施工现场的实际操作情况划分确定的，这些定额子目可供大部分建筑装饰装修项目使用，但并不能包含全部的建筑装饰装修项目的内容，随着行业的发展，新材料、新工艺不断出现，消耗量定额不可能满足所有建筑装饰装修项目的需要。因此，在实际工作中，就会出现某些工程内容与定额子目的规定不太相符，甚至完全不同的情况。

（1）套用定额子目的依据

1）设计文件，包括设计图纸、工程图集等。

2）施工组织设计。

3）定额说明，包括总说明及各分部说明。

4）定额子目工作内容。

5）定额子目表。

6）定额子目备注。

（2）套定额子目后，直接取定定额列示消耗量

当施工图纸设计的工程内容、材料、做法与相应定额子目所规定的项目内容完全相同，则该项目就按定额规定，直接套用定额子目，确定综合人工工日、材料消耗量和机械台班消耗数量。在编制工程造价时，绝大多数工程内容属于直接套定额子目后，直接取定

定额列示的消耗量的情况。

（3）定额换算

定额换算的实质就是按定额规定的换算范围、内容和方法，对某些子目的人工费、材料消耗量及机械台班消耗数量等有关内容进行的调整工作。

若施工图纸设计的工程内容、材料、做法等与定额相应子目规定内容不完全相符时，如果定额允许换算或调整，则应在规定范围内进行换算或调整，然后确定人工费、材料消耗量和机械台班消耗数量。

定额换算有两个条件：①定额子目规定内容与工程项目内容部分不相符，而不是完全不相符；②定额规定允许换算。同时满足这两个条件，才能进行换算、调整，也就是说，使工程消耗量定额中规定的内容和设计图纸要求的内容取得一致的过程，就称为定额换算或调整。

定额是否允许换算应按照定额说明，这些说明主要包括在定额《总说明》、各分部工程的《说明》及各分项工程定额表的“附注”中，此外，还有定额管理部门关于定额应用问题的解释。

1）基本项和增减项换算

在定额换算中，按定额的基本项和增减项进行换算的项目比较多，如土方的运输距离、混凝土楼梯的厚度、抹灰砂浆的厚度等。

2）系数调整换算

系数调整是按定额规定的增减系数调整定额消耗量。如机械挖土方量小于 2000m^3时、砖砌弧形基础、天棚面刮腻子、泵送混凝土施工情况下的混凝土运输道等。

用系数调整法进行换算时，只要将定额子目的消耗量乘以定额规定的系数即可。但大多数情况下，定额规定的调整系数不一定是对定额子目的全部消耗要素而言，而只是对定额子目中的人工（或材料、机械台班）进行系数调整。

3）数值增减换算

数值增减换算是指按定额规定增减的数量进行人工、材料、机械台班调整。定额规定中直接说明应增减的数值，换算时，只需将规定增减的数值与定额子目列示的相应消耗数量进行加减即可。

4）按比例换算

按比例换算的基本做法是以定额消耗量为基准，随设计的增减而成比例地增加或减少各消耗要素的用量。如模板的支撑高度。

5）混凝土及砂浆配合比换算

设计图纸的混凝土或砂浆配合比与定额取定不同时，应按定额规定进行换算。

6）材料品种、规格不同的换算

这类换算主要是用于工程项目设计用材料代替定额中相应材料，换算材料价格，消耗量不变。如饰面材料等。

3. 确定人材机价格

人工、材料、机械台班消耗量确定后，就需要确定相应的材料、机械台班消耗量的单价。材料费按各市工程造价管理机构公布的当时当地相应编码的市场材料单价计取，机械台班单价除人工费、动力燃料费可按相应规定调整外，其余均不得调整。

（1）人工费

人工费：按消耗量定额子目中的人工费（包括机械台班中的人工费）计算，地区建设行政主管部门发布系数时进行相应调整。计日工（包括现场签证中的零工）中的人工费不得作为计费基数。

（2）材料单价

材料单价一般称为材料预算价格。

根据住房和城乡建设部、财政部《关于印发〈建筑安装工程费用项目组成〉的通知》（建标〔2003〕206号）及建设部令第141号《建设工程质量检测管理办法》规定，材料预算价格的组成包括：

1）材料原价（或供应价格）

在确定材料原价时，凡同一种材料因来源地、交货地、供货单位、生产厂家不同，而有几种价格（原价）时，根据不同来源地供货数量比例，采取加权平均的方法确定其综合原价。

2）材料运杂费：材料自来源地运至工地仓库或指定堆放地点所发生的全部费用。

3）运输损耗费：材料在运输装卸过程中不可避免的损耗。材料的运输损耗率，不同的材料各不相同。如某地区材料的运输损耗为：木材0.5%；袋装水泥1.0%；砖1.5%；砂、石1.5%。计算方法如下：

材料运输损耗费＝（材料原价＋材料运杂费）×材料运输损耗率

4）采购及保管费：为组织采购、供应和保管材料过程所需要的各项费用，包括采购费、仓储费、工地保管费、仓储损耗等。计算公式如下：

采购及保管费＝（材料原价＋材料运输费）×材料采购及保管费率

采购及保管费费率：以广西为例，一般为2.5%；对建设单位将材料供到施工现场的，施工单位只收40%；对于建设单位将材料运到施工现场所在地甲方仓库或车站、码头，施工单位只收60%；由建设单位付款订货，施工单位负责提运至施工现场，施工单位收80%。

上述费用的计算可以综合成一个计算式：

材料预算价格＝[（材料原价＋材料运杂费）×（1＋材料运输损耗率）]×（1＋材料采购及保管费率）

【例3-5】本市某年某月玻化砖市场供应价98元/m^2，其市内运杂费为0.97元/m^2，场外运输损耗率为1%，采保费2.5%。求玻化砖的材料预算价格。

【解】根据材料预算价格公式：

玻化砖的材料预算价格＝(98＋0.97)×(1＋1%)×(1＋2.5%)＝102.46元/m^2

（3）机械台班单价

施工机械台班单价应由折旧费、大修理费、经常修理费、安拆费及场外运费、人工费、燃料动力费、养路费及车船使用税等七项费用组成。

机械台班单价单位为“台班”，每台班是按8小时工作制计算的。定额中体现为一类费用、人工、动力燃料三部分进行台班单价计算。

表3-14中列出为定额中列出的机械台班参考价。表内单价中的分子表示除税价，分母表示含税价。执行营改增一般计税法时，按除税价计取。

1）一类费用

一类费用相对稳定，但随着行业的发展，如部分施工机械的“其他费用”产生变化，则造价管理部门会发布相关调整规定，实务操作过程需按文件进行调整。

2）人工费

人工指机上司机（司炉）和其他操作人员的工作日人工费及上述人员在施工机械规定的年工作台班以外的人工费。

3）动力燃料

动力燃料的理解同材料消耗量。

机械台班参考价　　表 3-14

单位：台班

定额编号					990311001	990311002
项目					振捣器	
					平板式	插入式
					中	
参考基价（元）					$\frac{11.54}{10.34}$	$\frac{12.27}{10.90}$
	编码	名称	单位	单价（元）	数量	
人工	000301001	机械台班人工费	元	—	—	—
一类费用	992301001	折旧费	元	—	$\frac{2.530}{2.162}$	$\frac{3.100}{2.650}$
	992302001	大修理费	元	—	$\frac{0.560}{0.479}$	$\frac{0.720}{0.615}$
	992303001	经常修理费	元	—	$\frac{2.240}{2.012}$	$\frac{2.880}{2.587}$
	992304001	安拆及场外运输费	元	—	$\frac{2.570}{2.570}$	$\frac{1.930}{1.930}$
	992305001	其他费用	元	—	—	—
动力燃料	120101003	汽油 93 号	kg	$\frac{10.69}{9.14}$	—	—
	120104001	柴油 0 号	kg	$\frac{9.22}{7.78}$	—	—
	310101065	水	m^3	$\frac{3.40}{3.30}$	—	—
	310101067	电	kW·h	$\frac{0.91}{0.78}$	4.000	4.000
		停滞费	元	—	2.530	3.100

【例 3-6】《信息价》公布显示“电”的除税单价为 0.56 元/kW·h。

试按《信息价》计算“插入式振捣器”机械除税台班单价。

【解】

1）查《广西壮族自治区建筑装饰装修工程人工材料配合比机械台班参考价》(后简称《信息价》)“插入式振捣器”机械台班编码为 990311002。

2）查《信息价》，电的预算价格为 0.56 元/kW·h。则：

台班单价＝2.650＋0.615＋2.587＋1.930＋4×0.56＝10.02 元/台班

4. 确定管理费及利润

综合单价中管理费率、利润率由自治区工程造价管理机构根据全区实际进行统一制定和调整。

招标人编制招标控制价时，管理费和利润的计取一般按《广西建设工程费用定额》中费率区间的平均值计算。投标人投标报价时，可根据企业的竞争情况自主确定，但不能低于成本。

5. 计算综合单价案例

【例 3-7】 某工程采用一般计税法，编制招标控制价过程获取以下信息：

1）"混凝土过梁"采用非泵送商品混凝土施工；配合比中的骨料为碎石、中砂；

2）现行计价文件规定，定额人工费调整系数为 1.30；

3）《信息价》公布显示，"商品普通混凝土 C25"的除税单价为 441.75 元/m^3；"水"的除税单价为 3.34 元/m^3；"电"的除税单价为 0.56 元/kW·h。

试计算：C25 混凝土过梁的综合单价。

【解】

1）套定额子目"A4-25 换"，经判断，需换算以下两个内容：

A：人工费＝530.67＋21×10.15＝743.82 元；

B：混凝土 041401027　商品普通混凝土 C25。

判断依据：本定额 A.4 混凝土及钢筋混凝土分部《说明》"现浇混凝土浇捣、构筑物浇捣是按商品混凝土编制的，采用泵送时套用定额相应子目，采用非泵送时每立方米混凝土人工费增加 21 元"及"混凝土的强度等级和粗细骨料是按常用规格编制的，如设计规定与定额不同时应进行换算"。

2）查《信息价》，确定各消耗要素预算价格。

3）计算插入式振捣器机械台班单价，结果同【例 3-6】。

4）计算综合单价，见表 3-15。

综合单价分析表　　表 3-15

A4-25 换　C25 混凝土过梁（非泵送）　　单位：$10m^3$

序号	名称	单位	用量	单价	合计
A	人工费	元	743.82	1.30	966.97
B	材料费				4571.92
041401027	碎石 GD40 商品普通混凝土 C25	m^3	10.150	441.75	4483.76
310101065	水	m^3	4.990	3.34	16.67
021701001	草袋	m^2	18.570	3.85	71.49
C	机械费				12.53
990311002	混凝土振捣器［插入式］	台班	1.25	10.02	12.53
D	直接费单价（A+B+C）				5551.41
E	管理费（A+C）×33.17%				324.90
F	利润（A+C）×8.46%				82.86
综合单价＝人工费＋材料费＋机械费＋管理费＋利润					5959.18

思考与习题

1. 请简述建设工程费用组成。

2. 单价措施费、总价措施费分别包括什么内容?

3. 施工机械使用费包括哪几项费用?

4. 请简述工程总造价计价程序。

5. 请简述综合单价组成。

6. 综合案例练习 1：某工程楼面 600×600 防滑砖作法为参照“05ZJ001 楼 10”，经计算后的工程量为 95.82 m^2；天棚面 117 胶刮腻子二道，经计算后的工程量为 95.82m^2。

试计算：人材机价格按定额取，计算该工程楼地面贴砖及天棚面刮腻子所需的人材机合价（元）。要求写出定额子目编号。

7. 综合案例练习 2：市区内某综合楼工程建筑面积为 3020m^2，编制招标控制价过程中获取计价资料如下：

（1）分部分项工程和单价措施费用为 2409253.46 元；其中人工费为 311293.83 元，材料费为 1575411.34 元，机械费为 298729.10 元；

（2）总价措施费仅计取安全文明施工费、检验试验配合费、雨季施工增加费、工程定位复测费；

（3）其他项目费为 120000 元；

（4）税前项目费为 100000 元。

试计算：根据现行规定编制招标控制价，计算该工程总造价。

第二篇

建筑与装饰装修工程工程量计算

任务 4　工 程 量 计 算

4.1　工程量计算依据

1. 工程量的含义

工程量是指以物理计量单位或自然计量单位所表示的建筑工程各个分部分项工程或结构构件的实物数量（图 4-1）。

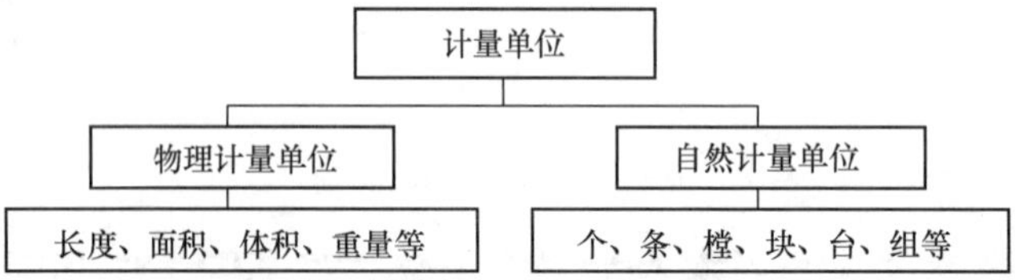

图 4-1　工程量计量单位示意图

工程量是确定建筑安装工程费用，编制施工计划，安排工程施工进度，编制材料供应计划，进行工程统计和经济核算的重要依据。

2. 工程量计算的依据

工程量计算的依据主要有：

（1）施工图纸及设计说明、相关图集、施工方案、设计变更、图纸答疑、会审记录、施工签证等。

（2）工程施工合同、招标文件的商务条款。

（3）工程量计算规则。定额及清单计价规范中详细规定了各分部分项工程的工程量计算规则，分部分项工程工程量的计算应严格按照规定进行。

3. 工程量计算规则

工程量计算规则分为清单工程量计算规则和定额工程量计算规则，它详细规定了各分部分项工程的工程量计算方法。编制工程量清单时要使用清单工程量计算规则（《建设工程工程量清单计价规范》GB 50500—2013 附录），投标报价组价算量、工料单价法计价时要使用定额工程量计算规则。

统一工程量计算规则的目的有三个：①避免同一分部分项工程因计算规则不同而出现不同的工程量；②通过工程量计算规则的统一，达到分部分项工程项目划分和分部分项工程所包括的工作内容的统一；③使工程量清单中的“工程量”调整有统一计算口径。统一工程量计算规则，有效控制消耗量，为真正实现量价分离、企业自主报价、市场有序竞争形成价格，及为建立全国统一的建设市场提供了依据。

4. 计量单位

工程量清单项目的计量单位一般采用基本的物理计量单位或自然计量单位，如 m^2、

m^3、m、kg、t 等；定额计量单位一般为扩大的物理计量单位或自然计量单位，如 $100m^2$、$1000m^3$、100m 等。

4.2　工程量计算的方法

工程量计算一般分手工计量与应用计算机软件计量两种方法。其中手工计量须遵循一定的顺序，并贯穿于统筹法中。

1. 工程量计算顺序

为了避免漏算或重算，提高计算的准确程度，一般情况下，工程量的计算应按照一定的顺序逐步进行。

（1）单位工程计算顺序

单位工程计算顺序一般按定额或计价规范列项顺序计算。即按照定额或计价规范上的分章或分部分项工程顺序来计算工程量。

实际工作中，也可按图纸内容安排计算顺序。图纸内容可分为结施、建施两大部分。计算工程量时，先完成结施图纸内容，再完成建施图纸内容。当按图纸内容安排计算顺序时，一些相关联的工程内容在定额中的章节并不是依次的章节，但它们的数据取定、计算式之间具有一定的关联性，这时可安排为依次的计算顺序。如混凝土及其模板分别属于定额 A.4、A.11 两个分部，但混凝土构件的数量是一致的，构件混凝土、构件模板的计算式中很多数据可重复利用，这时，我们在完成某混凝土构件的混凝土工程量计算后，紧接着就会计算该混凝土构件的模板工程量。

（2）单个分部分项工程计算顺序

按一定顺序计算工程量的目的是防止漏项少算或重复多算的现象发生，只要能实现这一目的，采用哪种顺序方法计算都可以。工程量计算的常用顺序如图 4-2 所示。

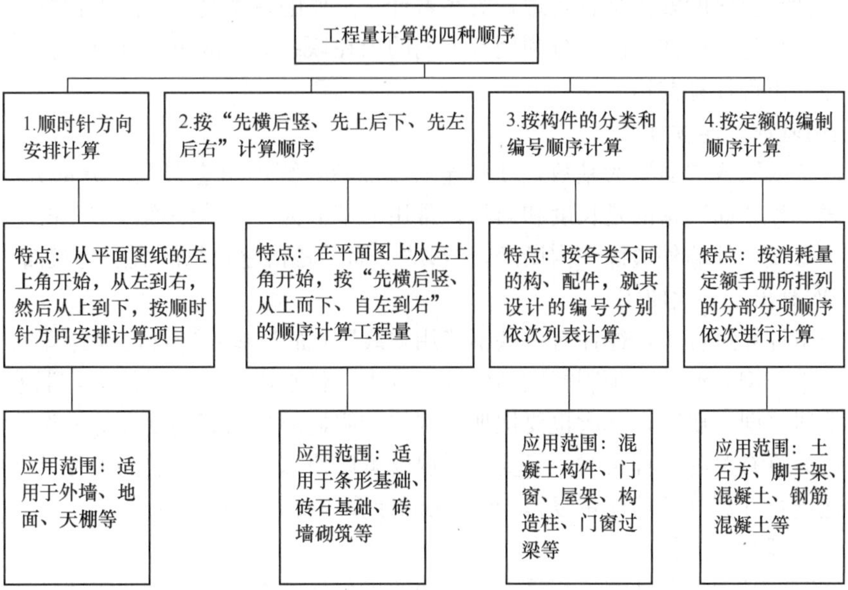

图 4-2　工程量计算顺序及适用范围示意图

2. 工程量计算的注意事项

(1) 注意按一定顺序计算，整个计算顺序要体现规律性。

(2) 工程量计量单位必须与定额或计价规范中规定的计量单位相一致。

(3) 计算口径要一致。根据施工图列出的工程量项目的口径（明确项目的工程内容与计算范围）必须与定额或规范中相应项目的口径相一致。所以计算工程量除必须熟悉施工图纸外，还必须熟悉每个项目所包括的工程内容和范围。

(4) 力求分层分段计算。要结合施工图纸尽量做到结构按楼层、内装修按楼层分房间，外装修按施工层分立面计算，或按施工方案的要求分段计算，或按使用的材料不同分别进行计算。这样，在计算工程量时既可避免漏项，又可为安排施工进度和编制资源计划提供数据。

(5) 加强自我检查复核。

3. 用统筹法计算工程量

运用统筹法计算工程量，就是分析工程量计算中各分部分项工程量计算之间的固有规律和相互之间的依赖关系，运用统筹法原理和统筹图图解来合理安排工程量的计算程序，以达到节约时间、简化计算、提高工效、为及时准确地编制工程预算提供科学数据的目的。

实践表明，每个分部分项工程量计算虽有着各自的特点，但都离不开计算“线”“面”之类的基数。另外，某些分部分项工程的工程量计算结果往往是另一些分部分项工程工程量计算的基础数据。因此，根据这个特性，运用统筹法的原理，对每个分部分项工程工程量进行分析，然后依据计算过程的内在联系，先主后次，统筹安排计算程序，可以简化烦琐的计算，形成统筹计算工程量的计算方法。

(1) 统筹法计算工程量的基本要点

1) 统筹程序，合理安排

工程量计算程序的安排是否合理，关系着计量工作的效率高低，进度快慢。按施工顺序进行计算工程量，往往不能充分利用数据间的内在联系而形成重复计算，浪费时间和精力，有时还易出现计算差错。

2) 利用基数，连续计算

就是以“线”或“面”为基数，利用连乘或加减，算出与它有关的分部分项工程量。这里的“线”和“面”指的是长度和面积，常用的基数为“三线一面”，“三线”是指建筑物的外墙中心线、外墙外边线和内墙净长线；“一面”是指建筑物的底层建筑面积。

3) 一次算出，多次使用

在工程量计算过程中，往往有一些不能用“线”“面”基数进行连续计算的项目，如木门窗、屋架、钢筋混凝土预制标准构件等。首先，将常用数据一次算出，汇编成土建工程量计算手册（即“册”），其次也要把那些规律较明显的如槽、沟断面等一次算出，也编入册。当需计算有关的工程量时，只要查手册就可以快速算出所需要的工程量。这样可以按图逐项地进行计算（烦琐而重复），亦能保证计算的及时与准确性。

4) 结合实际，灵活机动

用“线”“面”“册”计算工程量，是常用的工程量基本计算方法，实践证明，在一般工程上完全可以利用。但在特殊工程上，由于基础断面、墙厚、砂浆强度等级和各楼层的面积不同，就不能完全用“线”或“面”的一个数和作为基数，而必须结合实际灵活地计算。

一般常遇到的几种情况及采用的方法如下：

① 分段计算法。当基础断面不同，在计算基础工程量时，就应分段计算。

② 分层计算法。如遇多层建筑物，各楼层的建筑面积或砌体砂浆强度等级不同时，均可分层计算。

③ 补加计算法。即在同一分项工程中，遇到局部外形尺寸或结构不同时，为便于利用基数进行计算，可先将其看作相同条件计算，然后再加上多出部分的工程量。如基础深度不同的内外墙基础、宽度不同的散水等工程。

④ 补减计算法。与补加计算法相似，只是在原计算结果上减去局部不同部分工程量。如在楼梯内墙面抹灰工程中，楼梯间设计有瓷砖墙裙，墙裙在梯段处为与梯段平行的斜面积，则可先按全部为抹灰面层作法计算楼梯间的内墙面装饰工程量，然后补减瓷砖墙裙工程量。

（2）统筹图

运用统筹法计算工程量，就是要根据统筹法原理对定额或计价规范的列项和工程量计算规则，设计出“计算工程量程序统筹图”。统筹图以“三线一面”作为基数，连续计算与之有共性关系的分部分项工程量，而与基数无共性关系的分部分项工程量则用“册”或图示尺寸进行计算。

1）统筹图的主要内容

统筹图主要由计算工程量的主次程序线、基数、分部分项工程量计算式及计算单位组成。主要程序线是指在“线”“面”基数上连续计算项目的线，次要程序线是指在分部分项项目上连续计算的线。

2）计算程序的统筹安排

统筹图的计算程序安排是根据下述原则考虑的，即：

① 共性合在一起，个性分别处理。分部分项工程量计算程序的安排，是根据分部分项工程之间共性与个性的关系，采取共性合在一起，个性分别处理的方法。共性合在一起，就是把与墙的长度（包括外墙外边线、外墙中心线、内墙净长线）有关的计算项目，分别纳入各自系统中，把与墙长或建筑面积这些基数联系不起来的计算项目，如楼梯、阳台、门窗、台阶等，则按其个性分别处理，或利用“工程量计算手册”，或另行单独计算。

② 先主后次，统筹安排。用统筹法计算各分项工程量是从“线”“面”基数的计算开始的。计算顺序必须本着先主后次原则统筹安排，才能达到连续计算的目的。先算的项目要为后算的项目创造条件，后算的项目就能在先算的基础上简化计算，有些项目只和基数有关系，与其他项目之间没有关系，先算后算均可，前后之间要参照定额程序安排，以方便计算。

③ 独立项目独立处理。预制混凝土构件、钢窗或木门窗、金属或木构件、钢筋用量、台阶、楼梯、地沟等独立项目的工程量计算，与墙的长度、建筑面积没有关系，不能合在一起，也不能用“线”“面”基数计算时，需要单独处理。可采用预先编制“手册”的方法解决，只要查阅“手册”即可得出所需要的各项工程量。或者利用前面所说的按表格形式填写计算的方法。与“线”“面”基数没有关系又不能预先编入“手册”的项目，按图

示尺寸分别计算。

3）统筹法计算工程量步骤

用统筹法计算工程量大体可分为五个步骤，如图 4-3 所示。

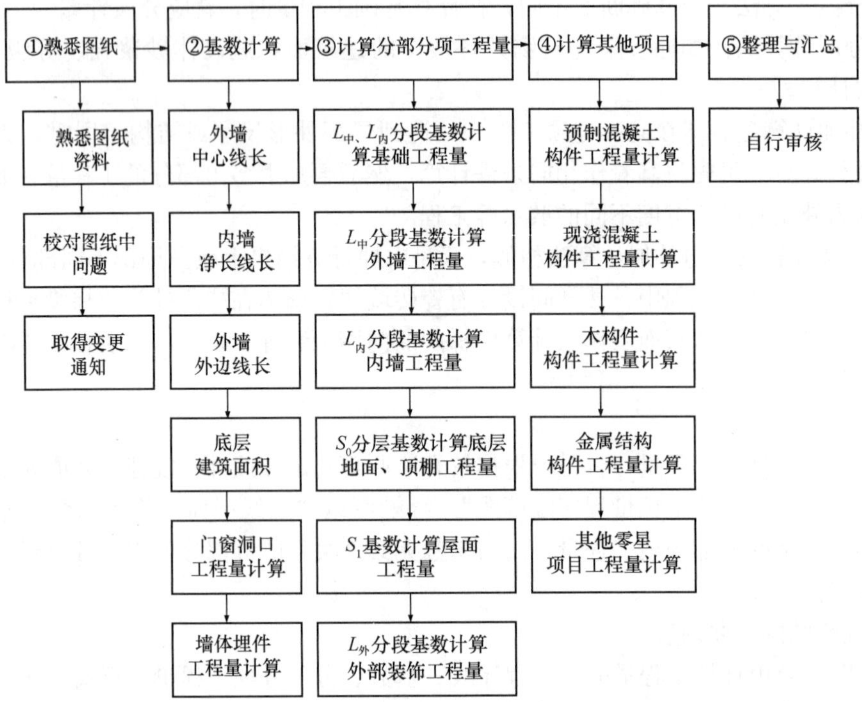

图 4-3 利用统筹法计算分部分项工程量步骤图

【例 4-1】某建筑物基础平面图、剖面图如图 4-4 所示，混凝土垫层每侧宽出 100mm。试计算：外墙中心线长、外墙外边线长、内墙基净长线长、混凝土垫层净长线长、混凝土基础净长线长、首层建筑面积。

计算过程见工程量计算表 4-1。

工程量计算表　　　　**表 4-1**

项目	单位	工程量	工程量计算式
外墙中心线长	m	20.4	(3.0+3.6+1.5+2.1)×2
外墙外边线长	m	21.36	20.4+0.12×8
内墙基净长线长	m	6.12	(3.0−0.12×2)+(3.6−0.12×2)
混凝土垫层内净长线长	m	4.04	(3.0−0.64×2)+(3.6−0.64×2)
混凝土基础内净长线长	m	4.44	(3.0−0.54×2)+(3.6−0.54×2)
首层建筑面积	m^2	26.27	(3.0+3.6+0.12×2)×(1.5+2.1+0.12×2)

注：基数计算结合后期工程量计算，因此基数确定因人而异，有所不同。

4. 应用工程量计算软件计算工程量

计算工程量是一个繁杂、耗时的工作，应用工程量计算软件计算工程量是很多工程计量人员的选择。现在已有功能完善、方便实用的工程量计算软件在市场销售，使用这些软

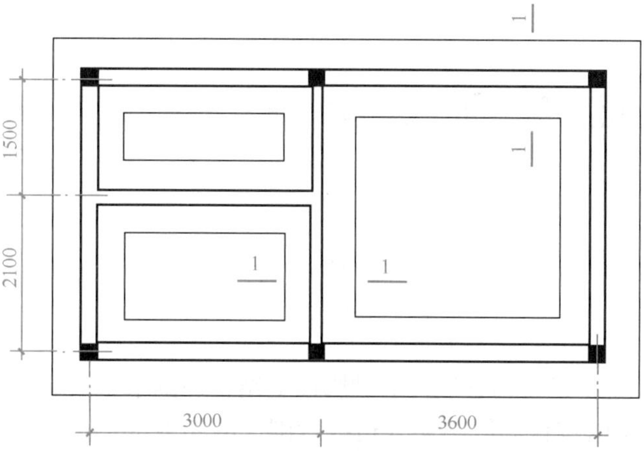

基础平面图

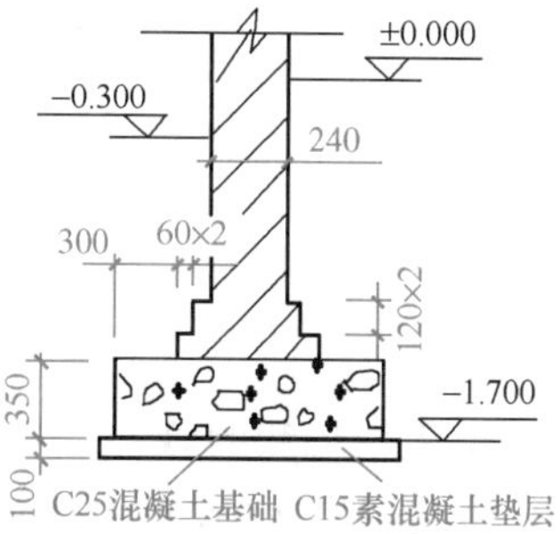

基础1-1剖面图

图 4-4　基数运用实例图

件不仅能降低工作强度、提高效率，而且还有利于保证计算精度，取得更好的应用效果。

按照建模方式不同，工程量计算软件可分为两类：一类为手工建模，即根据设计图纸中的轴距、墙厚、层高等参数把图纸“录入”到计算机中，系统自行完成图形的矢量化，构建工程的建筑、结构、基础等模型，继而计算各分项工程的工程量；另一类是利用设计图电子文档直接读取设计数据的完成建模，以便快速统计工程量，这类软件要依赖设计单位提供工程设计的电子文档。

在软件使用前应根据实际采用的工程量计算规则在软件中进行工程量计算规则设置（一般软件都预先设置了各种工程量计算规则供用户选择）。

思考与习题

1. 工程量的计算依据有哪些？
2. 统一工程量计算规则的目的是什么？
3. 计算工程量时，常用的计算基数有哪些？
4. 工程量计算时需注意的事项有哪些？
5. 结合实际，灵活机动地计算工程量，一般常遇到的几种情况及采用的方法有哪些？

任务5　建筑面积计量

5.1　建筑面积概述

1. 建筑面积的概念

建筑面积（Area of Structure）是指建筑物各层外墙勒脚以上结构外围水平投影面积的总和，其中外墙外侧有保温隔热层的按保温隔热层外边线所围成的外围水平投影面积计算。

2. 建筑面积的组成

建筑面积由结构面积和有效面积组成，有效面积又分为使用面积和辅助面积，如图5-1所示。

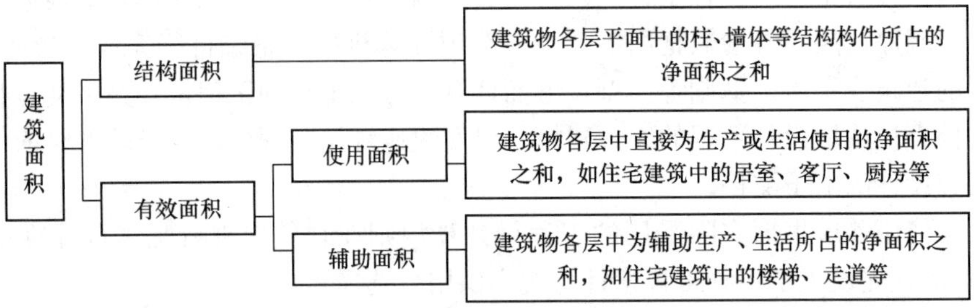

图5-1　建筑面积组成示意图

3. 建筑面积计算的意义

建筑面积是反映建筑平面规模的数量指标，正确计算建筑面积具有多方面的意义。

（1）建筑面积是衡量基本建筑规模的重要指标之一。如基本建设计划、统计工作中开工面积、竣工面积等，均指建筑面积。

（2）在编制初步设计概算时，建筑面积是选择概算指标的依据之一。

（3）在编制施工图预算时，某些分项工程的工程量可以直接引用参照建筑面积的数值。如垂直运输、现浇混凝土楼板运输道等定额子目的工程量都与建筑面积有关。

（4）建筑面积是计算建筑物单方造价、单方用工量、单方用钢量等技术经济指标的基础，其中单方是每平方米的意思。

（5）建筑面积是以设计方案的经济性、合理性进行评价分析的重要数据，如土地利用系数等于建筑面积与建筑占地面积的比值，住宅平面系数等于居住面积与建筑面积的比值，若这些指标未达到要求标准时，就应修改设计。

总之，正确计算建筑面积不仅更便于准确编制概预算书，而且对于在基本建设工作中控制项目投资，贯彻有关方针、政策等方面，都有不可忽视的作用。

5.2 计算建筑面积规则

1. 建筑面积计算方法

建筑面积计算的一般步骤与方法如图 5-2 所示。

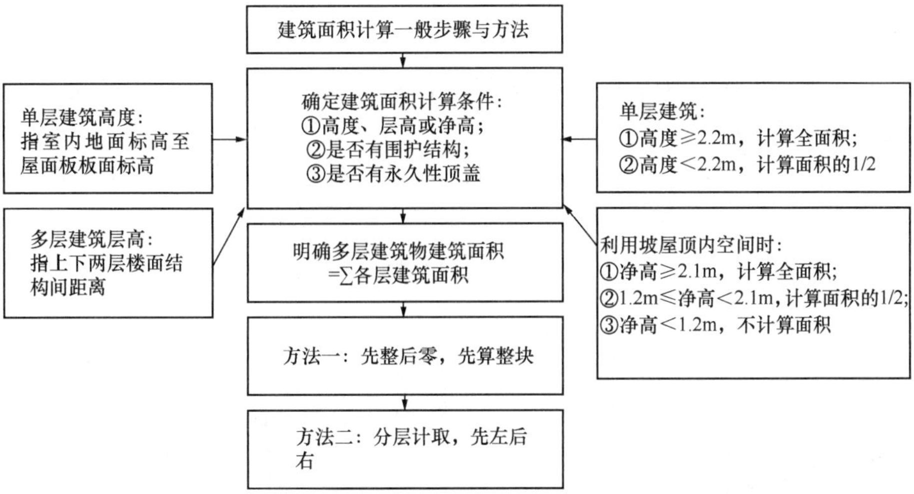

图 5-2 建筑面积计算方法示意图

2. 建筑面积计算规则

（1）建筑物的建筑面积应按自然层外墙结构外围水平面积之和计算。结构层高在 2.20m 及以上的，应计算全面积；结构层高在 2.20m 以下的，应计算 1/2 面积。

（2）建筑物内设有局部楼层时，对于局部楼层的二层及以上楼层，有围护结构的应按其围护结构外围水平面积计算，无围护结构的应按其结构底板水平面积计算，且结构层高在 2.20m 及以上的，应计算全面积，结构层高在 2.20m 以下的，应计算 1/2 面积（图 5-3）。

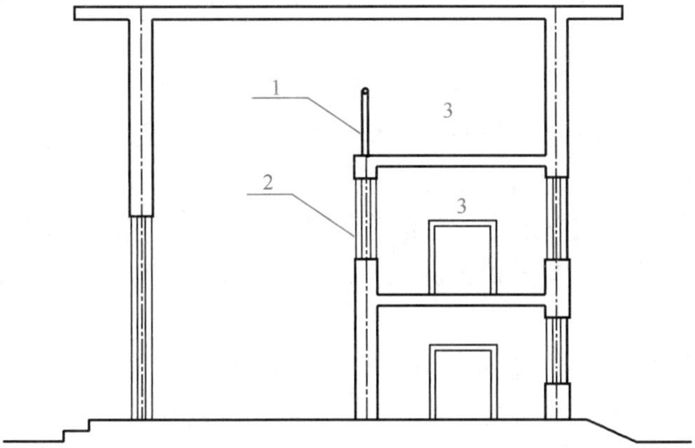

图 5-3 建筑物内的局部楼层

1—围护设施；2—围护结构；3—局部楼层

（3）对于形成建筑空间的坡屋顶，结构净高在 2.10m 及以上的部位应计算全面积；

结构净高在 1.20m 及以上至 2.10m 以下的部位应计算 1/2 面积；结构净高在 1.20m 以下的部位不应计算建筑面积。

（4）对于场馆看台下的建筑空间，结构净高在 2.10m 及以上的部位应计算全面积；结构净高在 1.20m 及以上至 2.10m 以下的部位应计算 1/2 面积；结构净高在 1.20m 以下的部位不应计算建筑面积。室内单独设置的有围护设施的悬挑看台，应按看台结构底板水平投影面积计算建筑面积。有顶盖无围护结构的场馆看台应按其顶盖水平投影面积的 1/2 计算面积。

（5）地下室、半地下室应按其结构外围水平面积计算。结构层高在 2.20m 及以上的，应计算全面积；结构层高在 2.20m 以下的，应计算 1/2 面积（图 5-4）。

（6）出入口外墙外侧坡道有顶盖的部位，应按其外墙结构外围水平面积的 1/2 计算面积。

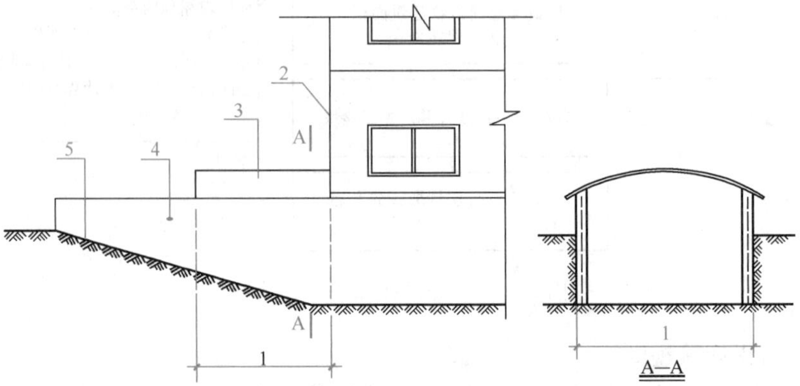

图 5-4　地下室剖面图

1—计算 1/2 投影面积部位；2—主体建筑；3—出入口采光井；4—封闭出入口侧墙；5—出入口坡道

（7）建筑物架空层及坡地建筑物吊脚架空层，应按其顶板水平投影计算建筑面积。结构层高在 2.20m 及以上的，应计算全面积；结构层高在 2.20m 以下的，应计算 1/2 面积（图 5-5）。

（8）建筑物的门厅、大厅应按一层计算建筑面积，门厅、大厅内设置的走廊应按走廊结构底板水平投影面积计算建筑面积。结构层高在 2.20m 及以上的，应计算全面积；结构层高在 2.20m 以下的，应计算 1/2 面积。

（9）对于建筑物间的架空走廊，有顶盖和围护设施的，应按其围护结构外围水平面积计算全面积；无围护结构、有围护设施的，应按其结构底板水平投影面积计算 1/2 面积（图 5-6、图 5-7）。

（10）对于立体书库、立体仓库、立体车库，有围护结构的，应按其围护结构外围水平面积计算建筑面积；无围护结构、有围护设施的，应按其结构底板水平投影面积计算建筑面积。无结构层的应按一层计算，有结构层的应按其结构层面积分别计算。结构层高在 2.20m 及以上的，应计算全面积；结构层高在 2.20m 以下的，应计算 1/2 面积。

（11）有围护结构的舞台灯光控制室，应按其围护结构外围水平面积计算。结构层高在 2.20m 及以上的，应计算全面积；结构层高在 2.20m 以下的，应计算 1/2 面积。

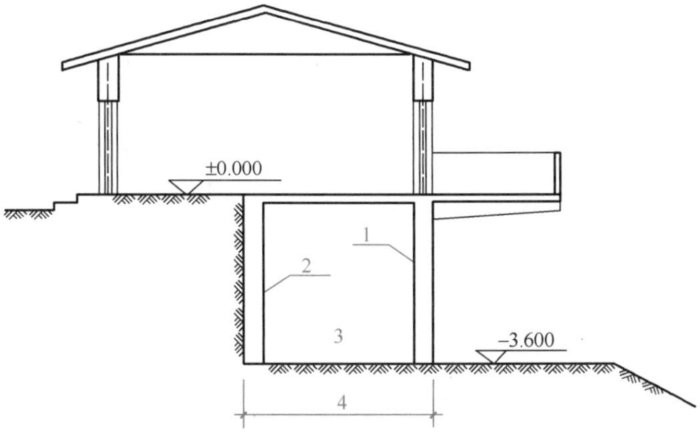

图 5-5　建筑物吊脚架空层

1—柱；2—墙；3—吊脚架空层；4—计算建筑面积部位

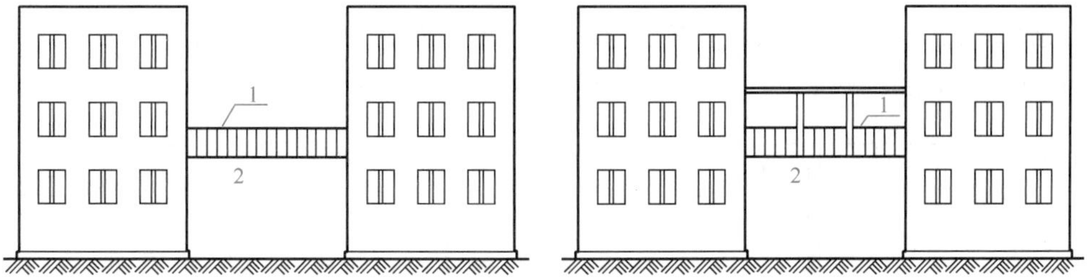

图 5-6　无围护结构的架空走廊

1—栏杆；2—架空走廊

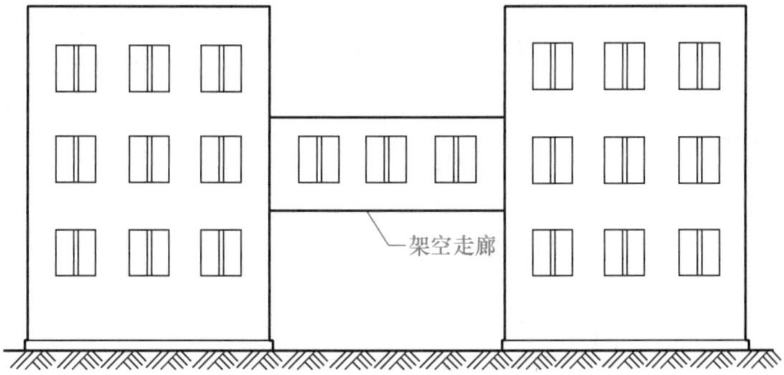

图 5-7　有围护结构的架空走廊

(12) 附属在建筑物外墙的落地橱窗，应按其围护结构外围水平面积计算。结构层高在 2.20m 及以上的，应计算全面积；结构层高在 2.20m 以下的，应计算 1/2 面积。

(13) 窗台与室内楼地面高差在 0.45m 以下且结构净高在 2.10m 及以上的凸（飘）窗，应按其围护结构外围水平面积计算 1/2 面积。

(14) 有围护设施的室外走廊（挑廊），应按其结构底板水平投影面积计算 1/2 面积；有围护设施（或柱）的檐廊，应按其围护设施（或柱）外围水平面积计算 1/2 面积（图 5-8）。

(15) 门斗应按其围护结构外围水平面积计算建筑面积，且结构层高在 2.20m 及以上的，应计算全面积；结构层高在 2.20m 以下的，应计算 1/2 面积（图 5-9）。

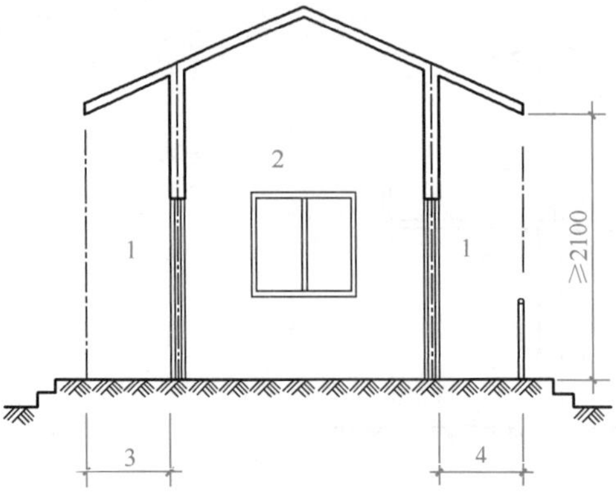

图 5-8　檐廊
1—檐廊；2—室内；3—不计算建筑面积部位；
4—计算 1/2 建筑面积部位

（16）门廊应按其顶板的水平投影面积的 1/2 计算建筑面积；有柱雨篷应按其结构板水平投影面积的 1/2 计算建筑面积；无柱雨篷的结构外边线至外墙结构外边线的宽度在 2.10m 及以上的，应按雨篷结构板的水平投影面积的 1/2 计算建筑面积。

（17）设在建筑物顶部的、有围护结构的楼梯间、水箱间、电梯机房等，结构层高在 2.20m 及以上的应计算全面积；结构层高在 2.20m 以下的，应计算 1/2 面积。

（18）围护结构不垂直于水平面的楼层，应按其底板面的外墙外围水平面积计算。结构净高在 2.10m 及以上的部位，应计算全面积；结构净高在 1.20m 及以上至 2.10m 以下的部位，应计算 1/2 面积；结构净高在 1.20m 以下的部位，不应计算建筑面积（图 5-10）。

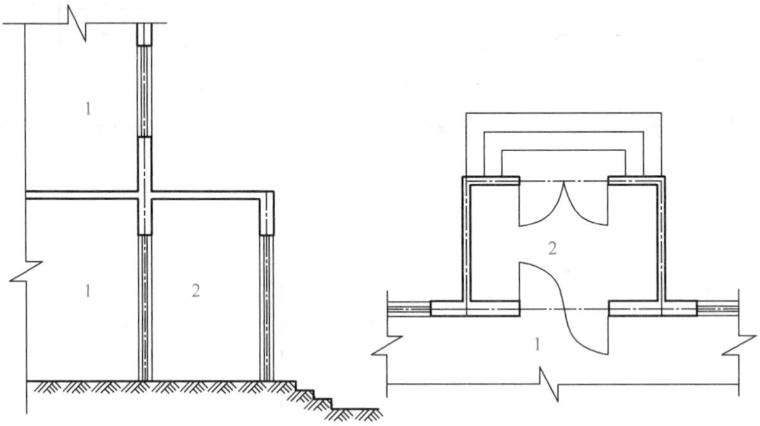

图 5-9　门斗
1—室内；2—门斗

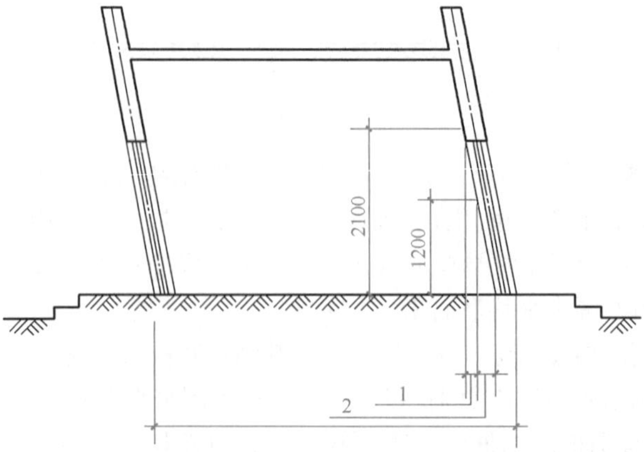

图 5-10　斜围护结构
1—计算 1/2 建筑面积部位；2—不计算建筑面积部位

(19) 建筑物的室内楼梯、电梯井、提物井、管道井、通风排气竖井、烟道，应并入建筑物的自然层计算建筑面积。有顶盖的采光井应按一层计算面积，且结构净高在 2.10m 及以上的，应计算全面积；结构净高在 2.10m 以下的，应计算 1/2 面积（图 5-11）。

(20) 室外楼梯应并入所依附建筑物自然层，并应按其水平投影面积的 1/2 计算建筑面积。

(21) 在主体结构内的阳台，应按其结构外围水平面积计算全面积；在主体结构外的阳台，应按其结构底板水平投影面积计算 1/2 面积。

(22) 有顶盖无围护结构的车棚、货棚、站台、加油站、收费站等，应按其顶盖水平投影面积的 1/2 计算建筑面积。

(23) 以幕墙作为围护结构的建筑物，应按幕墙外边线计算建筑面积。

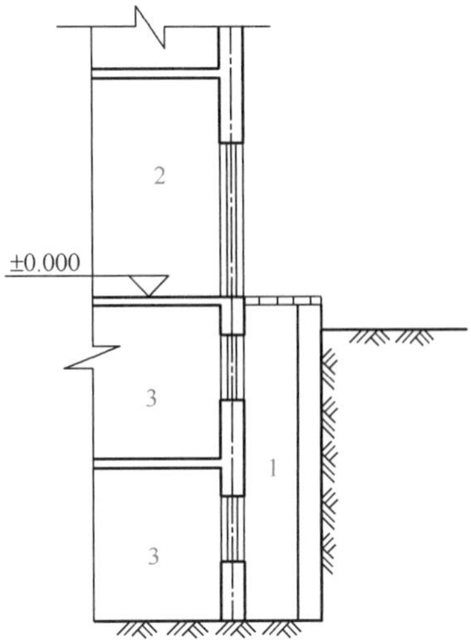

图 5-11 地下室采光井

1—采光井；2—室内；3—地下室

(24) 建筑物的外墙外保温层，应按其保温材料的水平截面积计算，并计入自然层建筑面积（图 5-12）。

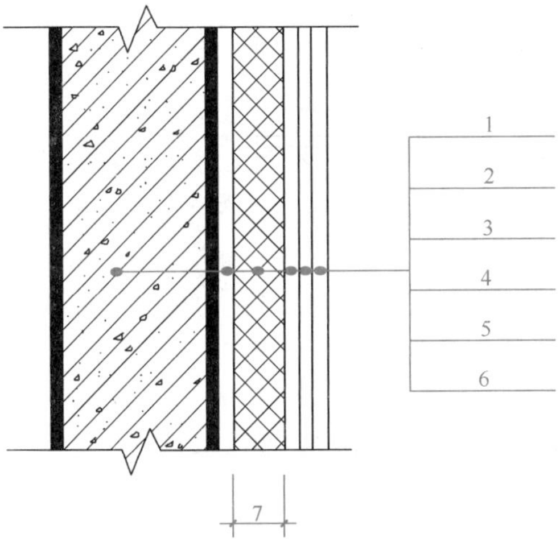

图 5-12 建筑外墙外保温

1—墙体；2—粘结胶浆；3—保温材料；4—标准网；5—加强网；6—抹面胶浆；7—计算建筑面积部位

(25) 与室内相通的变形缝，应按其自然层合并在建筑物建筑面积内计算。对于高低联跨的建筑物，当高低跨内部连通时，其变形缝应计算在低跨面积内。

(26) 对于建筑物内的设备层、管道层、避难层等有结构层的楼层，结构层高在 2.20m 及以上的，应计算全面积；结构层高在 2.20m 以下的，应计算 1/2 面积。

(27) 下列项目不应计算建筑面积：

1) 与建筑物内不相连通的建筑部件；

2) 骑楼、过街楼底层的开放公共空间和建筑物通道（图 5-13、图 5-14）；

3) 舞台及后台悬挂幕布和布景的天桥、挑台等；

4) 露台、露天游泳池、花架、屋顶的水箱及装饰性结构构件；

5) 建筑物内的操作平台、上料平台、安装箱和罐体的平台；

6) 勒脚、附墙柱、垛、台阶、墙面抹灰、装饰面、镶贴块料面层、装饰性幕墙，主体结构外的空调室外机搁板（箱）、构件、配件，挑出宽度在 2.10m 以下的无柱雨篷和顶盖高度达到或超过两个楼层的无柱雨篷；

7) 窗台与室内地面高差在 0.45m 以下且结构净高在 2.10m 以下的凸（飘）窗，窗台与室内地面高差在 0.45m 及以上的凸（飘）窗；

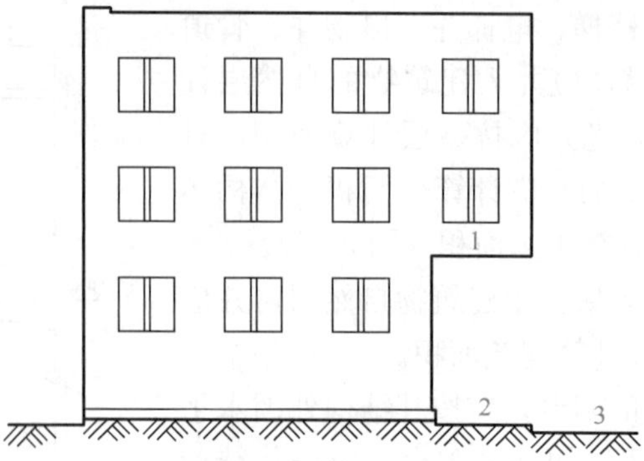

图 5-13　骑楼

1—骑楼；2—人行道；3—街道

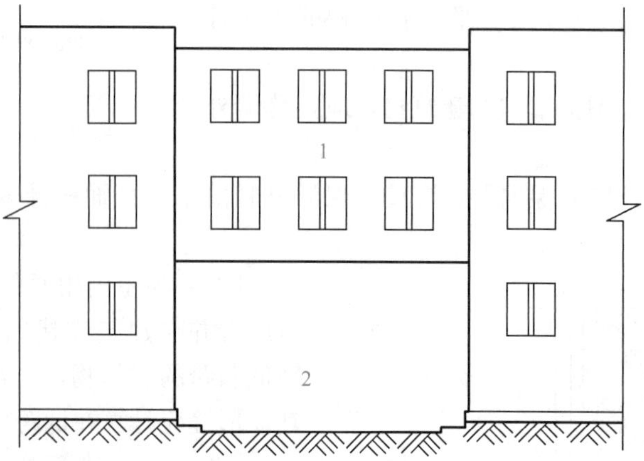

图 5-14　过街楼

1—过街楼；2—建筑物通道

8）室外爬梯、室外专用消防钢楼梯；

9）无围护结构的观光电梯；

10）建筑物以外的地下人防通道，独立的烟囱、烟道、地沟、油（水）罐、气柜、水塔、贮油（水）池、贮仓、栈桥等构筑物。

3. 综合案例

【例 5-1】 某单层建筑物工程平面图如图 5-15 所示，层高 3.6m，墙体厚度为 240mm，轴线居中标注。

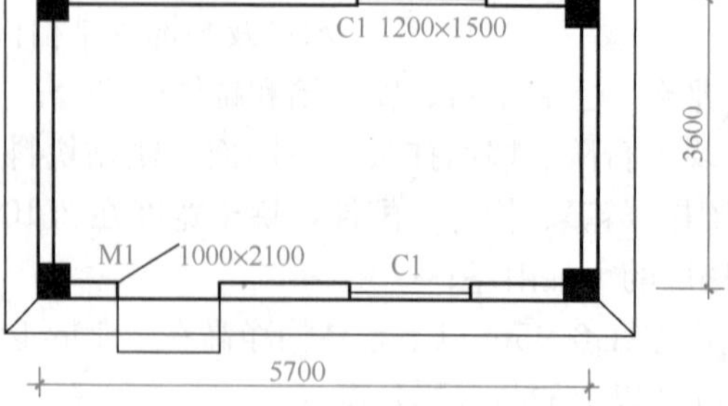

图 5-15　首层平面图

试计算建筑面积。

【解】 $S=(5.7+0.12\times2)\times(3.6+0.12\times2)=22.81\text{m}^2$

思考与习题

1. 建筑面积的组成包括哪几部分？
2. 计算建筑面积的意义是什么？
3. 单层建筑物如何计算建筑面积？
4. 多层建筑物如何计算建筑面积？
5. 不计算建筑面积的内容有哪些？

任务6 建筑工程工程量计算

6.1 土（石）方工程

1. 基本知识

（1）定额子目设置

本分部共设置定额子目224项，分为5小节，包括：A.1.1土方工程、A.1.2石方工程、A.1.3土方回填、A.1.4土石方运输、A.1.5其他工程。

（2）关于人工

机械台班费中已含有人工，本定额表中不再体现，本定额表中的综合工日是辅助用工。辅助用工用于：

1）工作面排水；

2）现场内机械行驶道路的养护；

3）配合洒水汽车洒水；

4）清除铲斗及刀片和车厢内积土。

（3）关于挖土

1）人工挖土方深度以1.5m为准，人工挖土方深度超过1.5m时，按定额规定计算。

2）机械挖土方，当单位工程量小于2000m^3、机械挖非三类土、机械挖沟槽及基坑等情况下，按定额规定计算。

（4）工作面

工作面是指工人施工操作或支模板所需要增加的开挖断面宽度，与基础材料和施工工序有关。

（5）开挖断面尺寸

开挖断面宽度是由基础（垫层）底设计宽度、开挖方式、基础材料及做法决定的。开挖断面是计算土方工程量的一个基本参数。开挖断面通常有以下几种情况，如图6-1所示。

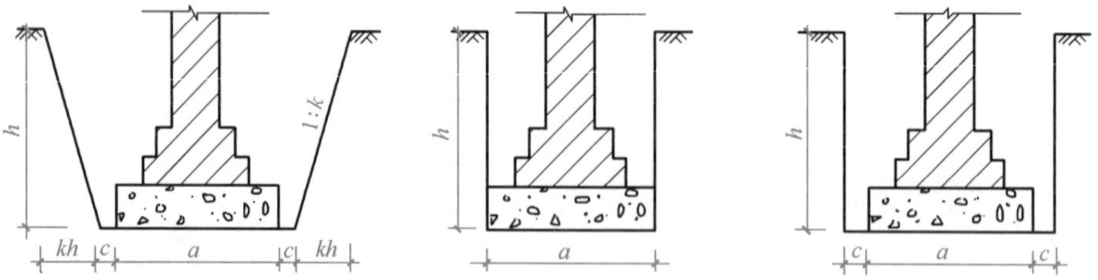

图6-1 开挖断面示意图

1）假设坡度为1∶k，工作面每边宽c，基础垫层宽a，则开挖断面为：

$$B = a + 2c + kh$$

2）当基础垫层混凝土原槽浇筑时，可以利用垫层顶面宽作为工作面，因此开挖断面宽即等于基础垫层宽。

3）当基础垫层支模板浇筑时，必须留工作面，则开挖断面为：

$$B = a + 2c$$

（6）挖基槽开挖断面

挖基槽开挖断面如图 6-2 所示。

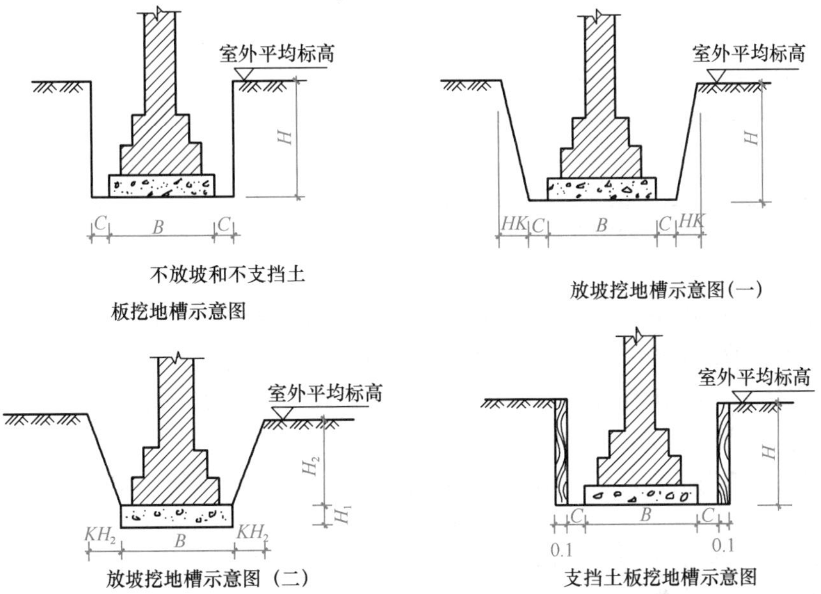

图 6-2 基槽断面示意图

2. 定额《说明》

（1）土方工程

1）土壤分类：详见表 A. 1-10 土壤分类表。

2）人工挖土方定额除挖淤泥、流砂为湿土外，均按干土编制，如挖湿土时，人工费乘以系数 1.18。干、湿土的划分以地质勘察资料为准，含水率大于等于 25%为湿土；或以地下常水位为准，常水位以上为干土，以下为湿土；如采用降水措施的，应以降水后的水位为地下常水位，降水措施费用应另行计算。

3）本定额未包括地下水位以下施工的排水费用，发生时应另行计算。挖土方时如有地表水需要排除，亦应另行计算。

4）人工挖土方深度以 1.5m 为准，如超过 1.5m 者，需用人工将土运至地面时，应按相应定额子目人工费乘以表 A. 1-1 所列系数（表 6-1，不扣除 1.5m 以内的深度和工程量）。

A. 1-1 系数表 **表 6-1**

深度	2m 以内	4m 以内	6m 以内	8m 以内	10m 以内
系数	1.08	1.24	1.36	1.50	1.64

注：如从坑内用机械向外提土者，按机械提土定额执行。实际使用机械不同时，不得换算。

5）在有挡土板支撑下挖土方时，按实挖体积，人工费乘以系数 1.2。

6）桩间净距小于 4 倍桩径（或桩边长）的，人工挖桩间土方（包括土方、沟槽、基坑）按相应子目的人工费乘以系数 1.25，机械挖桩间土方按相应子目的机械乘以系数 1.1，计算工程量时，应扣除单根横截面面积 $0.5m^2$ 以上的桩（或未回填桩孔）所占的体积。

7）机械挖（填）土方，单位工程量小于 $2000m^3$ 时，定额乘以系数 1.1。

8）机械挖土人工辅助开挖，按施工组织设计的规定分别计算机械、人工挖土工程量；如施工组织设计无规定时，按表 A.1-2 规定确定机械和人工挖土比例（表 6-2）。

A.1-2　系数表　　表 6-2

项目	地下室	基槽（坑）	地面以上土方	其他
机械挖土方	0.96	0.90	1.00	0.94
人工挖土方	0.04	0.10	0.00	0.06

注：人工挖土部分按相应定额子目人工费乘以系数 1.5，如需用机械装运时，按机械装（挖）运一、二类土定额计算。

9）机械挖土方定额中土壤含水率是按天然含水率为准制定的：含水率大于 25%时，定额人工、机械乘以系数 1.15；若含水率大于 40%时，另行计算。

10）挖掘机在垫板上作业时，人工费、机械乘以系数 1.25，定额内不包括垫板铺设所需的工料、机械消耗。

11）挖掘机挖沟槽、基坑土方，执行挖掘机挖土方相应子目，挖掘机台班量乘以系数 1.2。

12）挖淤泥、流砂工程量，按挖土方工程量计算规则计算；未考虑涌砂、涌泥，发生时按实计算。

13）机械土方定额是按三类土编制的，如实际土壤类别不同时，定额中的推土机、挖掘机台班量乘以表 A.1-3 中系数（表 6-3）。

A.1-3　系数表　　表 6-3

项　目	一、二类土壤	四类土壤
推土机推土方	0.84	1.14
挖掘机挖土方	0.84	1.14

（2）石方工程

1）岩石分类，详见表 A.1-11 岩石分类表。

2）机械挖（运）极软岩，套机械挖（运）三类土子目计算，定额中的推土机、挖掘机台班量乘以系数 2、汽车台班量乘以系数 1.38。

3）摊座是指爆破后的平面，用人工凿岩方式进行修理，按设计图纸要求加工成平整的表面。设计图纸有此要求的，才可计算人工摊座或人工修整石方边坡。

4）石方爆破定额（除控制爆破外）是按炮眼法松动爆破编制的，不分明炮、闷炮，如实际采用闷炮爆破的，其覆盖材料应另行计算。

5）石方爆破定额是按电雷管导电起爆编制的，如采用火雷管爆破时，雷管应换算，数量不变。扣除定额中的胶质导线，换为导火索，导火索的长度按每个雷管2.12m计算。

6）定额中的爆破子目是按炮孔中无地下渗水、积水编制的，炮孔中若出现地下渗水、积水时，处理渗水或积水发生的费用另行计算。定额内（除石方控制爆破子目外）未计爆破时所需覆盖的安全网、草袋、架设安全屏障等设施，发生时另行计算。

（3）土方回填工程

1）填土碾压填料按压实后体积计算。

2）填土碾压每层填土（松散）厚度：羊角碾和内燃压路机不大于300mm；振动压路机不大于500mm。

（4）土（石）方运输工程

1）推土机推土、推石碴上坡，如果坡度大于5%时，其运距按坡度区段斜长乘以表A.1-4（表6-4）所列系数计算。

A.1-4　系数表　　　　表6-4

坡度（%）	5～10	15以内	20以内	25以内
系数	1.75	2.0	2.25	2.5

2）汽车、人力车重车上坡降效因素，已综合在相应的运输定额项目中，不再另行计算。

3）推土机推土土层厚度小于300mm时，推土机台班用量乘以系数1.25。

4）推土机推未经压实的积土时，按相应定额子目乘以系数0.73。

5）机械上下行驶坡道的土方，可按施工组织设计合并在土方工程量内计算。

6）淤泥、流砂运输定额按即挖即运考虑。对没有即时运走的，经晾晒后的淤泥、流砂按运一般土方子目计算。

7）机械运极软岩按机械运三类土计算，定额中的机械台班量乘以系数1.38。

8）土（石）方运输未考虑弃土场所收取的渣土消纳费，若发生时按实办理签证计算。

（5）其他工程

支挡土板定额项目分为密撑和疏撑，密撑是指满支挡土板；疏撑是指间隔支挡土板，实际间距不同时，定额不作调整。

3. 定额《工程量计算规则》

（1）计算土石方工程量前，应确定下列各项资料：

1）土壤及岩石类别的确定：土石方工程土壤及岩石类别的划分，依据工程勘察资料与表A.1-10（表6-5）土壤分类表及表A.1-11（表6-6）岩石分类表对照后确定。

2）地下水位标高及降（排）水方法。

3）土方、沟槽、基坑挖（填）起始标高、施工方法及运距。

4）岩石开凿、爆破方法、石渣清运方法及运距。

5）其他有关资料。

（2）一般规则

1）土方体积，均以挖掘前的天然密实体积为准计算。如需折算时，可按表A.1-5（表6-7）所列系数换算。

A.1-10　土壤分类表　　　　**表 6-5**

土壤分类	土壤名称	开挖方法
一、二类土	粉土、砂土（粉砂、细砂、中砂、粗砂、砾砂）、粉质黏土、弱中盐渍土、软土（淤泥质土、泥炭、泥炭质土）、软塑红黏土、冲填土	用锹，少许用镐、条锄开挖，机械能全部直接铲挖满载者
三类土	黏土、碎石（圆砾、角砾）混合土、可塑红黏土、硬塑红黏土、强盐渍土、素填土、压实填土	主要用镐、条锄，少许用锹开挖。机械需部分刨松方能铲挖满载者或可直接铲挖但不能满载者
四类土	碎石土（卵石、碎石、漂石、块石）、坚硬红黏土、超盐渍土、杂填土	全部用镐、条锄挖掘，少许用撬棍挖掘，机械须普遍刨松方能铲挖满载者

A.1-11　岩石分类表　　　　**表 6-6**

岩石分类		代表性岩石	开挖方法
极软岩		1. 全风化的各种岩石 2. 各种半成岩	部分用手凿工具、部分用爆破法开挖
软质岩	软岩	1. 强风化的坚硬岩或较硬岩 2. 中等风化一强风化的较软岩 3. 未风化一微风化的页岩、泥岩、泥质砂岩等	用风镐和爆破法开挖
	较软岩	1. 中等风化一强风化的坚硬岩或较硬岩 2. 未风化一微风化的凝灰岩、千枚岩、泥灰岩、砂质泥岩等	用爆破法开挖
硬质岩	较硬岩	1. 微风化的坚硬岩等 2. 未风化一微风化的大理岩、板岩、石灰岩、白云岩、钙质砂岩等	用爆破法开挖
	坚硬岩	未风化一微风化的花岗岩、闪长岩、辉绿岩、玄武岩、安山岩、片麻岩、石英岩、石英砂岩、硅质砾岩、硅质石灰岩等	用爆破法开挖

A.1-5　土方体积折算表　　　　**表 6-7**

天然密实体积	虚方体积	夯实后体积	松填体积
0.77	1.00	0.67	0.83
1.00	1.30	0.87	1.08
1.15	1.50	1.00	1.25
0.92	1.20	0.80	1.00

2）石方体积，均以挖掘前的天然密实体积为准计算。如需折算时，可按表 A.1-6（表 6-8）所列系数换算。

A.1-6　石方体积折算表　　　　**表 6-8**

石方类别	天然密实体积	虚方体积	松填体积	码　方
石方	1.00	1.54	1.31	1.67
块石	1.00	1.75	1.43	
砂夹石	1.00	1.07	0.94	

3）挖土方平均厚度应按自然地面测量标高至设计地坪标高间的平均厚度确定。基础土方、石方开挖深度应按基础垫层底表面至交付使用施工场地标高确定，无交付使用施工场地标高时，应按自然地面标高确定。

（3）土方工程

1）平整场地

① 平整场地是指建筑场地厚度在±300mm以内的挖、填、运、找平，如±300mm以内全部是挖方或填方，应套相应挖填及运土子目；挖 、填土方厚度超过±300mm时，按场地土方平衡竖向布置另行计算，套相应挖填土方子目。

② 平整场地工程量按设计图示尺寸以建筑物首层建筑面积计算。按竖向布置进行大型挖土或回填土时，不得再计算平整场地的工程量。

2）挖沟槽、基坑、土方划分

凡图示沟槽底宽在7m以内，且沟槽长大于槽宽3倍以上的，为沟槽。

凡图示基坑面积在150m^{2}以内的为基坑。

凡图示沟槽底宽7m以上，坑底面积在150m^{2}以上的，均按挖土方计算。

3）挖沟槽、基坑需支挡土板时，其宽度按图示沟槽、基坑底宽，单面加100mm，双面加200mm计算。

4）计算挖沟槽、基坑、土方工程量需放坡时，按施工组织设计规定计算；如无施工组织设计规定时，可按表A.1-7（表6-9）放坡系数计算。

A.1-7 放坡系数表 **表6-9**

土壤类别	深度超过（m）	人工挖土	机械挖土		
			在坑内作业	在坑上作业	顺沟槽在坑上作业
一、二类土	1.20	1∶0.50	1∶0.33	1∶0.75	1∶0.50
三类土	1.50	1∶0.33	1∶0.25	1∶0.67	1∶0.33
四类土	2.00	1∶0.25	1∶0.10	1∶0.33	1∶0.25

注：1. 沟槽、基坑中土壤类别不同时，分别按其放坡起点、放坡系数、依不同土壤厚度加权平均计算。
2. 计算放坡时，在交接处的重复工程量不予扣除，原槽、坑作基础垫层时，放坡自垫层上表面开始计算。垫层需留工作面时，放坡自垫层下表面开始计算。

5）基础施工所需工作面，按施工组织设计规定计算（实际施工不留工作面者，不得计算）；如无施工组织设计规定时，按表A.1-8（表6-10）规定计算。

A.1-8 基础施工所需工作面宽度计算表 **表6-10**

基础材料	每边各增加工作面宽度（mm）
砖基础	200
浆砌毛石、条石基础	150
混凝土基础垫层支模板	300
混凝土基础支模板	300
基础垂直面做防水层	1000（防水层面）

6）挖沟槽长度，外墙按图示中心线长度计算；内墙按地槽槽底净长度计算，内外突出部分（垛、附墙烟囱等）体积并入沟槽土方工程量内计算。

7）挖管道沟槽按图示中心线长度计算，沟底宽度，设计有规定的，按设计规定尺寸计算，设计无规定的，可按表 A. 1-9（表 6-11）规定宽度计算。

A. 1-9　管沟施工每侧所需工作面宽度计算表　　表 6-11

管沟材料	管道结构宽（mm）			
	≤500	≤1000	≤2500	>2500
混凝土及钢筋混凝土管道（mm）	400	500	600	700
其他材质管道（mm）	300	400	500	600

注：1. 按上表计算管道沟土方工程量时，各种井类及管道接口等处需加宽增加的土方量不另行计算，底面积大于 $20m^2$ 的井类，其增加工程量并入管沟土方内计算。

2. 管道结构宽：有管座的按基础外缘，无管座的按管道外径。

8）基础土方大开挖后再挖地槽、地坑，其深度应以大开挖后土面至槽、坑底标高计算；其土方如需外运时，按相应定额规定计算。

（4）石方工程

1）石方工程的沟槽、基坑与平基的划分按土方工程的划分规定执行。

2）岩石开凿及爆破工程量，区别石质按下列规定计算：

① 人工凿岩石，按图示尺寸以立方米计算。

② 爆破岩石按图示尺寸以立方米计算，其中人工打眼爆破和机械打眼爆破其沟槽、基坑深度、宽度超挖量为：较软岩、较硬岩各 200mm；坚硬岩为 150mm。超挖部分岩石并入岩石挖方量之内计算。石方超挖量与工作面宽度不得重复计算。

（5）土方回填工程

回填土区分夯填、松填按图示回填体积并依据下列规定，以立方米计算。

1）场地回填土：回填面积乘以平均回填厚度计算。

2）室内回填：按主墙（厚度在 120mm 以上的墙）之间的净面积乘以回填土厚度计算，不扣除间隔墙。

3）基地回填：按挖方工程量减去自然地坪以下埋设基础体积（包括基础垫层及其他构筑物）。

4）余土或取土工程量可按下式计算：

余土外运体积＝挖土总体积－回填土总体积

式中计算结果为正值时为余土外运体积，负值时为需取土体积。

5）沟槽、基坑回填砂、石、天然三合土工程量按图示尺寸以立方米计算，扣除管道、基础、垫层等所占体积。

6）建筑场地原土碾压以平方米计算，填土碾压按图示填土厚度以立方米计算。

（6）土石方运输工程

1）土石方运输工程量按不同的运输方法和距离分别以天然密实体积计算。如实际运输疏松的土石方时，应按本章计算规则中一般规则的规定换算成天然密实体积计算。

2）土（石）方运距。

① 推土机推土运距：按挖方区重心至回填区重心之间的直线距离计算。

② 自卸汽车运土运距：按挖方区重心至填方区（或堆放地点）重心的最短距离计算。

（7）其他

1）挡土板面积，按槽、坑垂直支撑面积计算，支挡土板后，不得再计算放坡。

2）基础钎插按钎插入土深度以米计算。

4. 综合案例

【例 6-1】某工程首层平面图如图 6-3 所示，墙体厚度为 240mm，轴线居中标注。要求：套定额并计算人工平整场地工程量。

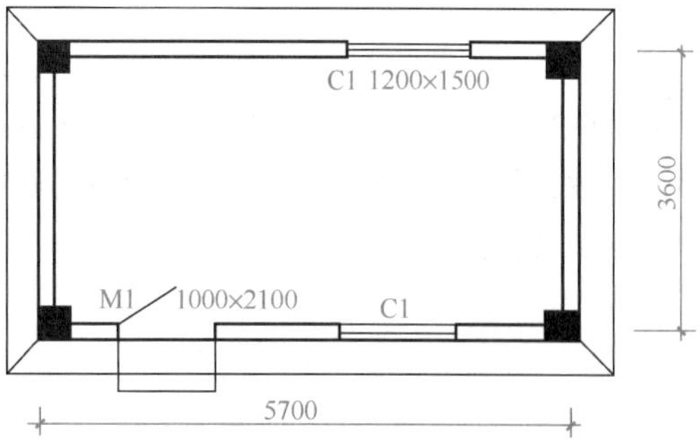

图 6-3 首层平面图

【解】

定额子目：A1-1 人工平整场地。

$$S=(5.7+0.12\times2+2\times2)\times(3.6+0.12\times2+2\times2)=77.93\text{m}^2$$

【例 6-2】某工程基础平面图及带形基础大样如图 6-4 所示，轴线居中标注。混凝土垫层每侧宽出 100mm，垫层支木模板；室外地坪标高为−0.400m，土壤类别为三类土，采用人工开挖。

要求：套定额并计算人工挖沟槽工程量。

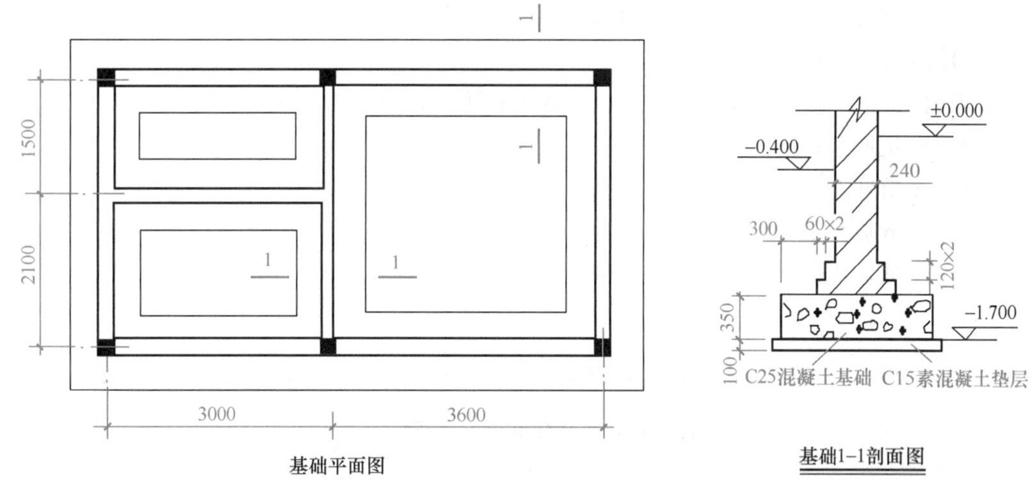

图 6-4 基础平面图及基础大样图

【解】

定额子目：A1-9 人工挖沟槽三类土 深度 2m 内。

1）挖深 $H=1.7+0.1-0.4=1.4\text{m}$；查定额可知不需放坡。

2）查定额可知，工作面 $C=300\text{mm}$。

则 槽底宽 $=0.24+(0.06\times2+0.3+0.1)\times2+0.3\times2=1.88\text{m}$

3）沟槽长度

$$L_{外}=(3.0+3.6+3.6)\times2=20.4\text{m}$$

$$L_{内}=3.0+3.6-1.88\times2=2.84\text{m}$$

4）挖沟槽工程量

$$V = 1.88 \times 1.4 \times (20.4 + 2.84) = 61.17\text{m}^3$$

【例 6-3】某工程采用独立基础，其中 DJ1 共 12 个，大样如图 6-5 所示。土壤类别为三类土，采用人工开挖基坑，垫层支模板施工。

要求：套定额并计算人工基坑工程量。

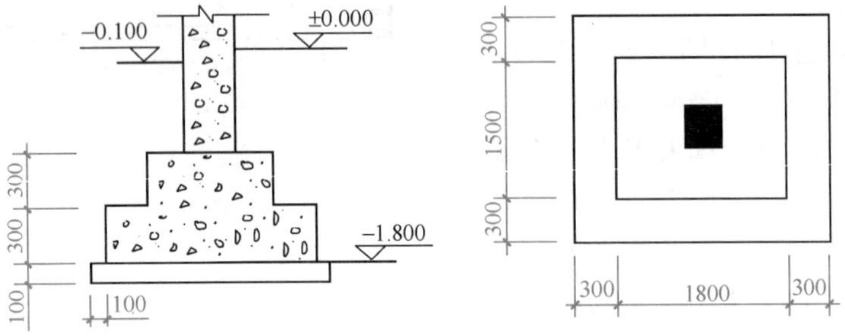

图 6-5　独立基础大样图

【解】

定额子目：A1-9 人工挖基坑三类土深度 2m 内。

1）挖深 $H=1.8+0.1-0.1=1.8\text{m}>1.5\text{m}$；查定额可知需放坡，放坡系数为 0.33。

2）查定额可知，工作面 $C=300\text{mm}$

3）挖基坑工程量

放坡公式　$V=(a+KH)\times(b+KH)\times H+1/3K^2H^3$

式中　a——坑底长；

b——坑底宽；

K——放坡系数；

H——放坡深。

则单个基坑工程量：

$$V=(2.4+0.1\times 2+0.3\times 2+0.33\times 1.8)\times(2.1+0.1\times 2+0.3\times 2+0.33\times 1.8)\times 1.8+1/3\times 0.33^2\times 1.8^3$$
$$=24.07\text{m}^3$$

总工程量（12 个基坑）$V=24.07\times 12=288.84\text{m}^3$

思考与习题

1. 如何划分挖土方、挖沟槽、挖基坑？

2. 机械挖土方如无施工组织规定时，如何确定机械和人工挖土比例？

3. 某工程采用斗容量为 1.0m^3 的液压挖掘机挖基坑，土壤类别为三类土，挖土工程量为 1500m^3。计算该机械挖土工程的挖掘机台班使用量。

4. 将【例 6-2】室外地坪标高改为 -0.15m，要求套定额并计算人工挖沟槽工程量。

6.2　桩与地基基础工程

1. 基本知识

（1）定额子目设置

本分部共设置定额子目 267 项，分为 3 小节，包括 A. 2. 1 混凝土桩、A. 2. 2 其他桩、A. 2. 3 地基与边坡处理。

（2）混凝土灌注桩

混凝土灌注桩通过不同的成孔方式成孔，然后进行安放钢筋笼、灌注混凝土工作。套定额子目并计算相应工程量时，注意成孔方式及施工流程。

（3）预制混凝土桩

柴油打桩机打预制方桩、管桩、板桩等定额子目含量中不包含预制桩的费用。

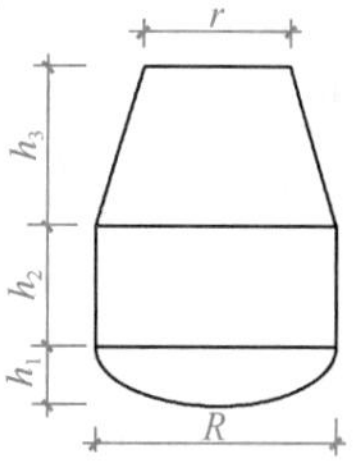

图 6-6　扩大头示意图

（4）人工挖孔桩计算公式，其中扩大头示意图如图 6-6 所示。

1）桩身段：$V_0=\pi\times(d/2+0.15\text{护壁单边厚})^2\times H$（从成孔标高计起）

2）扩大头

h_1 段：$V_1=\pi/3\times(R^2+r^2+R\times r)\times h_1$

h_2 段：$V_2=\pi\times R^2\times h_2$

h_3 段：$V_3=\pi/6\times(3R^2+h_3^2)\times h_3$

2. 定额《说明》

（1）本定额适用于一般工业与民用建筑工程的桩基础。

（2）本定额土壤级别的划分应根据工程地质资料中的土层构造和土壤物理、力学性能的有关指标，参考纯沉桩的时间确定。凡遇有砂夹层者，应首先按砂层情况确定土级。无砂层者，按土壤物理力学性能指标并参考每米平均纯沉桩时间确定。用土壤力学性能指标鉴别土壤级别时，桩长在 12m 以内，相当于桩长的三分之一的土层厚度应达到所规定的指标。桩长 12m 以外，按 5m 厚度确定。土质鉴别见表 A. 2-1（表 6-12）。

A. 2-1　土质鉴别表　　　　表 6-12

内容		土壤级别	
		一级土	二级土
说明		桩经外力作用较易沉入的土，土壤中夹有较薄的砂层	桩经外力作用较难沉入的土，土壤中夹有不超过 3m 的连续厚度砂层
砂夹层	砂层连续厚度	<1m	>1m
	砂层中卵石含量	—	<15%
物理性能	压缩系数	>0.02	<0.02
	孔隙比	>0.7	>0.7

续表

内　容		土壤级别	
		一级土	二级土
力学性能	静力触探值	<50	>50
	动力触探击数	<12	>12
每米纯沉桩时间平均值		<2min	>2min

（3）人工挖孔桩，不分土壤类别、不分机械类别和性能均执行本定额。本定额分成孔和桩芯混凝土两部分，成孔定额子目包括挖孔和护壁混凝土浇捣等。

（4）本定额预制桩子目（除静压预制管桩外），均未包括接桩，如需接桩，除按相应打（压）桩定额子目计算外，按设计要求另行计算接桩子目，其机械可按相应打桩机械调整，台班含量不变。

（5）打预制钢筋混凝土桩，起吊、运送、就位是按操作周边 15m 以内的距离确定的，超过 15m 以外另按相应运输定额子目计算。

（6）现浇混凝土浇捣是按商品混凝土编制的，采用泵送时套用定额相应子目，采用非泵送时，每立方米混凝土增加人工费 21 元。

（7）钻（冲）孔灌注桩。

1）本定额钻（冲）孔灌注桩按转盘式钻孔桩和旋挖桩编制，冲孔桩套转盘式钻孔桩相应定额子目。

2）本定额钻（冲）孔灌注桩分成孔、入岩、灌注分别按不同的桩径编制。

3）定额已综合考虑了穿越砂（黏）土层碎（卵）石层的因素，如设计要求进入岩石层时，套用相应定额计算入岩增加费。

4）钻（冲）孔灌注桩定额已经包含了钢护套筒埋设，如实际施工钢护套筒埋设深度与定额不同时不得换算。

5）钻（冲）孔灌注桩的土方场外运输按成孔体积和实际运距分别套用 A. 1 土（石）方工程相应定额计算。

6）钻（冲）孔灌注桩如先用沉淀池沉淀泥浆后再运渣的，沉淀后的渣土及拆除的沉淀池外运套相应定额或按现场签证计算。

（8）打永久性钢板桩的损耗量：槽钢按 6%，拉森桩按 1%。打临时性钢板桩，若为租赁使用的则按实际租赁价值计算（包括租赁、运输、截割、调直、防腐及损耗）；若为施工单位的钢板桩，则每打拔一次按钢板桩价值的 7%计取折旧，即按定额套打桩、拔桩项目后再加上钢板桩的折旧费用。

（9）单位工程打（压、灌）桩工程量在表 A. 2-2（表 6-13）规定的数量以内时，其人工、机械按相应定额子目乘以系数 1. 25 计算。

A. 2-2　单位工程打、压（灌）桩工程量　　表 6-13

项　目	单位工程的工程量	项　目	单位工程的工程量
钢筋混凝土方桩	$150m^3$	打孔灌注砂石桩	$60m^3$
钢筋混凝土管桩	$50m^3$	钻（冲）孔灌注混凝土桩	$100m^3$

续表

项　目	单位工程的工程量	项　目	单位工程的工程量
钢筋混凝土板桩	$50m^3$	灰土挤密桩	$100m^3$
钢板桩	50t	打孔灌注混凝土桩	$60m^3$

（10）打试验桩按相应定额子目的人工、机械乘以系数2计算。

（11）打桩、压桩、打孔等挤土桩，桩间净距小于4倍桩径（或桩边长）的，按相应定额子目中的人工、机械乘以系数1.13。

（12）定额以打直桩为准，如打斜桩，斜度在1∶6以内者，按相应定额子目人工、机械乘以系数1.25，如斜度大于1∶6者，按相应定额子目人工、机械乘以系数1.43。

（13）定额以平地（坡度小于15°）打桩为准，如在堤坡上（坡度大于15°）打桩时，按相应定额子目人工、机械乘以系数1.15。如在基坑内（基坑深度大于1.5m）打桩或在地坪上打坑槽内（坑槽深度大于1m）桩时，按相应定额子目人工、机械乘以系数1.11。

（14）定额各种灌注的材料用量中，均已包括表A.2-3（表6-14）规定的充盈系数和材料损耗。实际充盈系数与定额规定不同时，按下式换算：

$$换算后的充盈系数=\frac{实际灌注混凝土(或砂、石)量}{按设计图计算混凝土(或砂、石)量}$$

A.2-3　充盈系数和材料损耗　　**表6-14**

项目名称	充盈系数	损耗率（%）	项目名称	充盈系数	损耗率（%）
打孔灌注混凝土桩	1.25	1.5	打孔灌注砂桩	1.30	3
钻孔灌注混凝土桩	1.30	1.5	打孔灌桩砂石桩	1.30	3
水泥粉煤灰碎石桩（CFG桩）	1.30	1.5	地下连续墙	1.20	1.5

其中灌注砂石桩除上述充盈系数和损耗率外，还包括级配密实系数1.334。

（15）在桩间补桩或强夯后的地基打桩时，按相应定额子目人工、机械乘以系数1.15。

（16）送桩（除圆木桩外）套用相应打桩定额子目，扣除子目中桩的用量，人工、机械乘以系数1.25，其余不变。

（17）金属周转材料中包括桩帽、送桩器、桩帽盖、活瓣桩尖、钢管、料斗等属于周转性使用的材料。

（18）预制钢筋混凝土管桩的空心部分如设计要求灌注填充材料时，应套用相应定额另行计算。

（19）入岩增加费按以下规定计算：极软岩不作入岩，硬质岩按入岩计算，软质岩按相应入岩子目乘以系数0.5。

（20）凿人工挖孔桩护壁按凿灌注桩定额乘以系数0.5；凿水泥粉煤灰桩（CFG）按凿灌注桩定额乘以系数0.3。

（21）锚杆、土钉在高于地面1.2m处作业，需搭设脚手架的，按本定额的A.16脚手架工程相应子目计算，如需搭设操作平台，按实际搭设长度乘以2m宽，套满堂脚手架计算。

（22）预制桩桩长除合同另有约定外，预算按设计长度计算，结算按实际入土桩的长度计算，超出地面的桩头长度不得计算，但可计算超出地面的桩头材料费。

3. 定额《工程量计算规则》

（1）计算打桩（灌注桩）工程量前应确定下列事项：

1）确定土质级别：根据工程地质资料中的土层构造、土壤物理力学性能及每米沉桩时间鉴别适用定额土质级别。

2）确定施工方法、工艺流程，采用机型，桩、土壤泥浆运距。

（2）打预制钢筋混凝土桩（含管桩）的工程量，按设计桩长（包括桩尖，即不扣除桩尖虚体积）乘以桩截面面积以立方米计算。管桩的空心体积应扣除。

（3）静力压桩机压桩

1）静压方桩工程量按设计桩长（包括桩尖，即不扣除桩尖虚体积）乘以桩截面面积以立方米计算。

2）静压管桩工程量按设计长度以米计算；管桩的空心部分灌注混凝土，工程量按设计灌注长度乘以桩芯截面面积以立方米计算；预制钢筋混凝土管桩如需设置钢桩尖时，钢桩尖制作、安装按实际重量套用一般铁件定额计算。

（4）螺旋钻机钻孔取土按钻孔入土深度以米计算。

（5）接桩：电焊接桩按设计接头，以个计算；硫磺胶泥按桩断面以平方米计算。

（6）送桩：按桩截面面积乘以送桩长度（即打桩架底至桩顶高度或自桩顶面至自然地平面另加 0.5m）以立方米计算。

（7）打孔灌注桩

1）混凝土桩、砂桩、碎石桩的体积，按［设计桩长（包括桩尖，即不扣除桩尖虚体积）＋设计超灌长度］×设计桩截面面积计算。

2）扩大（复打）桩的体积按单桩体积乘以次数计算。

3）打孔时，先埋入预制混凝土桩尖，再灌注混凝土者，桩尖的制作和运输按本定额 A.4 混凝土及钢筋混凝土工程相应子目以立方米计算，灌注桩体积按［设计长度（自桩尖顶面至桩顶面高度）＋设计超灌长度］×设计桩截面面积计算。

（8）钻（冲）孔灌注桩和旋挖桩分成孔、灌芯、入岩工程量计算。

1）钻（冲）孔灌注桩、旋挖桩成孔工程量按成孔长度乘以设计桩截面积以立方米计算。成孔长度为打桩前的自然地坪标高至设计桩底的长度。

2）灌注混凝土工程量按桩长乘以设计桩截面积计算，桩长＝设计桩长＋设计超灌长度，如设计图纸未注明超灌长度，则超灌长度按 500mm 计算。

3）钻（冲）孔灌注桩、旋挖桩入岩工程量按入岩部分的体积计算。

4）泥浆运输工程量按钻孔实体积以立方米计算。

（9）长螺旋钻孔压灌桩和水泥粉煤灰碎石桩（CFG 桩）

长螺旋钻孔压灌桩和水泥粉煤灰碎石桩（CFG 桩）按桩长乘以设计桩截面以立方米计算，桩长＝设计桩长＋设计超灌长，如设计图纸未注明超灌长度，则超灌长度按 500mm 计算。

（10）人工挖孔桩

1）人工挖孔桩成孔按设计桩截面积（桩径＝桩芯＋护壁）乘以挖孔深度加上桩的扩

大头体积以立方米计算。

2）灌注桩芯混凝土按设计桩芯的截面积乘以桩芯的深度（设计桩长+设计超灌长度）加上桩的扩大头增加的体积以立方米计算。

3）人工挖孔桩入岩工程量按入岩部分的体积计算。

（11）灰土挤密桩、深层搅拌桩按设计截面面积乘以设计长度按立方米计算。

（12）高压旋喷水泥桩按水泥桩体长度以米计算。

（13）打拔钢板桩按钢板桩重量以吨计算。

（14）打圆木桩的材积按设计桩长和梢径根据材积表计算。

（15）压力灌浆微型桩按设计区分不同直径按主杆桩体长度以米计算。

（16）地下连续墙

1）地下连续墙按设计图示墙中心线长度乘以厚度乘以槽深以立方米计算。

2）锁口管接头工程量，按设计图示以段计算；工字形钢板接头工程量，按设计图示尺寸乘以理论质量以质量计算。

（17）地基强夯按设计图强夯面积区分夯击能量、夯击遍数，以平方米计算。

（18）锚杆钻孔灌浆、砂浆土钉按入土（岩）深度以米计算。锚筋按本定额 A.4 混凝土及钢筋混凝土工程相应子目计算。

（19）喷射混凝土护坡按护坡面积以平方米计算。

（20）高压定喷防渗墙按设计图示尺寸以平方米计算。

（21）凿（截）桩头的工程量的计算。

1）桩头钢筋截断按钢筋根数计算。

2）凿桩头按设计图示尺寸或施工规范规定应凿除的部分，以立方米计算。

3）凿除人工挖孔桩护壁、水泥粉煤灰桩（CFG）工程量按需凿除的实体体积计算。

4）机械切割预制管桩，按桩头个数计算。

4. 综合案例

【例 6-4】某工程基础采钻（冲）孔灌注桩，桩径 1m，工程量为 $100m^3$，由于施工中遇到溶洞、溶沟、溶槽，现场签证灌注混凝土为 $450m^3$。

要求：列项计算桩基础工程量。

【解】套定额子目 A2-65，得混凝土消耗量为 $13.190/10m^3$。

1）灌注混凝土量如为正常施工，则成孔灌注工程量为：

$$V=450\div1.319=341.17m^3$$

2）超灌混凝土部分如为正常施工，则成孔灌注工程量为：

$$V=(450-100\times1.319)/1.319=241.17m^3$$

结果见表 6-15。

列项套定额表　　表 6-15

定额编码	定额名称	单位	工程量
A2-65	钻（冲）孔灌注混凝土桩 桩径 100cm 以内	$10m^3$	34.117
A2-66	钻（冲）孔钻机成孔（走桩）	$10m^3$	−24.117

思考与习题

1. 人工挖孔桩的成孔和护壁如何套定额子目？
2. 如何计算钻孔灌注桩的工程量？

6.3　砌　筑　工　程

1. 基本知识

(1) 定额子目设置

本分部共设置定额子目 157 项，分为 5 小节，包括 A. 3. 1 砖砌体、A. 3. 2 砌块砌体、A. 3. 3 石砌体、A. 3. 4 垫层、A. 3. 5 砌体构筑物。

(2) 钢筋砖过梁列项

钢筋砖过梁的砌筑无须另列项计算，砖过梁体积并入砌体工程中一起套砌体定额。

(3) 砌体厚度

砌体厚度与砖的标准尺寸和各种砌式直接相关，在工程实际中存在着构造尺寸、标志尺寸不同的称谓，工程计量与计价时以砖的实际构造尺寸为工程量计算的依据。

(4) 基础长度内墙净长线如图 6-7 所示。

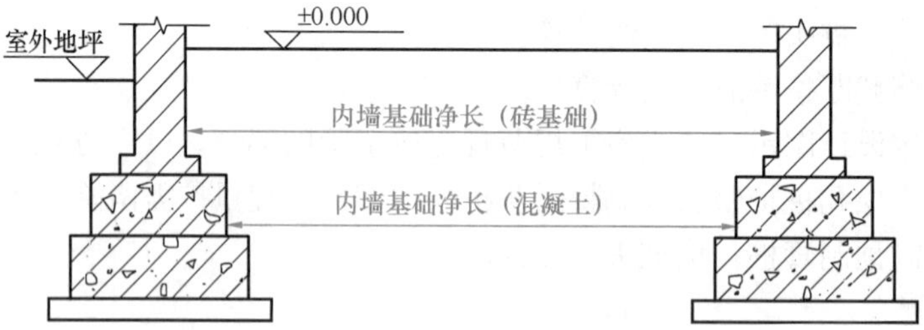

图 6-7　内墙基础净长示意图

(5) 混水砖墙

混水砖墙指墙的两面均为抹灰（或块料）装饰的墙体。

(6) 基础与墙身划分如图 6-8 所示。

(7) 钢筋砖过梁如图 6-9 所示。

2. 定额《说明》

(1) 砌砖、砌块

1) 本定额砌砖、砌块子目按不同规格编制，材料种类不同时可以换算，人工、机械不变。

2) 砌体子目中砌筑砂浆强度等级为 M5. 0，设计要求不同时可以换算。

3) 砌体子目中均包括了原浆勾缝的工、料，加浆勾缝时，另按本定额 A. 10 墙、柱面

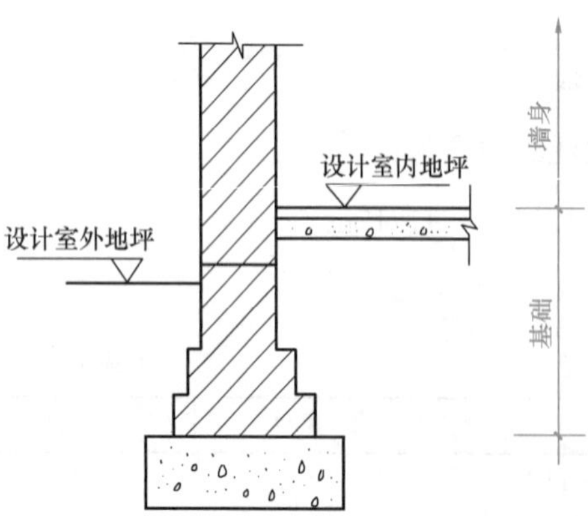

图 6-8　基础与墙身划分示意图

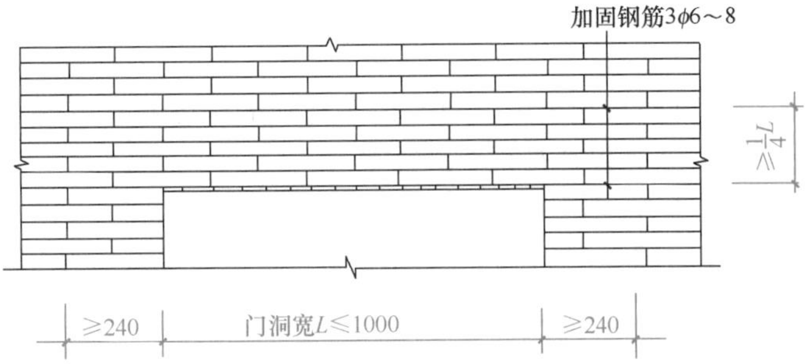

图 6-9 钢筋砖过梁

工程相应子目计算，原浆勾缝的工、料不予扣除。

4）砖墙子目中已包括了砖碹、砖过梁、砖圈梁、门窗套、窗眉、窗台线、附墙烟囱、腰线、压顶线、砖挑檐及泛水等。

5）砖砌女儿墙、栏板（除楼梯栏板、阳台栏板外）、围墙按相应的墙体定额执行。

6）砌体内的钢筋，按本定额 A.4 混凝土及钢筋混凝土工程中钢筋相应规格的子目计算。

7）圆形烟囱基础按基础定额执行，人工乘以系数 1.2。

8）砖砌挡土墙：墙厚在 2 砖以内的，按砖墙定额执行；墙厚在 2 砖以上的，按砖基础定额执行。

9）砖砌体及砌块砌体不分内、外墙，均按材料种类、规格及砌体厚度执行相应定额。

10）砖墙、砖柱按混水砖墙、砖柱子目编制，单面清水墙、清水柱套用混水砖墙、砖柱子目，人工乘以 1.1 系数。

11）砌筑圆形（包括弧形）砖墙及砌块墙，半径≤10m 者，套用弧形墙子目，无弧形墙子目的项目，套用直形墙子目，人工乘以系数 1.1，其余不变；半径>10m 者，套用直形墙子目。

12）砌块子目中已包括实心配块，砌块墙体顶部如采用其他种类配块补砌，不得换算。

13）砌块砌体与不同材质构件接缝处需加强铁丝网、网格布的，按本定额 A.10 墙、柱面工程相应子目计算。

14）砌块砌体子目按水泥石灰砂浆编制，如设计使用其他砂浆或粘结剂的，按设计要求进行换算。

15）蒸压加气混凝土砌块墙未包括墙底部实心砖（或混凝土）坎台，其底部实心砖（或混凝土）坎台应另套相应砖墙（或混凝土构件）子目计算。

16）小型空心砌块墙已包括芯柱等填灌细石混凝土。其余空心砌块墙需填灌混凝土者，套用空心砌块墙填充混凝土子目计算。

17）砖渣混凝土空心砌块墙按相应规格的小型空心砌块墙子目计算。

（2）其他砖砌体

台阶挡墙、梯带、厕所蹲台、池槽、池槽腿、砖胎膜、花台、花池、楼梯栏板、阳台栏板、地垄墙及支撑地楞的砖墩，$0.3m^2$ 以内的空洞填塞、小便槽、灯箱、垃圾箱、房上烟囱及毛石墙的门窗立边、窗台虎头砖按零星砌体计算。

（3）砌石

1）本定额分毛石、方整石编制。毛石是指无规则的乱毛石，方整石是指已加工好的有面、有线的商品方整石（已包括打荒、剁斧等）。

2）毛石护坡高度超过 4m 时，定额人工乘以 1.15。

3）砌筑半径≤10m 的圆弧形石砌体基础、墙（含砖石混合砌体），按定额项目人工乘以系数 1.1。

4）石栏板子目不包括扶手及弯头制作安装，扶手及弯头分别立项计算。

（4）垫层

1）本定额垫层均不包括基层下原土打夯。如需打夯者，按 A.1 土（石）方工程相应定额子目计算。

2）混凝土垫层按 A.4 混凝土及钢筋混凝土工程相应定额子目计算。

3. 定额《工程量计算规则》

（1）砌筑工程量一般规则

1）墙体按设计图示尺寸以体积计算。扣除门窗、洞口（包括过人洞、空圈）、嵌入墙内的钢筋混凝土柱、梁、圈梁、挑梁、过梁及凹进墙内的壁龛、管槽、暖气槽、消火栓箱所占体积。不扣除梁头、板头、檩头、垫木、木楞头、沿椽木、木砖、门窗走头、砖墙内加固钢筋、木筋、铁件、钢管及单个面积 0.3m^2 以下的孔洞所占的体积。凸出墙面的腰线、挑檐、压顶、窗台线、虎头砖、门窗套、山墙泛水、烟囱根的体积亦不增加。凸出墙面的砖垛并入墙体体积内计算。

2）附墙烟囱、通风道、垃圾道按其外形体积（扣除孔洞所占的体积），并入所依附的墙体积内计算。

3）砖柱（砌块柱、石柱）（包括柱基、柱身）分方、圆柱按图示尺寸以立方米计算，扣除混凝土及钢筋混凝土梁垫、梁头、板头所占体积。

4）女儿墙、栏板砌体按图示尺寸以立方米计算。

5）围墙砌体按图示尺寸以立方米计算，围墙砖垛及砖压顶并入墙体体积内计算。

（2）砌体厚度

1）标准砖规格为 240mm×115mm×53mm、多孔砖规格为 240mm×115mm×90mm，240mm×180mm×90mm，其砌体计算厚度，均按表 A.3-1（表 6-16）计算。

A.3-1 标准砖、多孔砖砌体计算厚度表（单位：mm） **表 6-16**

砖数（厚度）	1/4	1/2	3/4	1	1.5	2	2.5	3
标准砖厚度	53	115	180	240	365	490	615	740
多孔砖厚度	90	115	215	240	365	490	615	740

2）使用其他砌块时，其砌体厚度应按砌块的规格尺寸计算。

（3）砖石基础

1）基础与墙（柱）身的划分

① 基础与墙（柱）身使用同一种材料时，以设计室内地面为界（有地下室者，以地下室室内设计地面为界），以下为基础，以上为墙（柱）身。

② 基础与墙（柱）身使用不同材料时，位于设计室内地面±300mm以内时，以不同材料为分界线；超过±300mm时，以设计室内地面为分界线。

③ 砖石围墙，以设计室外地坪为界线，以下为基础，以上为墙身。

④ 独立砖柱大放脚体积应并入砖柱工程量内计算。

2）基础长度

① 外墙墙基按外墙中心线长度计算。

② 内墙墙基按内墙基净长计算。

3）砖石基础按设计图示尺寸以体积计算。扣除地梁（圈梁）、构造柱所占体积，不扣除基础大放脚T形接头处的重叠部分及嵌入基础内的钢筋、铁件、管道、基础砂浆防潮层和单个面积0.3m^2以内的孔洞所占体积。附墙垛基础宽出部分体积，并入其所依附的基础工程量内。

（4）砌体墙

1）墙身长度：外墙按外墙中心线长度，内墙按内墙净长线长度计算。

2）墙身高度按图示尺寸计算。如设计图纸无规定时，可按下列规定计算：

① 外墙：斜（坡）屋面无檐口天棚者算至屋面板底；有屋架且室内外均有天棚者算至屋架下弦底另加200mm；无天棚者算屋架下弦另加300mm，出檐宽度超过600mm时按实砌高度计算；有钢筋混凝土楼板隔层者算至楼板顶；平屋面算至钢筋混凝土板底。

② 内墙：位于屋架下弦者，算至屋架下弦底；无屋架者算至天棚底另加100mm；有钢筋混凝土楼板隔层者算至楼板顶；有框架梁时算至梁底。

③ 女儿墙：从屋面板上表面算至女儿墙顶面（如有混凝土压顶时算至压顶下表面）。

④ 内外山墙：按其平均高度计算。

⑤ 围墙：高度算至压顶上表面（如有混凝土压顶时算至压顶下表面）。

3）钢筋混凝土框架间墙，按框架间的净空面积乘以墙厚计算，框架外表镶贴砖部分，按零星砌体列项计算。

4）多孔砖墙按图示尺寸以立方米计算，不扣除砖孔的体积。

5）砌体内填充料按填充空隙体积以立方米计算。

（5）其他砖砌体

1）零星砌体：台阶挡墙、梯带、厕所蹲台、池槽、池槽腿、砖胎膜、花台、花池、楼梯栏板、阳台栏板、地垄墙及支撑地楞的砖墩，0.3m^2以内的空洞填塞、小便槽、灯箱、垃圾箱、房上烟囱及毛石墙的门窗立边、窗台虎头砖等按实砌体积，以立方米计算。

2）砖砌台阶（不包括梯带）按水平投影面积以平方米计算。

3）砖散水、地坪按设计图示尺寸以面积计算。

4）砖砌明沟按其中心线长度以延长米计算。

（6）垫层按设计图示面积乘以设计厚度以立方米计算，应扣除凸出地面的构筑物、设备基础、室内管道、地沟等所占体积，不扣除间壁墙和单个0.3m^2以内的柱、垛、附墙烟囱及孔洞所占体积。

（7）砖烟囱

1）砖砌烟囱应按设计室外地坪为界，以下为基础，以上为筒身。

2）筒身，圆形、方形均按设计图示筒壁平均中心线周长乘以壁厚乘以高度以体积计算。扣除筒身各种孔洞、钢筋混凝土圈梁、过梁等体积。其筒壁周长不同时可按下式分段计算：

$$V = \Sigma H \times C \times \pi D$$

式中　V——筒身体积；

H——每段筒身垂直高度；

C——每段筒壁厚度；

D——每段筒壁中心线的平均直径。

3）烟道砌砖：烟道与炉体的划分以第一道闸门为界，炉体内的烟道部分列入炉体工程量计算。

4）烟道、烟囱内衬按不同内衬材料并扣除孔洞后，以图示实体积计算。

5）烟囱内壁表面隔热层，按筒身内壁并扣除各种孔洞后的面积以平方米计算；填料按烟囱内衬与筒身之间的中心线平均周长乘以图示宽度和筒高，并扣除各种孔洞所占体积（但不扣除连接横砖及防沉带的体积）后以立方米计算。

（8）砖砌水塔

1）水塔基础与塔身划分：以砖砌体的扩大部分顶面为界，以上为塔身，以下为基础，分别套相应基础砌体定额。

2）塔身以图示实砌体积计算，并扣除门窗洞口和混凝土构件所占的体积，砖平拱及砖出檐等并入塔身体积内计算，套水塔砌筑定额。

3）砖水池内外壁，不分壁厚，均以图示实砌体积计算，套相应的砖墙定额。

（9）砖砌、石砌地沟不分墙基、墙身合并以立方米计算。

（10）井盖按设计图示数量以套计算。

（11）砖砌非标准检查井和化粪池不分壁厚均以立方米计算，洞口上的砖平拱等并入砌体体积内计算。

（12）砖砌标准化粪池按设计数量以座计算。

4. 综合案例

【例 6-5】某工程基础平面图及带形基础大样如图 6-4 所示，轴线居中标注。采用 M10 水泥砂浆砌筑砖标准砖基础，混凝土垫层每侧宽出 100mm；室外地坪标高为－0.4m。

要求：套定额并计算砖基础工程量，如需换算请写出换算内容。

【解】

1）查定额，套用定额子目 A3-1；

换算："P010005 M2.5 水泥石灰砂浆"换成"P010031 M10 水泥砂浆"。

2）砖基础长度

$L_{外}=(3.0+3.6+3.6)\times 2=20.4\text{m}$

$L_{内}=3.0+3.6-0.24\times 2=6.12\text{m}$

3）砖基础高度　$h=1.7-0.35=1.35\text{m}$

4）砖基础工程量

$V=[0.24\times 1.35+(0.06\times 0.12+0.06\times 0.24)\times 2]\times(20.4+6.12)=45.84\text{m}^3$

思考与习题

1. 请给下列工程内容套定额子目，如需换算请写出换算内容。

（1）M5.0 混合砂浆砌混凝土小型砌块女儿墙，墙厚 190mm；

（2）M5 水泥砂浆砌弧形标准砖基础；

（3）M2.5 混合砂浆砌污水池砖墩。

2. 定额对基础与墙身的划分如何规定？

3. 计算砖石基础时，基础大放脚 T 形接头处的重叠部分如何处理？

4. 定额对砌体的计算厚度如何规定？混凝土小型砌块的计算厚度为多少？

5. 请列出五个以上套用零星砌体定额子目的工程内容。

6.4　混凝土及钢筋混凝土工程

1. 基本知识

（1）定额子目设置

本分部共设置定额子目 391 项，分为 4 小节，包括 A.4.1 混凝土工程、A.4.2 装配式构件运输及安装、A.4.3 钢筋制作安装工程、A.4.4 混凝土标准化粪池。

（2）钢筋混凝土构件的定额子目套用

由于混凝土的生产向专业生产厂家发展，逐渐商品化，为此定额将钢筋混凝土构件按不同的施工工序分为混凝土拌制、混凝土浇捣、模板制安、钢筋等定额子目。

（3）有梁板（图 6-10）

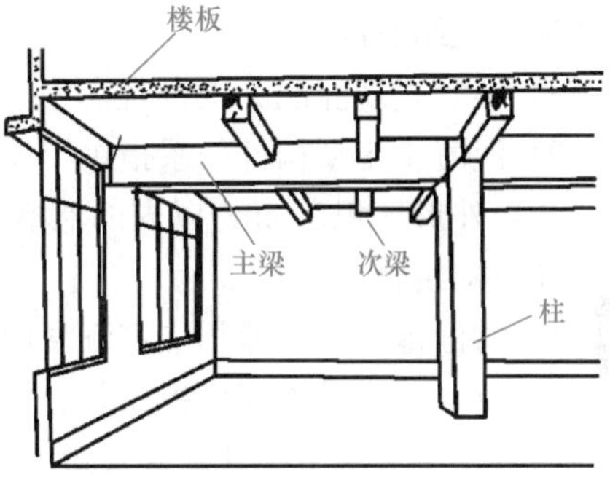

图 6-10　有梁板

2. 定额《说明》

（1）本定额包括混凝土工程、预制混凝土构件安装及运输工程、钢筋制作安装工程，适用于建筑工程中的混凝土及钢筋混凝土工程。模板工程按本定额 A.17 模板工程相关规定执行。

（2）混凝土工程

1）混凝土工程分为混凝土拌制和混凝土浇捣两部分。

① 混凝土拌制分混凝土搅拌机拌制和现场搅拌站拌制。

② 混凝土浇捣分现浇混凝土浇捣、构筑物混凝土浇捣和预制混凝土构件制作。混凝土浇捣均不包括拌制和泵送费用。

现浇混凝土浇捣、构筑物浇捣是按商品混凝土编制的，采用泵送时套用定额相应子目，采用非泵送时，每立方米混凝土人工费增加 21 元。

2）混凝土的强度等级和粗细骨料是按常用规格编制的，如设计规定与定额不同时应进行换算。

3）毛石混凝土子目，按毛石占毛石混凝土体积的 20%编制，如设计要求不同时，材料消耗量可以调整，人工、机械消耗量不变。

4）基础

① 混凝土及钢筋混凝土基础与墙（柱）身的划分以施工图规定为准。如图纸未明确表示时，则按基础的扩大顶面为分界；如图纸无明确表示，而又无扩大顶面时，可按墙（柱）脚分界。

② 基础与垫层的划分，一般以设计确定为准，如设计不明确时，以厚度划分：200mm 以内的为垫层，200mm 以上的为基础。

③ 混凝土垫层按本定额相应子目计算，其余垫层按本定额 A.3 砌筑工程相应子目计算。

④ 混凝土地面与垫层的划分，一般以设计确定为准，如设计不明确时，以厚度划分：120mm 以内的为垫层，120mm 以上的为地面。

⑤ 带形桩承台按带形基础定额项目计算，独立式桩承台按相应定额项目计算。

5）弧形半径≤10m 的梁（墙）按弧形梁（墙）计算。

6）混凝土斜板，当坡度在 11°19′～26°34′时，按相应板定额子目人工费乘以系数 1.15；当坡度在 26°34′～45°时，按相应板定额子目人工费乘以系数 1.2；当坡度在 45°以上时，按墙子目计算。

7）空心楼盖 BDF 薄壁管（盒）。现浇混凝土空心楼盖 BDF 薄壁管（盒）按空心楼盖浇捣子目和内模（BDF 薄壁管、盒）编制的。空心楼盖内模（BDF 管）的抗浮拉结按铁钉和铁丝拉结编制。

8）架空式现浇混凝土台阶套相应的楼梯定额。

9）混凝土小型构件，系指单个体积在 0.05m^3 以内的本定额未列出定额项目的构件。

10）外形体积在 2m^3 以内的池槽为小型池槽。

（3）构筑物

1）游泳池按贮水池相应定额套用。

2）倒锥壳水塔罐壳模板组装、提升、就位，按不同容积以座计算。

（4）预制混凝土构件安装及运输工程

1）装配式构件安装所需的填缝料（砂浆或混凝土）、找平砂浆、锚固铁件等均包括在定额内，不得换算。

2）实际工作中所采用的机械与定额不同时，不得换算。

3）预制混凝土构件安装子目不包括为安装工程所搭设的临时脚手架，如发生时另按本定额 A.15 脚手架工程有关规定计算。

4）本定额是按单机作业制定的，必须采取双机抬吊时，抬吊部分的构件安装定额人工费、机械台班乘以系数 2。

5）本定额不包括起重机械、运输机械行驶道路和吊装路线的修整、加固及铺垫工作的人工、材料和机械。

6）预制混凝土构件运输适用于由构件堆放地或构件加工厂至施工现场的运输，定额综合考虑了现场运输道路等级，重车上、下坡等各种因素，不得因道路条件不同而调整。

7）构件在运输过程中，因路桥限载（限高）而发生的加固、扩宽等费用及公安交通管理部门保安护送费，应另行计算。

（5）防火组合变压型排气道

1）防火组合变压型排气道子目适用于住宅厨房排烟道和卫生间排气道。

2）防火组合变压型排气道安装所用的型钢、钢筋等包含在其他材料费中，不得另计。

3）防火组合变压型排气道、防火止回阀和不锈钢动力风帽按成品考虑。

（6）钢筋制作安装工程

1）钢筋工程按钢筋的品种、规格，分为现浇构件钢筋、预制构件钢筋、预应力钢筋等项目列项。

2）预应力构件中的非预应力钢筋按普通钢筋相应子目计算。

3）绑扎铁丝、成型点焊和接头焊接用的电焊条已综合在定额子目内。

4）钢筋工程内容包括：制作、绑扎、安装以及浇灌混凝土时维护钢筋用工。

5）钢筋以手工绑扎为主，如实际施工不同时，不得换算。

6）预制构件钢筋，如用不同直径钢筋点焊在一起时，按直径最小的定额项目套用，如粗细筋直径比在两倍以上时，其人工费乘以系数1.25。

7）后张法钢筋的锚固是按钢筋帮条焊、U型插垫编制的，如采用其他方法锚固时，应另行计算。

8）表A.4-1（表6-17）所列的构件，其钢筋工程可按表中所列系数调整定额人工费、机械用量。

A.4-1 钢筋工程人工费、机械用量调整系数表　　表6-17

项目	预制钢筋		构筑物			
系数范围	拱梯型屋架	托架梁	烟囱	水塔	贮仓	
					矩形	圆形
人工费、机械用量调整系数	1.16	1.05	1.70	1.70	1.25	1.50

9）型钢混凝土柱、梁中劲性骨架的制作、安装按本定额A.6金属结构工程中的相应子目计算，其所占混凝土的体积按钢构件吨数除以$7.85t/m^3$扣减。

10）植筋子目未包括植入钢筋的消耗量及其制作安装，植入的钢筋需另套相应钢筋制作安装子目计算。

3. 定额《工程量计算规则》

（1）混凝土工程

1）现浇混凝土拌制工程量，按现浇混凝土浇捣相应子目的混凝土定额分析量计算，如发生相应的运输、泵送等损耗时均应增加相应损耗量。

2）现浇混凝土浇捣工程量除另有规定外，均按设计图示尺寸实体体积以立方米计算，不扣除构件内钢筋、预埋铁件及墙、板中单个面积$0.3m^2$以内的孔洞所占体积。

① 基础

A. 基础垫层及各类基础按图示尺寸计算，不扣除嵌入承台基础的桩头所占体积。

B. 地下室底板中的桩承台、电梯井坑、明沟等与底板一起浇捣者，其工程量应合并到地下室底板工程量中套相应的定额子目。

C. 箱式基础应分别按满堂基础、柱、墙及板的有关规定计算，套相应定额项目。墙与顶板、底板的划分以顶板底、底板面为界。边缘实体积部分按底板计算。

D. 设备基础除块体基础以外，其他类型设备基础分别按基础、梁、柱、板、墙等有关规定计算，套相应定额项目。

② 柱：按设计图示断面面积乘以柱高以立方米计算，柱高按下列规定确定。

A. 有梁板的柱高，应按柱基或楼板上表面至上一层楼板上表面之间的高度计算。

B. 无梁板的柱高，应按柱基或楼板上表面至柱帽下表面之间的高度计算。

C. 框架柱的柱高应自柱基上表面至柱顶高度计算。

D. 构造柱按全高计算，与砖墙嵌接部分的体积并入柱身体积内计算。

E. 依附柱上的牛腿和升板的柱帽，并入柱身体积内计算。

③ 梁：按设计图示断面面积乘以梁长以立方米计算。

A. 梁长按下列规定确定：梁与柱连接时，梁长算至柱侧面；主梁与次梁连接时，次梁长算至主梁侧面。

B. 伸入砌体内的梁头、梁垫并入梁体积内计算；伸入混凝土墙内的梁部分体积并入墙计算。

C. 挑檐、天沟与梁连接时，以梁外边线为分界线。

D. 悬臂梁、挑梁嵌入墙内部分按圈梁计算。

E. 圈梁通过门窗洞口时，门窗洞口宽加 500mm 的长度作过梁计算，其余作圈梁计算。

F. 卫生间四周坑壁采用素混凝土时，套圈梁定额。

④ 墙：外墙按图示中心线长度，内墙按图示净长乘以墙高及墙厚以立方米计算，应扣除门窗洞口及单个面积 0.3m^2 以上孔洞的体积，附墙柱、暗柱、暗梁及墙面突出部分并入墙体积内计算。

A. 墙高按基础顶面（或楼板上表面）算至上一层楼板上表面。

B. 混凝土墙与钢筋混凝土矩形柱、T 形柱、L 形柱按照以下规则划分：以矩形柱、T 形柱、L 形柱长边（h）与短边（b）之比 r（$r=h/b$）为基准进行划分，当 $r\leqslant 4$ 时按柱计算；当 $r>4$ 时按墙计算。

⑤ 板：按图示面积乘以板厚以立方米计算，其中：

A. 有梁板包括主、次梁与板，按梁、板体积之和计算。

B. 无梁板按板和柱帽体积之和计算。

C. 平板是指无柱、无梁，四周直接搁置在墙（或圈梁、过梁）上的板，按板实体体积计算。

D. 不同形式的楼板相连时，以墙中心线或梁边为分界，分别计算工程量，套相应定额。

E. 板伸入砖墙内的板头并入板体积内计算，板与混凝土墙、柱相接部分，按柱或墙计算。

F. 薄壳板由平层和拱层两部分组成，平层、拱层合并套薄壳板定额项目计算。其中的预制支架套预制构件相应子目计算。

G. 栏板按图示面积乘以板厚以立方米计算。高度小于1200mm时，按栏板计算，高度大于1200mm时，按墙计算。

H. 现浇挑檐天沟，按图示尺寸以立方米计算。与板（包括屋面板、楼板）连接时，以外墙外边线为分界线，与梁连接时，以梁外边线为分界线。

挑檐和雨篷的区分：悬挑伸出墙外500mm以内为挑檐，伸出墙外500mm以上为雨篷。

I. 悬挑板是指单独现浇的混凝土阳台、雨篷及类似相同的板。悬挑板包括伸出墙外的牛腿、挑梁，按图示尺寸以立方米计算，其嵌入墙内的梁，分别按过梁或圈梁计算。

如遇下列情况，另按相应子目执行：

现浇混凝土阳台、雨篷与屋面板或楼板相连时，应并入屋面板或楼板计算。有主次梁结构的大雨篷，应按有梁板计算。

J. 板边反檐：高度超出板面600mm以内的反檐并入板内计算；高度在600～1200mm的按栏板计算，高度超过1200mm以上的按墙计算。

K. 凸出墙面的钢筋混凝土窗套，窗上下挑出的板按悬挑板计算，窗左右侧挑出的板按栏板计算。

⑥ 空心楼盖BDF管（盒）

A. BDF管空心楼盖的混凝土浇捣按设计图示面积乘以板厚以立方米计算，扣除内模所占体积。

B. BDF管空心楼盖的内模安装按设计图示内模长度以米计算。

C. BDF薄壁盒安装工程量按安装后BDF薄壁盒水平投影面积以平方米计算。

⑦ 整体楼梯：包括休息平台、梁、斜梁及楼梯与楼板的连接梁，按设计图示尺寸以水平投影面积计算，不扣除宽度小于500mm的楼梯井，当整体楼梯与现浇楼板无梯梁连接时，以楼梯的最后一个踏步边缘加300mm为界，伸入墙内的体积已考虑在定额内，不得重复计算。楼梯基础、用以支撑楼梯的柱、墙及楼梯与地面相连的踏步，应另按相应项目计算（图6-11）。

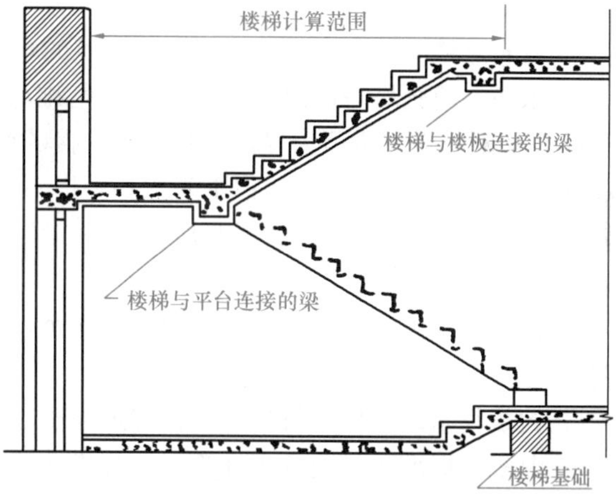

图6-11　楼梯示意图

⑧ 架空式混凝土台阶：包括休息平台、梁、斜梁及板的连接梁，按设计图示尺寸以水平投影面积计算，当台阶与现浇楼板无梁连接时，以台阶的最后一个踏步边缘加下一级踏步的宽度为界，伸入墙内的体积已考虑在定额内，不得重复计算。

⑨ 其他构件

A. 扶手和压顶按设计图示尺寸实体体积以立方米计算。

B. 小型构件按设计图示实体体积以立方米计算。

C. 屋顶水池中钢筋混凝土构件（如柱、圈梁等）应并入屋顶水池工程量中计算，屋顶水池脚（墩）的钢筋混凝土构件另按相应的构件规定计算。

D. 散水按设计图示尺寸以平方米计算，不扣除单个 0.3m^2 以内的孔洞所占面积。

E. 混凝土明沟按设计图示中心线长度以米计算。混凝土明沟与散水的分界：明沟净空加两边壁厚的部分为明沟，以外部分为散水。

⑩ 后浇带：地下室、梁、板、墙工程量均应扣除后浇带体积，后浇带工程量按设计图示尺寸以立方米计算。

⑪ 钢管顶升混凝土工程量按设计图示实体体积以立方米计算。

⑫ 混凝土地面工程量按设计图示尺寸以平方米计算，应扣除凸出地面的构筑物、设备基础、室内管道、地沟等所占面积，不扣除间壁墙、单个 0.3m^2 以内的柱、垛、附墙烟囱及孔洞所占面积，门洞、空圈、暖气包槽、壁龛的开口部分不增加面积。

⑬ 混凝土地面切缝按设计图示尺寸以米计算。刻纹机刻水泥混凝土地面按设计图示尺寸以平方米计算。

3）构筑物混凝土工程量，按以下规定计算：构筑物混凝土除另规定者外，均按图示尺寸扣除门窗洞口及单个面积 0.3m^2 以外孔洞所占体积后的实体体积以立方米计算。

① 贮水（油）池的池底、池壁、池盖分别按相应定额项目计算。有壁基梁的，应以壁基梁底为界，以上为池壁，以下为池底；无壁基梁的，锥形坡底应算至其上口，池壁下部的八字靴脚应并入池底体积内。无梁池盖的柱高应从池底上表面算至池盖下表面，柱帽和柱座应并在柱体积内。肋形池盖应包括主、次梁体积；球形池盖应以池壁顶面为界，边侧梁应并入球形池盖体积内。

② 贮仓立壁和贮仓漏斗，应以相互交点的水平线为界，壁上圈梁应并入漏斗体积内。

③ 水塔：筒式塔身应以筒座上表面或基础底板上表面为界；柱式（框架式）塔身应以柱脚与基础底板或梁顶为界，与基础板连接的梁应并入基础体积内。塔身与水箱应以箱底相连接的圈梁下表面为界，以上为水箱，以下为塔身。依附于塔身的过梁、雨篷、挑檐等，应并入塔身体积内；柱式塔身应不分柱、梁合并计算。依附于水箱壁的柱、梁，应并入水箱壁体积内。

④ 钢筋混凝土烟囱基础与筒身以室外地面为界，地面以下的为基础，地面以上的为筒身。

⑤ 构筑物基础套用建筑物基础相应定额子目。

⑥ 混凝土标准化粪池按座计算，非标准化粪池及检查井分别按相应定额子目以立方米计算。

4）预制混凝土构件制作工程量，按以下规定计算：

① 预制混凝土构件制作工程量均按构件图示尺寸实体体积以立方米计算，不扣除构件内钢筋、铁件及单个面积小于 300mm×300mm 的孔洞所占体积。

② 预制混凝土构件制作子目未包括混凝土拌制，其混凝土拌制工程量按预制混凝土构件制作相应项目的定额混凝土含量（含损耗率）计算，套用现浇混凝土拌制定额子目。

③ 预制混凝土构件的制作废品率按表 A.4-2（表 6-18）的损耗率计算。

④ 桩：

A. 按桩全长（包括桩尖，不扣除桩尖虚体积）乘以桩断面（空心桩应扣除孔洞体积）以立方米计算。

B. 预制桩尖按虚体积（不扣除桩尖虚体积部分）计算。

（2）预制混凝土构件安装及运输

1）预制混凝土构件安装均按构件图示尺寸以实体体积按立方米计算。

2）预制混凝土构件运输及安装损耗：以图示尺寸的安装工程量为基准，损耗率见表A. 4-2（表6-18）。预制混凝土构件制作、运输及安装工程量可按表A. 4-3（表6-19）中的系数计算。其中预制混凝土屋架、桁架、托架及长度在9m以上的梁、板、柱不计算损耗率。

A. 4-2 预制钢筋混凝土构件损耗率表　　表6-18

名称	制作废品率	运输堆放损耗	安装（打桩）损耗
预制混凝土屋架、桁架、托架及长度在9m以上的梁、板、柱	无	无	无
预制钢筋混凝土桩	0.1%	0.4%	已包含在定额内
其他各类预制构件	0.2%	0.8%	1%

A. 4-3 预制钢筋混凝土构件制作、运输、安装工程量系数表　　表6-19

名称	安装（打桩）工程量	运输工程量	预制混凝土构件制作工程量
预制混凝土屋架、桁架、托架及长度在9m以上的梁、板、柱	1	1	1
预制钢筋混凝土桩	1	1+0.4%=1.004	1+0.4%+0.1 %=1.005
其他各类预制构件	1	1+1%+0.8 %=1.018	1+1%+0.8 %+0.2%=1.02

3）预制钢筋混凝土工字形柱、矩形柱、空腹柱、双肢柱、空心柱、管道支架等安装，套柱相应的安装子目。

4）吊车梁的安装，套梁相应的安装子目。

5）安装预制板时，预制板之间的板缝，缝宽在50mm以内的，已包含在预制板的安装定额内；缝宽在50mm以上时，按相应的混凝土平板计算。

6）预制混凝土构件的水平运输，可按加工厂或现场预制的成品堆置场中心至安装建筑物中心点的距离计算。最大运输距离取20km以内，超过时另行计算。

（3）防火组合变压型排气道

1）防火组合变压型排气道分不同截面按设计图示尺寸以延长米计算。

2）防火止回阀按套计算。

3）不锈钢动力风帽按套计算。

（4）钢筋工程

1）钢筋工程，应区别现浇、预制、预应力等构件和不同种类及规格，分别按设计图纸、标准图集、施工规范规定的长度乘以单位质量以吨计算。除设计（包括规范规定）标明的搭接外，其他施工搭接已在定额中综合考虑，不另计算。

2）钢筋接头：设计（或经审定的施工组织设计）采用机械连接、电渣压力焊接时，应按接头个数分别列项计算。

3）现浇构件中固定位置的支撑钢筋、双层钢筋用的铁马按设计（或经审定的施工组织设计）规定计算，设计未规定时，按板中小规格主筋计算，基础底板每平方米 1 只，长度按底板厚乘以 2 再加 1m 计算；板每平方米 3 只，长度按板厚度乘以 2 再加 0.1m 计算。双层钢筋的撑脚布置数量均按板（不包括柱、梁）的净面积计算。

4）楼地面、屋面、墙面及护坡钢筋网制作安装，按钢筋设计图示尺寸以平方米计算。

5）地下连续墙钢筋网片、BDF 管空心楼盖的内模抗浮钢筋网片按设计图示尺寸以吨分别列项计算。

6）先张法预应力钢筋，按设计图示长度乘单位理论质量以吨计算。

7）预应力钢绞线、预应力钢丝束、后张法预应力钢筋按设计图规定的预应力钢筋预留孔道长度，并区别不同的锚具类型，分别按下列规定计算。

① 低合金钢筋两端采用螺杆锚具时，预应力钢筋按预留孔道长度减 0.35m，螺杆另行计算。

② 低合金钢筋一端采用镦头插片，另一端采用螺杆锚具时，预应力钢筋长度按预留孔道长度计算，螺杆另行计算。

③ 低合金钢筋一端采用镦头插片，另一端采用帮条锚具时，预应力钢筋长度按预留孔长度增加 0.15m，两端均采用帮条锚具时预应力钢筋长度共增加 0.3m 计算。

④ 低合金钢筋采用后张混凝土自锚时，预应力钢筋长度增加 0.35m 计算。

⑤ 低合金钢筋或钢绞线采用 JM 型、XM 型、QM 型锚具，孔道长度在 20m 以内时，预应力钢筋长度增加 1m；孔道长度 20m 以上时预应力钢筋长度增加 1.8m 计算。

⑥ 碳素钢丝采用锥形锚具，孔道长在 20m 以内时，预应力钢丝长度增加 1m；孔道长在 20m 以上时，预应力钢丝长度增加 1.8m。

⑦ 碳素钢丝两端采用镦粗头时，预应力钢丝长度增加 0.35m 计算。

8）砌体内的加固钢筋（含砌块墙体砌块中空安放纵向垂直钢筋、墙与柱的拉结筋）工程量按设计图示长度乘单位理论质量以吨计算。

9）铁件、植筋、化学锚栓按以下规定计算：

① 铁件按设计图示尺寸以吨计算，不扣除孔眼、切肢、切边质量，不规则钢板按外接矩形面积乘以厚度计算。

② 用于固定预埋螺栓、铁件的支架等，按审定的施工组织设计规定计算，分别套相应铁件子目。

③ 植筋工程量分不同的直径按种植钢筋以根计算。

④ 植化学锚栓分不同直径以套计算。

4. 综合案例

【例 6-6】 某办事处建筑工程如图 6-12 所示，为框架 2 层，现浇钢筋混凝土施工，KZ1 的截面尺寸均为 400mm×400mm，基础、柱、梁、板混凝土强度等级均为 C20（砾石、中砂、采用混凝土滚筒搅拌机现场拌制）。

例6-6：某办事处工程结构模型

要求：套定额并计算各混凝土构件浇捣及混凝土拌制工程量。

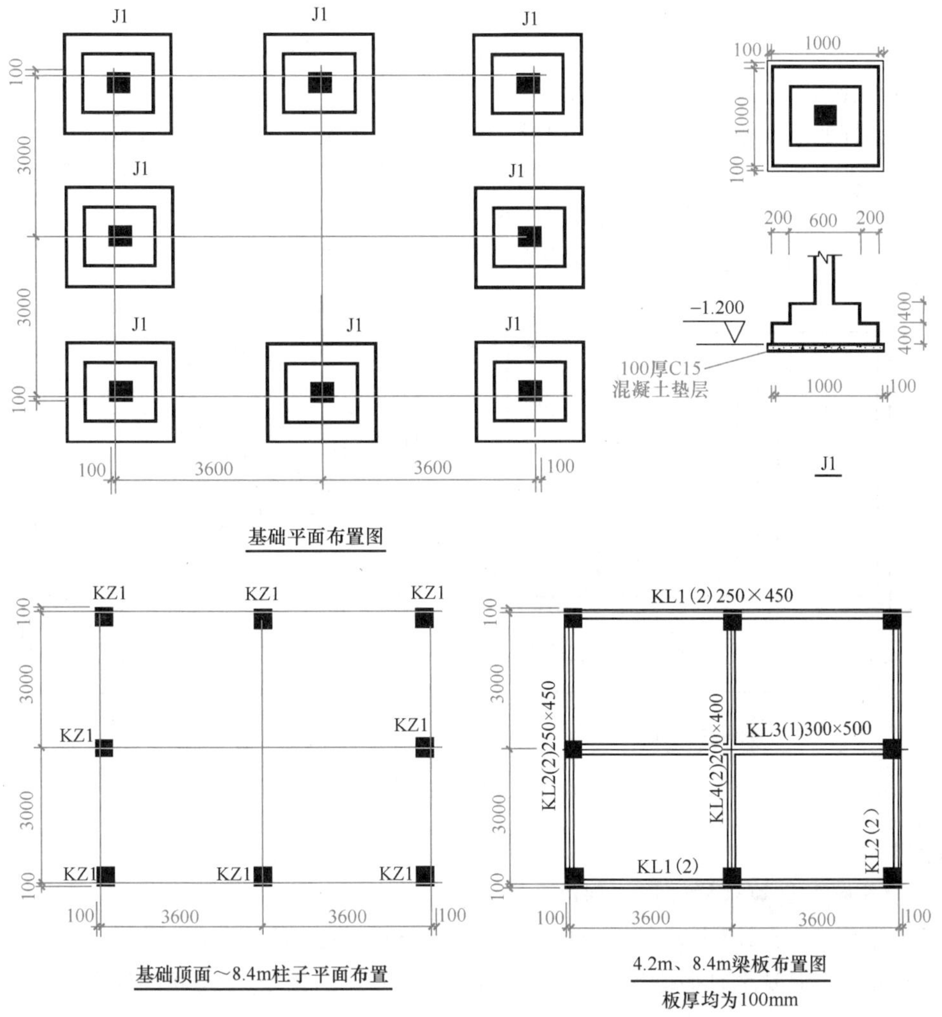

图 6-12　某办事处工程图纸

【解】

1）套定额并计算各混凝土构件浇捣工程量

① 现浇独立基础工程量（套 A4-7）

J1：8 个×0.4×(1×1+0.6×0.6) =4.35m^3

② 现浇矩形柱工程量(套 A4-18)

KZ1：8 个×0.4×0.4×(8.4+1.2−0.4×2) =11.26m^3

③ 有梁板工程量(套 A4-31)

板：0.1×(3.6×2+0.1×2)×(3×2+0.1×2)=4.59m^3

扣柱头：−0.1×0.4×0.4×8=−0.13m^3

KL1：0.25×(0.45−0.1)×(3.6×2+0.1×2−0.4×3)×2 条=1.09m^3

KL3：0.3×(0.5−0.1)×(3.6×2+0.1×2−0.4×2)=0.79m^3

KL2：0.25×(0.45−0.1)×(3×2+0.1×2−0.4×3)×2 条=0.88m^3

KL4：0.2×(0.4−0.1)×(3×2+0.1×2−0.4×2−0.3)=0.31m³

合计：(4.59−0.13+1.09+0.79+0.88+0.31)×2层=15.06m³

2）套定额并计算混凝土拌制工程量

混凝土拌制工程量（套A4-1）：(4.35+11.26+15.06)×10.15/10=31.13m³

【例6-7】某现浇钢筋混凝土板式楼梯如图6-13所示，已知：墙厚19cm，混凝土强度等级均为C20（砾石、中砂、采用混凝土滚筒搅拌机现场拌制）。

要求：套定额并计算混凝土楼梯浇捣及混凝土拌制工程量。

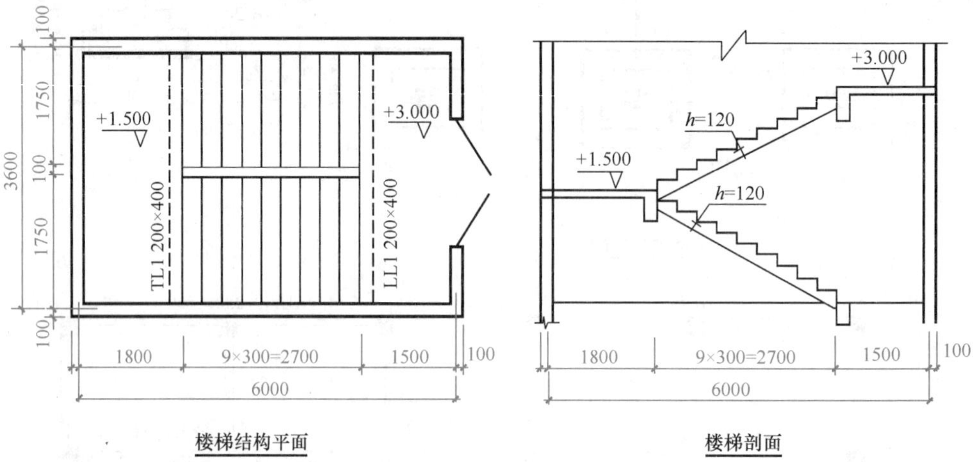

图6-13 楼梯图

【解】

1）套定额并计算楼梯浇捣工程量

工程量=(1.8+2.7+0.2−0.09)×(3.6−0.09×2)=15.77m²

套用定额：混凝土直形楼梯板厚100mm（A4-49）、因板厚120mm，故再套混凝土直形楼梯增20mm（A4-50×2）。

2）套定额并计算混凝土拌制工程量

应套定额A4-1，工程量=15.77×(1.98+0.115×2)÷10=3.49m³

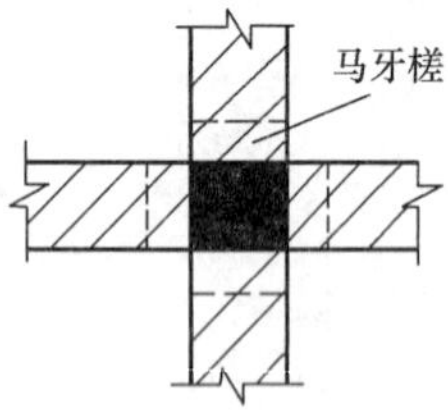

图6-14 构造柱节点图

【例6-8】已知如图6-14所示，某工程在该节点处需加设1根C20混凝土构造柱，墙厚200mm，柱高为3m。

要求：套定额并计算该构造柱工程量。

【解】应套定额A4-20。

构造柱的计算难点在马牙槎，为方便计算，构造柱的计算断面积可按下式计算：

$$S = ab + 0.03 \times (an_1 + bn_2)$$

式中 S——构造柱的计算断面积；

n_1、n_2——a、b方向的咬接边数，其数值为0、1、2。

根据上述公式可计算本题构造柱的计算断面积为：

$$S = 0.2 \times 0.2 + 0.03 \times (0.2 \times 2 + 0.2 \times 2) = 0.064\text{m}^2$$

则其工程量=0.064×3=0.19m³

【例 6-9】 某工程如图 6-15 所示，墙上均设 C20 混凝土圈梁，梁顶标高＋3.000m，窗台高 900mm。

要求：套定额并计算该工程混凝土圈梁及过梁工程量。

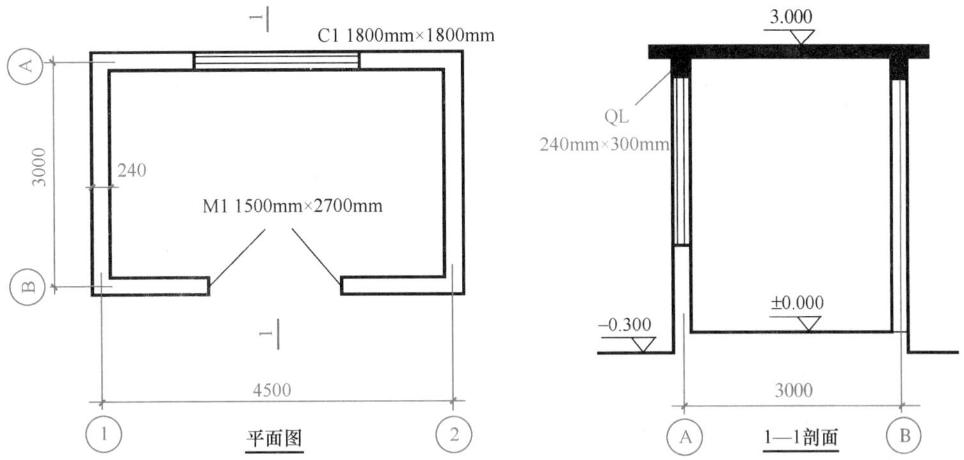

图 6-15　某工程平面图、剖面图

【解】 1）套定额并计算过梁浇捣工程量

应套定额 A4-25，工程量＝0.24×0.3×(1.8＋0.5＋1.5＋0.5)＝0.31m^3

2)套定额并计算圈梁浇捣工程量

应套定额 A4-24，工程量＝0.24×0.3×(4.5＋3)×2－0.31＝0.77m^3

思考与习题

1. 混凝土垫层与混凝土基础应如何划分？
2. 定额对柱高及梁长如何规定？
3. 凸出墙面的钢筋混凝土窗套，应如何套定额子目？
4. 某工程预制污水池共 10 个，采用图集作法 98ZJ512 第 29 页②大样，请列项计算相关工程量，需换算的写出换算内容。
5. 钢筋网如何计算工程量？

6.5　木结构工程

1. 基本知识

（1）定额子目设置

本分部共设置定额子目 62 项，分为 2 小节，包括 A.5.1 木屋架、A.5.2 木构件。

（2）施工措施

本章各项目均未考虑脚手架费用，在安装时如需要搭设脚手架，按 A.9 脚手架工程中相应项目计算。

（3）油漆

本章各项目内均未包括面层的油漆或装饰，应按装饰装修工程中的有关项目计算。

2. 定额《说明》

（1）本定额是按机械和手工操作综合编制的。不论实际采取何种操作方法，均按定额执行。

（2）本定额按圆木和方木分别计算。

（3）本章木材木种均以一、二类木种为准，如采用三、四类木种时，按相应项目人工和机械乘以系数 1.35。

（4）定额中所注明的木材断面或厚度均以毛料为准。如设计图纸注明的断面或厚度为净料时，应增加抛光损耗；板、枋材一面刨光增加 3mm；两面刨光增加 5mm；圆木每立方米材积增加 0.05m^3。

3. 定额《工程量计算规则》

（1）木屋架的制作安装工程量，按以下规定计算：

1）木屋架制作、安装均按设计断面竣工木料以立方米计算，其后备长度及配制损耗均不另计算。

2）圆木屋架连接的挑檐木、支撑等如为方木时，其方木部分应乘以系数 1.786 折合成圆木并入屋架竣工木料内；单独的方木挑檐，按矩形檩木计算。

3）方木屋架：附属于屋架的夹板、垫木等已并入相应的屋架制作项目中，不得另行计算；与屋架连接的挑檐木、支撑等，其工程量并入屋架竣工木料体积内计算。

4）屋架的制作、安装应区别不同跨度，其跨度应以屋架上下弦杆的中心线交点之间的长度为准。带气楼的屋架并入依附屋架的体积内计算。

5）屋架的马尾、折角和正交部分半屋架，应并入相连接屋架的体积内计算。

6）钢木屋架区分圆木、方木，按竣工木料以立方米计算。

（2）木檩按竣工木料以立方米计算，简支檩长度按设计规定计算，如设计无规定者，按屋架或山墙中距共增加 200mm 计算，如两端出墙，檩条长度算至博风板。连续檩条的长度按设计长度计算，其接头长度的体积按全部连续木檩总体积的 5%计算，檩条托木已考虑在相应的木檩制作、安装子目中，不另计算。

（3）屋面木基层（除木檩、封檐板、搏风板）：按设计图示的斜面积以平方米计算，不扣除房上烟囱、风帽底座、烟道、小气窗、斜沟等所占面积。小气窗的出檐部分不增加面积。

（4）封檐板按图示檐口外围长度以延长米计算，博风板按斜长度计算，每个大刀头增加长度 500mm。

（5）木柱、木梁、木楼梯

1）木柱、木梁应分方、圆按竣工木料以立方米计算，定额内已含刨光损耗。

2）木柱定额内不包括柱与梁、柱与柱基、柱、梁、屋架等连接的安装铁件，如设计需要时可按设计规定计算，人工不变。

3）木楼梯按水平投影面积计算，不扣除宽度小于 300mm 的楼梯井，其踢脚板、平台和伸入墙内部分均已包括在定额内，不另计算。

（6）其他

1）披水条、盖口板、压缝条按实际长度以延长米计算。

2）玻璃黑板分活动式与固定式两种，按框外围面积计算，其粉笔槽及活式黑板的滑轮、溜槽及钢丝绳等，均包括在定额内，不另计算。

3）木格栅（板）分条形格及方形格，按外围面积计算。

4）检修孔木盖板以洞口面积计算。

5）其他项目，按所示计量单位计算。

思考与习题

1. 定额中木材木种以何种木种为准？如实际采用与定额不同时，如何处理？
2. 如何确定屋架的跨度？
3. 玻璃黑板如何计算工程量？
4. 检修孔木盖板如何计算工程量。

6.6 金属结构工程

1. 基本知识

（1）定额子目设置

本分部共设置定额子目122项，分为4小节，包括A.6.1金属结构构件构件制作、A.6.2金属结构构件拼装安装、A.6.3金属结构构件措施项目、A.6.4金属结构构件运输。

（2）金属构件与浇捣混凝土

型钢钢筋混凝土柱、梁浇筑混凝土和压型钢楼板上浇筑钢筋混凝土，混凝土和钢筋按A.4中的相应子目计算。

2. 定额《说明》

（1）构件制作

1）本定额钢材损耗率为6%。损耗率超过6%的异形构件，合同无约定的，预算时按6%计算，结算时按经审定的施工组织设计计算损耗率，损耗超过6%部分的残值归发包人。

2）本定额适用于现场加工制作，亦适用于企业附属加工厂制作的构件。

3）构件制作包括分段制作和整体预装配的人工、材料、机械台班消耗量，整体预装配用的锚固杆件及螺栓已包括在定额内。

4）本定额金属结构制作子目，除螺栓球节点钢网架外，均按焊接方式编制。

5）除机械加工件及螺栓，铁件以外，设计钢材型号、规格、比例与定额不同时，可按实调整，其他不变。

6）本定额除注明者外，均包括现场（工厂）内的材料运输、号料、加工、组装及成品堆放等全部工序。

7）本定额构件制作子目未包括除锈、刷防锈漆的人工、材料消耗量。

8）H形钢构件制作子目适用于用钢板焊接成H形的柱、梁、屋架等钢构件，T形、工字形构件按H形钢构件制作定额子目计算；十字形构件套用相应H形钢构件制作子目，定额人工、机械乘以系数1.05。

9）箱形钢构件制作子目适用于用钢板焊接成箱形空腔结构的柱、梁等钢构件。

10）钢支架、钢屋架（包括轻钢屋架）水平支撑、垂直支撑制作，均套屋架钢支撑子目计算。

11）钢筋混凝土组合屋架钢拉杆，按屋架钢支撑制作子目计算。

12）钢拉杆包括两端螺栓；平台、操作台（蓖式平台）包括钢支架；踏步式、爬式扶梯包括梯围栏、梯平台。

13）钢栏杆制作子目仅适用于工业厂房中平台、操作台的钢栏杆，不适用于民用建筑中的铁栏杆。

14）金属零星构件是指单件质量在100kg以内且本定额未列出子目的钢构件。

15）H形、箱形钢构件制作按直线形构件编制，如设计为弧形时，按其相应子目人工、机械乘以系数1.2。

16）桁架制作按直线形桁架编制，如设计为曲线、折线时，按其相应子目人工乘以系数1.3。

17）组合型钢柱制作不分实腹、空腹柱，均套组合型钢柱子目计算。

（2）构件安装

1）本定额是按机械起吊点中心回转半径15m以内的距离计算的，如超出15m时，应另按构件1km运输定额子目执行。

2）每一工作循环中，均包括机械的必要位移。

3）本定额起重机械是按汽车式起重机编制的，采用其他起重机械不得调整。

4）本定额是按单机作业制定的，必须采取双机抬吊时，抬吊部分的构件安装定额人工、机械台班乘以系数2。

5）本定额不包括起重机械、运输机械行驶道路和吊装路线的修整、加固及铺垫工作的人工、材料和机械。

6）本定额内已包括金属构件拼接和安装所需的连接普通螺栓，不包括结构件的高强螺栓，压型钢楼板安装不包括栓钉，高强度螺栓、栓钉分别按本章相关子目计算。

7）钢屋架单榀质量在1t以下者，按轻钢屋架定额子目计算。

8）钢网架安装是按以下两种方式编制的，若施工方法与定额不同时，可另行补充：

① 焊接球节点钢网架安装是按分体吊装编制的。

② 螺栓球节点钢网架安装是按高空散装编制的。

9）钢柱安装在混凝土柱上，其人工、机械乘以系数1.43。

10）钢屋架、钢桁架、钢天窗架安装定额中不包括拼装工序，如需拼装时，按相应拼装子目计算。

11）钢制动梁安装按吊车梁定额子目计算。

12）钢构件若需跨外安装时，其人工、机械乘以系数1.18。

13）钢屋架、钢桁架、钢托架制作平台摊销子目，实际发生时才能套用。

14）钢柱地脚锚栓安装不包括锚栓套架。锚栓套架按本定额A.4混凝土及钢筋混凝土工程套用预埋铁件子目。

15）本定额构件安装子目已包括临时耳板工料。

16）本定额构件安装子目不包括钢构件安装所需的支承胎架，如有发生，按经审定的施工方案计算。

17）金属围护网安装不包括柱基础及预埋在地面（或基础顶）的铁件，柱基础、预埋铁件按设计另行计算，套用相应定额子目。

（3）构件运输

1）本定额构件运输适用于由构件堆放场地或构件加工厂至施工现场的运输。定额综合考虑了城镇、现场运输道路等级，重车上、下坡等各种因素，不得因道路条件不同而调整。

2）本定额按构件类型和外形尺寸划分为三类，附表A.6-1（表6-20，如遇表中未列的构件应参照相近的类别套用）。

A.6-1 金属结构构件分类表 **表6-20**

类型	项目
1	钢柱、屋架、钢桁架、托架梁、防风架、钢漏斗
2	钢吊车梁、制动梁、型钢檩条、钢支撑、上下档、钢拉杆栏杆、钢盖板、垃圾出灰门、篦灰门、篦子、爬梯、零星构件平台、操作台、走道休息台、扶梯、钢吊车梯台、烟囱紧固箍
3	钢墙架、挡风架、天窗架、组合檩条、轻型屋架、滚动支架、悬挂支架、管道支架、钢门窗、钢网架、金属零星构件

3）构件运输过程中，因路桥限载（限高）而发生的加固、扩宽等费用及公安交通管理部门保安护送费，应另行计算。

（4）其他说明

1）本定额各子目均不包括焊缝无损探伤（如：X光透视、超声波探伤、磁粉探伤、着色探伤等），不包括探伤固定支架制作和被检工件的退磁等费用。

2）金属构件除锈、刷防锈漆及面漆按A.13油漆涂料裱糊工程相应定额子目计算。

3）金属构件安装工程所需搭设的脚手架按施工组织设计或按实际搭设的脚手架计算，套用A.15脚手架工程定额子目。

4）定额钢柱安装按垂直柱考虑，斜柱安装所需的措施费用，应按经审批的施工方案另行计算。

3. 定额《工程量计算规则》

1）金属结构制作、安装、运输工程量，按设计图示尺寸以质量计算。不扣除孔眼的质量，焊条、铆钉、螺栓等不另增加质量。

2）焊接球节点钢网架工程量按设计图示尺寸的钢管、钢球以质量计算。支撑点钢板及屋面找坡顶管等，并入网架工程量内。

3）墙架制作工程量包括墙架柱、墙架梁及连接杆件质量。

4）依附在钢柱上的牛腿及悬臂梁等并入钢柱工程量内。

5）钢管柱上的节点板、加强环、内衬管、牛腿等并入钢管柱工程量内。

6）钢制动梁的制作工程量包括制动梁、制动桁架、制动板、车挡质量。

7）压型钢板墙板按设计图示尺寸以铺挂展开面积计算。不扣除单个0.3m^2以内的梁、孔洞所占面积，包角、包边、窗台泛水等不另增加面积。

8）压型钢板楼板按设计图示尺寸以铺设水平投影面积计算。不扣除单个 0.3m² 以内的柱、垛及孔洞所占面积。

9）依附钢漏斗的型钢并入钢漏斗工程量内。

10）金属围护网子目按设计图示框外围展开面积以平方米计算。

11）紧固高强螺栓及剪力栓钉焊接按设计图示及施工组织设计规定以套计算。

12）钢屋架、钢桁架、钢托梁制作平台摊销工程量按相应制作工程量计算。

13）金属结构运输及安装工程量按金属结构制作工程量计算。

14）锚栓套架按设计图示尺寸以质量计算，设计无规定时按地脚锚栓质量 2 倍计算。

4. 综合案例

【例 6-10】 工程钢屋架如图 6-16 所示，已知安装高度为 8m，运输距离 1km。各种钢材理论质量为：L70×5 等边角钢为 5.397kg/m，L75×5 等边角钢为 5.818kg/m，L50×5 等边角钢为 3.77kg/m，8mm 厚钢板为 62.8kg/m²。

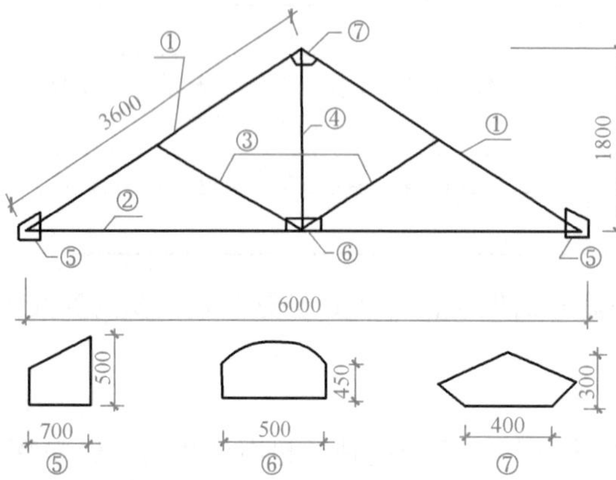

序号	材料规格	长度 (mm)	数量
①	2L70×5	3600	2
②	2L75×5	6000	1
③	2L50×5	1800	2
④	2L50×5	1800	1
⑤	δ=8	见详图	2
⑥	δ=8	见详图	1
⑦	δ=8	见详图	1

图 6-16　钢屋架

要求：套定额并计算该钢屋架制作、安装、运输的工程量。

【解】 1）根据计算单榀钢屋架质量在 1t 以下者，按轻钢屋架定额子目，故应套以下定额：制作 A6-1、安装 A6-64、运输 A6-119。

2）根据工程量计算规则规定金属构件的制作、安装、运输工程量相同。

上弦①质量＝3.6×2×2×5.397＝77.71kg

下弦②质量＝6×2×5.818＝69.82kg

斜撑③质量＝1.8×2×2×3.77＝27.14kg

立杆④质量＝1.8×2×3.77＝13.57kg

连接板为多边形板根据计算规则按外接矩形计算：

连接板⑤质量＝0.7×0.5×2×62.8＝43.96kg

连接板⑥质量＝0.5×0.45×62.8＝14.13kg

连接板⑦质量＝0.4×0.3×62.8＝7.54kg

合计质量＝77.71＋69.82＋27.14＋13.57＋43.96＋14.13＋7.54

　　　　＝253.87kg＝0.25t

【例 6-11】 某工程实腹柱断面如图 6-17 所示，已知柱子高度为 8m，运输距离 1km。参考理论质量：10mm 厚钢板为 78.5kg/m^2、12mm 厚钢板为 94.2kg/m^2。

要求：套定额并计算该钢柱制作、安装、运输的工程量。

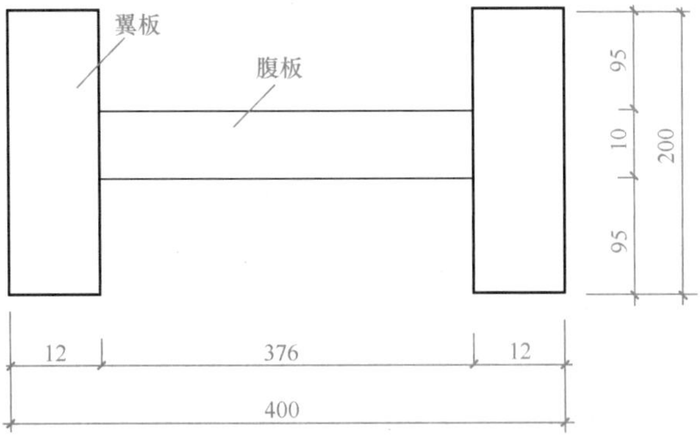

图 6-17　钢柱大样图

【解】 1）应套以下定额：制作 A6-24、安装 A6-71、运输 A6-115。

2）根据工程量计算规则规定：腹板和翼板宽度按每边增加 25mm 计算。

翼板质量＝(0.2＋0.025×2)×8×2×94.2＝376.80kg

腹板质量＝(0.376＋0.025×2)×8×78.5＝267.53kg

合计质量＝376.80＋267.53＝644.33kg＝0.64t

思考与习题

1. 金属构件中不规则或多边形钢板，如何计算工程量？
2. 压型钢板墙板如何计算工程量？
3. 金属结构制作、运输、安装工程量之间的关系是什么？

6.7　屋面及防水工程

1. 基本知识

（1）定额子目设置

本分部共设置定额子目 219 项，分为 4 小节，包括 A.7.1 瓦、屋面工程、A.7.2 屋面防水工程、A.7.3 墙和地面防水防潮工程、A.7.4 变形缝。

（2）适用范围

本章定额适用于建筑工程的屋面、防水、变形缝工程。

2. 定额《说明》

（1）各种瓦屋面的瓦规格与定额不同时，瓦的数量可以换算，但人工、其他材料及机械台班数量不变。

（2）琉璃瓦定额以盖 1/3 露 2/3 计算，设计不同时可以换算。

（3）卷材防水子目是按常用卷材编制的，若施工工艺相同，但设计卷材的品种、厚度与定额不同时，卷材可以换算，其他不变。

（4）本定额中的“一布二涂”或“二布三涂”项目，其“二涂”“三涂”是指涂料构成防水层数并非指涂刷遍数；每一层“涂层”刷二遍至数遍不等；在相邻两个涂层之间铺贴一层胎体增强材料（如无纺布、玻纤丝布）叫“一布”。

（5）细石混凝土防水层如使用钢筋网者，钢筋制作安装按 A.4 混凝土及钢筋混凝土工程相应的定额子目计算。

（6）屋面砂浆找平层、面层及找平层分格缝塑料油膏嵌缝按本定额 A.9 楼地面工程相应的定额子目计算。

（7）墙和地面防水、防潮工程适用于楼地面、墙基、墙身、构筑物、水池、水塔及室内厕所、浴室及建筑物±0.000 以下的防水、防潮等。

（8）变形缝填缝：建筑油膏、聚氯乙烯胶泥断面取定 30mm×20mm；油浸木丝板取定为 25mm×150mm；紫铜板止水带为 2mm 厚，展开宽 450mm；钢板止水带为 3mm 厚，展开宽 420mm；氯丁橡胶宽 300mm，涂刷式氯丁胶贴玻璃止水片宽 350mm。其余均为 30mm×150mm。如设计断面不同时，用料可以换算，人工不变。

（9）盖缝：盖缝面层材料用量如设计与定额规定不同时，可以换算，其他不变。

（10）本定额中沥青、玛𤥃脂均指石油沥青、石油沥青玛𤥃脂。

3. 定额《工程量计算规则》

（1）屋面工程

1）瓦屋面、型材屋面（彩钢板、波纹瓦）按图 6-18 所示的尺寸的水平投影面积乘以屋面坡度系数（表 6-21）的斜面积计算，曲屋面按设计图示尺寸的展开面积计算。不扣除房上烟囱、风帽底座、风道、屋面小气窗、斜沟等所占面积，屋面小气窗的出檐部分亦不增加。

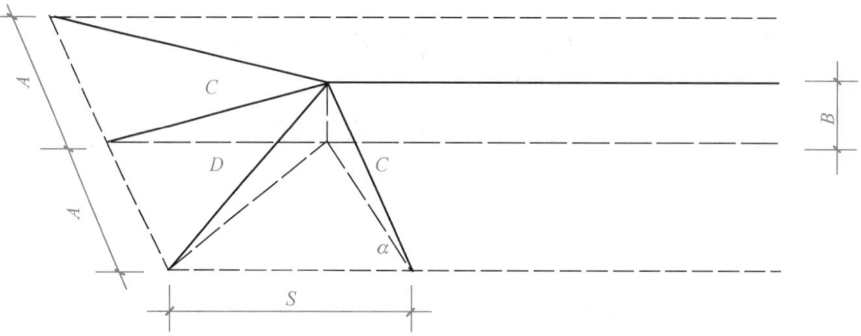

图 6-18　瓦屋面、型材屋面尺寸

注：1. 两坡排水屋面面积为屋面水平投影面积乘以延尺系数 C。

2. 四坡排水屋面斜脊长度 $=A\times D$（当 $S=A$ 时）。

3. 沿山墙泛水长度 $=A\times C$。

A.7-1 屋面坡度　　　　**表 6-21**

坡度 B (A=1)	坡度 ($B/2A$)	坡度 角度 (α)	延尺系数 C (A=1)	隅延尺系数 D (A=1)
1	1/2	45°	1.4142	1.7321
0.75		36°52′	1.2500	1.6008

续表

坡度 B（A=1）	坡度 （B/2A）	坡度 角度 （α）	延尺系数 C （A=1）	隅延尺系数 D （A=1）
0.70		35°	1.2207	1.5779
0.666	1/3	33°40′	1.2015	1.5620
0.65		33°01′	1.1926	1.5564
0.60		30°58′	1.1662	1.5362
0.577		30°	1.1547	1.5270
0.55		28°49′	1.1413	1.5170
0.50	1/4	26°34′	1.1180	1.5000
0.45		24°14′	1.0966	1.4839
0.40	1/5	21°48′	1.0770	1.4697
0.35		19°17′	1.0594	1.4569
0.30		16°42′	1.0440	1.4457
0.25		14°02′	1.0308	1.4362
0.20	1/10	11°19′	1.0198	1.4283
0.15		8°32′	1.0112	1.4221
0.125		7°8′	1.0078	1.4191
0.100	1/20	5°42′	1.0050	1.4177
0.083		4°45′	1.003	1.4166
0.066	1/30	3°49′	1.0022	1.4157

2）瓦脊按设计图示尺寸以延长米计算。

3）屋面种植土按设计图示尺寸以立方米计算。

4）屋面塑料排（蓄）水板按设计图示尺寸以平方米计算。

5）屋面铁皮天沟、泛水按设计图示尺寸以展开面积计算，如图纸没有注明尺寸时，可按表A.7-2（表6-22）计算。咬口和搭接等已含在定额项目中，不另计算。

A.7-2 铁皮天沟、泛水单体零件折算表　　表6-22

名称	天沟	斜沟天窗窗台泛水	天窗侧面泛水	烟囱泛水	通气管泛水	滴水檐头泛水	滴水
	（m）						
折算面积（m^2）	1.30	0.50	0.70	0.80	0.22	0.24	0.11

6）屋面型钢天沟按设计图示尺寸以质量计算。

7）屋面不锈钢天沟、单层彩钢天沟按设计图示尺寸以延长米计算。

（2）屋面防水工程

1）卷材屋面按设计图示尺寸的面积计算。平屋顶按水平投影面积计算，斜屋顶（不包括平屋顶找坡）按斜面积计算，曲屋面按展开面积计算。不扣除房上烟囱、风帽底座、风道、屋面小气窗和斜沟所占的面积，屋面的女儿墙、伸缩缝和天窗等处的弯起部分，并入屋面工程量内。如图纸无规定时，伸缩缝、女儿墙的弯起部分可按 250mm 计算，天窗、房上烟囱、屋顶梯间弯起部分可按 300mm 计算。

2）卷材屋面的附加层、接缝、收头已包含在定额内，不另计算；定额中如已含冷底子油的，不得重复计算。

3）涂膜屋面的工程量计算同卷材屋面。涂膜屋面的油膏嵌缝、玻璃布盖缝、屋面分格缝按图示尺寸以延长米计算。

4）屋面刚性防水按设计图示尺寸以平方米计算，不扣除房上烟囱、风帽底座等所占面积。

（3）墙和地面防水、防潮工程

1）墙和地面防水、防潮工程按设计图示尺寸以平方米计算。

2）建筑物地面防水、防潮层，按主墙间净空面积计算，扣除凸出地面的构筑物、设备基础等所占的面积，不扣除间壁墙及单个 0.3m² 以内柱、垛、烟囱和孔洞所占面积。与墙面连接处上卷高度在 300mm 以内者按展开面积计算，并入平面工程量内，超过 300mm 时，按立面防水层计算。

3）建筑物墙基防水、防潮层：外墙长度按中心线，内墙按净长乘以宽度以平方米计算。

4）构筑物及建筑物地下室防水层，按设计图示尺寸以平方米计算，但不扣除 0.3m² 以内的孔洞面积。平面与立面交接处的防水层，其上卷高度超过 300mm 时，按立面防水层计算。

5）防水卷材的附加层、接缝、收头和油毡卷材防水的冷底子油等人工材料均已计入定额内，不另计算。

（4）变形缝

各种变形缝按设计图示尺寸以延长米计算。

4. 综合案例

【例 6-12】 某工程屋面如图 6-19 所示，女儿墙厚 190mm，屋面做法（同下向上）为：①1∶10 水泥珍珠岩保温层，最薄处 20mm；②1∶3 水泥砂浆找平层 20mm 厚；③刷冷底子油一道；④石油沥青玛𤥨脂卷材二毡三油防水层；⑤侧砌砖巷，30 厚 C20 细石混凝土

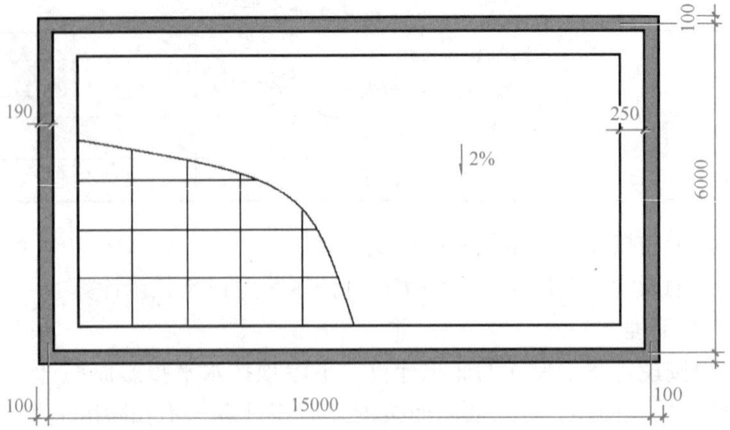

图 6-19　屋面平面图

隔热板 500mm×500mm，1∶1 水泥砂浆填缝，内配钢筋 $\phi 4@50$。

要求：套定额并计算该屋面做法②、③、④项的工程量。

【解】1）根据定额规定做法②应按 A.9 楼地面工程相应规则、定额子目计算：

套 A9-1 子目，工程量＝(15－0.09×2)×(6－0.09×2)＝86.25m^2

2）由于做法③＋④包括在一个定额子目中，故只套一个定额 A7-57：

工程量＝屋面水平投影面积＋女儿墙泛水(设计未注明时，高度按 250mm)

＝(15－0.09×2)×(6－0.09×2)＋0.25×(15－0.09×2＋6－0.09×2)×2

＝96.57m^2

思考与习题

1. 防水工程适用于哪些部位的防水？
2. 屋面砂浆找平层、面层如何套用定额子目？
3. 涂膜屋面如何计算工程量？
4. 如何区分防水工程的平面防水和立面防水？
5. 建筑物墙基防潮层如何计算工程量？

6.8　保温、隔热、防腐工程

1. 基本知识

(1) 定额子目设置

本分部共设置定额子目 291 项，分为 3 小节，包括 A.8.1 隔热、保温、A.8.2 防腐面层、A.8.3 其他防腐。

(2) 适用范围

本章定额适用于建筑工程的防腐、隔热、保温工程。

2. 定额《说明》

(1) 保温、隔热

1）保温、隔热工程适用范围：一般保温工程，中温、低温及恒温的工业厂（库）房隔热工程。

2）本定额只包括保温隔热材料的铺贴，不包括隔气防潮、保护层或衬墙等。

3）本定额的各种面层，除软聚氯乙烯塑料地面外，均不包括踢脚板。

4）玻璃棉、矿渣棉包装材料和人工均已包括在定额内。

5）聚氨酯硬泡屋面保温定额不包括抗裂砂浆网格布保护层，如设计与定额不同时，套用相应子目另行计算。

6）聚氨酯硬泡外墙外保温和不上人屋面子目中的聚氨酯硬泡是按 35kg/m^3、上人屋面子目是按 45kg/m^3编制的，如设计规定与定额不同，应进行换算。

7）若定额中无相应外墙内保温子目，外墙内保温套用相应的外墙外保温子目，人工乘以系数 0.8，其余不变。若定额中无相应柱保温子目，柱保温可套用相应的墙体保温子目，人工乘以系数 1.5，其余不变。

8）单面钢丝网架聚苯板整浇外墙保温定额仅适用于外墙为现浇混凝土的墙体。

9）墙面保温定额中的玻璃纤维网格布，若设计层数与定额不同时，按相应定额调整。保温定额中已考虑正常施工搭接及阴阳角重叠搭接。

10）保温隔热层的厚度按隔热材料（不包括胶结材料）净厚度计算。定额中，除有厚度增减子目外，保温、隔热材料厚度与设计不同时，材料可以换算，其他不变。

11）外墙保温遇腰线、门窗套、挑檐等零星项目的人工乘以系数2，其他不变。

12）楼地面保温、隔热无子目的，可套用相应的屋面保温、隔热子目。

（2）防腐

1）防腐工程中各种砂浆、胶泥、混凝土材料的种类、配合比、强度等级及各种整体面层的厚度，如设计与定额不同时，可以换算，但各种块料面层的结合层砂浆或胶泥厚度不变。

2）防腐整体面层、隔离层适用于平面、立面的防腐耐酸工程，包括沟、坑、槽。如用于天棚时人工乘以1.38系数。

3）块料防腐面层以平面砌为准，砌立面者按平面砌相应项目，人工乘以系数1.38，踢脚板人工乘以系数1.56，结合层砂浆或胶泥消耗量可按设计厚度调整，其他不变。

4）花岗岩板以六面剁斧的板材为准。如底面为毛面者，相应定额子目水玻璃砂浆增加0.38m^3、耐酸沥青砂浆增加0.44m^3。

3. 定额《工程量计算规则》

（1）保温、隔热

1）屋面保温、隔热层，按设计图示尺寸以面积计算，扣除0.3m^2以上的孔洞所占面积。

2）天棚保温层，按设计图示尺寸以面积计算，扣除0.3m^2以上的柱、垛、孔洞所占面积。与天棚相连的梁、柱帽按展开面积计算，并入天棚工程量内。

3）墙体保温隔热层按设计图示尺寸以面积计算，扣除门窗洞口及0.3m^2以上的孔洞所占面积；门窗洞口侧壁以及与墙相连的柱，并入保温墙体工程量内。

① 墙体保温隔热层长度：外墙按保温隔热层中心线长度计算，内墙按保温隔热层净长计算。

② 墙体保温隔热层高度：按设计图示尺寸计算。

4）独立墙体和附墙铺贴的区分如图6-20所示。

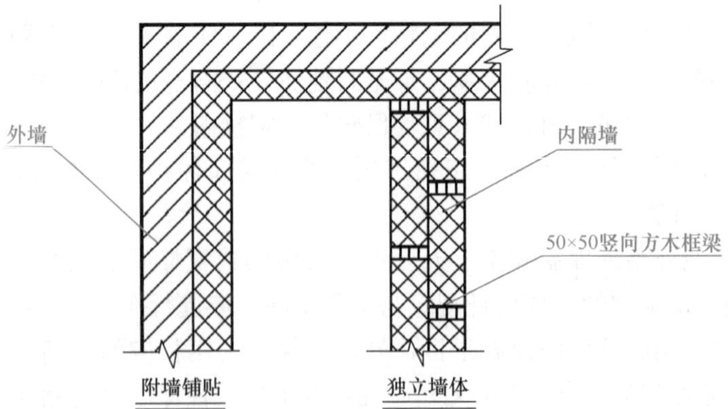

图6-20　独立墙体与附墙铺贴的区分

5）柱、梁保温层

① 柱按设计图示柱断面保温层中心线展开长度乘以保温层高度以面积计算，扣除 $0.3m^2$ 以上梁所占面积。

② 梁按设计图示梁断面保温层中心线展开长度乘以保温层长度以面积计算。

6）楼地面隔热层，按设计图示尺寸以面积计算，扣除 $0.3m^2$ 以上的柱、垛、孔洞等所占面积，门洞、空圈、暖气包槽、壁龛的开口部分不增加。

7）池槽隔热层按设计图示池槽保温隔热层的长、宽及其厚度以立方米计算。其中池壁按墙面计算，池底按地面计算。

（2）防腐

1）防腐工程项目应区分不同防腐材料种类及其厚度，按设计图示尺寸以面积计算。

① 平面防腐面层、隔离层、防腐涂料：扣除凸出地面的构筑物、设备基础等以及 $0.3m^2$ 以上的柱、垛、孔洞等所占面积。门洞、空圈、暖气包槽、壁龛的开口部分不增加。

② 立面防腐面层、隔离层、防腐涂料：扣除门、窗、洞口以及 $0.3m^2$ 以上的孔洞、梁所占面积，门、窗、洞口侧壁、垛突出部分按展开面积并入墙面积内。

2）踢脚板按设计图示尺寸以面积计算，应扣除门洞所占面积并相应增加侧壁展开面积。

3）池槽防腐：按设计图示尺寸以展开面积计算。

4）平面砌筑双层耐酸块料时，按单层面积乘以系数 2 计算。

5）砌筑沥青浸渍砖，按设计图示尺寸以体积计算。

6）防腐卷材接缝、附加层、收头等人工材料，已计入定额中，不得另行计算。

7）烟囱、烟道内涂刷隔绝层涂料，按内壁面积扣除 $0.3m^2$ 以上孔洞面积计算。

4. 综合案例

【例 6-13】某工程屋面平面图如图 6-19 所示，女儿墙厚 190mm，相关节点见图 6-21。屋面做法（同下向上）为：①1∶10 水泥珍珠岩保温层，最薄处 20mm；②1∶3 水泥砂浆找平层 20mm 厚；③刷冷底子油一道；④石油沥青玛瑞脂卷材一毡二油防水层；⑤侧砌砖巷，30 厚 C20 细石混凝土隔热板 500mm×500mm，1∶1水泥砂浆填缝，内配钢筋 $\phi4@50$。

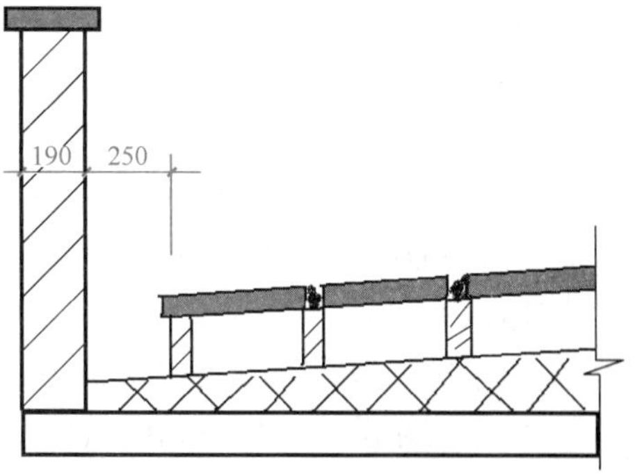

图 6-21 屋面大样图

要求：套定额并计算该屋面做法①、⑤项（钢筋除外）的工程量。

【解】 1）做法①：保温层平均厚度＝(6－0.09×2)×2%÷2＋0.02＝0.078m

应套定额 A8-6 换，工程量＝0.078×(15－0.09×2)×(6－0.09×2)＝$6.73m^3$

2)做法⑤：隔热板的铺设应套定额 A8-28。

工程量＝(15－0.09×2－0.25×2)×(6－0.09×2－0.25×2)＝$76.18m^2$

隔热板的制作应套定额 A4-146。

工程量＝0.03×76.18×1.015＝$2.32m^3$

隔热板的模板应套定额 A17-227。

工程量＝0.03×76.18＝2.29m^3

（如现场拌制应计此项 A4-1，如现场制作地点较远应根据实际情况计算预制构件的运输项目，此处钢筋略）

【例 6-14】某工程如图 6-22 所示，其外墙做法（不包括女儿墙内侧及顶面）为：①240 厚砌体面抹 15 厚 1∶3 水泥砂浆；②刷界面砂浆一遍；③25mm 厚膨胀玻化微珠砂浆分层抹平；④刷抗裂砂浆一遍；⑤刷外墙涂料。M1 尺寸：1500mm×2700mm，C1 尺寸为：1500mm×1800mm，门窗均居墙中设置，门窗框宽 90mm。

要求：套定额并计算该外墙做法②、③、④项的工程量。

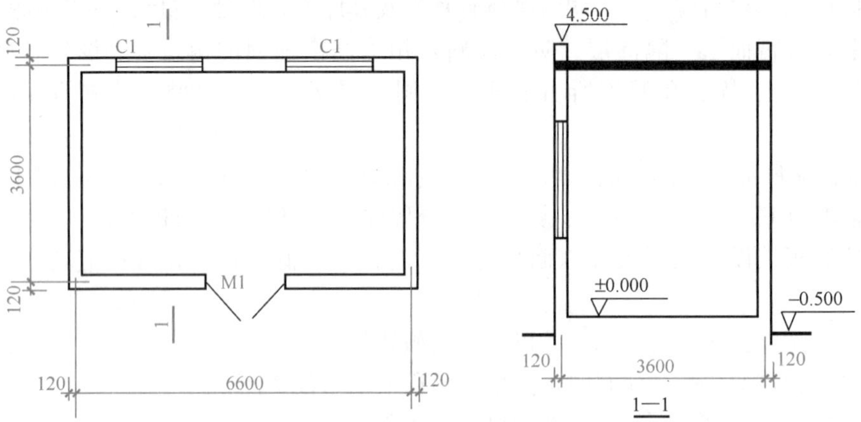

图 6-22　某工程平面图、剖面图

【解】1）应套定额 A8-69 外墙外保温膨胀玻化微珠（涂料面层）30mm。

例6-14：某工程结构模型

总面积＝(4.5＋0.5)×(3.6＋0.24＋0.025＋6.6＋0.24＋0.025)×2＝107.30m^2

扣门窗面积＝－1.5×2.7－1.5×1.8×2＝－9.45m^2

加门窗边面积＝(0.24－0.09)÷2×[1.5＋2.7×2＋(1.5＋1.8)×2×2]＝1.51m^2

合计：107.30－9.45＋1.51＝99.36m^2

2）由于实际为 25mm 故应减 5mm 厚，套定额 A8-71，工程量＝－99.36m^2

3）由于实际设计做法中无硼碱玻璃纤维网格布，故套定额 A8-77，扣除此项，工程量＝－99.36m^2

思考与习题

1. 混凝土板隔热层如何计算工程量？

2. 某工程屋面混凝土隔热板铺设套用 A8-28 定额子目，混凝土板采用现场制作，则还需套用哪些相关定额子目？

6.9 楼地面工程

1. 基本知识

（1）定额子目设置

本分部共设置定额子目174项，分为4小节，包括A.9.1找平层、A.9.2整体面层、A.9.3块料面层、A.9.4其他。

（2）相关定额子目套用

本分部为楼地面工程，但楼地面作法中的一些构造层需套用其他分部的相关定额子目，如人工原土打夯套用A.1、混凝土垫层套用A.4、伸缩缝及防水套用A.7相关定额子目。

（3）加浆抹光随捣随抹

加浆抹光随捣随抹一般用于简易地面面层的一种施工工艺。它是指地面混凝土浇捣成型后，随即用水泥干粉铺撒在混凝土面层上，再用铁抹子抹光。

2. 定额《说明》

（1）砂浆和水泥石米浆的配合比及厚度、混凝土的强度等级、饰面材料的型号规格如设计与定额规定不同时，可以换算，其他不变。

（2）同一铺贴面上有不同花色且镶拼面积小于0.015m^2的大理石板和花岗岩板执行点缀定额子目。

（3）整体面层、块料面层中的楼地面子目，均不包括踢脚线工料。

（4）楼梯面层

1）楼梯面层不包括防滑条、踢脚线及板底抹灰，防滑条、踢脚线、板底抹灰另按相应定额子目计算。

2）弧形、螺旋形楼梯面层，按普通楼梯子目人工、块料及石料切割锯片、石料切割机械乘以系数1.2计算。

（5）台阶面层子目不包括牵边、侧面装饰及防滑条。

（6）零星子目适用于台阶侧面装饰、小便池、蹲位、池槽以及单个面积在0.5m^2以内且定额未列的少量分散的楼地面工程。

（7）踢脚线

1）楼梯踢脚线按踢脚线子目乘以系数1.15。

2）弧形踢脚线子目仅适用于使用弧形块料的踢脚线。

（8）石材底面刷养护液、正面刷保护液亦适用于其他章节石材装饰子目。

（9）现浇水磨石子目内已包括酸洗打蜡工料，其余子目均不包括酸洗打蜡，如发生时，按本定额相应子目计算。

（10）刷素水泥浆按A.10墙、柱面工程相应定额子目计算。

（11）楼地面伸缩缝及防水层按A.7屋面及防水工程相应定额子目计算。

（12）石材磨边按A.14其他装饰工程相应定额子目计算。

（13）普通水泥自流平子目适用于基层的找平，不适用于面层型自流平。

3. 定额《工程量计算规则》

（1）找平层、整体面层（除本规则第 14 条注明者外）均按设计图示尺寸以平方米计算，扣除凸出地面的构筑物、设备基础、室内管道、地沟等所占面积，不扣除间壁墙、单个 0.3m^2 以内的柱、垛、附墙烟囱及孔洞所占面积，门洞、暖气包槽、壁龛的开口部分不增加面积。

（2）块料面层按设计图示尺寸以平方米计算。门洞、空圈、暖气包槽、壁龛的开口部分并入相应的工程量内。

（3）块料面层拼花按拼花部分实贴面积以平方米计算。

（4）块料面层波打线（嵌边）按设计图示尺寸以平方米计算。

（5）块料面层点缀按个计算，计算主体铺贴地面面积时，不扣除点缀所占面积。

（6）石材、块料面层弧形边缘增加费按其边缘长度以延长米计算，石材、块料损耗可按实调整。

（7）楼梯面层

1）楼梯面层按楼梯（包括踏步、休息平台以及小于 500mm 宽的楼梯井）水平投影面积以平方米计算。楼梯与楼地面相连时，算至梯口梁外侧边沿；无梯口梁者，算至最上一层踏步边沿加 300mm 。

2）楼梯不满铺地毯子目按实铺面积以平方米计算。

（8）台阶面层（包括踏步及最上一层踏步边沿加 300mm）按水平投影面积以平方米计算。

（9）大理石、花岗岩梯级挡水线按设计图示水平投影面积以平方米计算。

（10）零星子目按设计图示结构尺寸以平方米计算。

（11）踢脚线按设计图示尺寸以平方米计算。

（12）石材底面及侧面刷养护液工程量按表 A. 9-1（表 6-23）计算。

（13）石材正面刷保护液工程量按相应面层工程量计算。

（14）橡胶、塑料、地毯、竹木地板、防静电活动地板、金属复合地板面层、地面（地台）龙骨按设计图示尺寸以平方米计算。门洞、暖气包槽、壁龛的开口部分并入相应的工程量内。

（15）木地板煤渣防潮层按需填煤渣防潮层部分木地板面层工程量以平方米计算。

（16）地面金属嵌条按设计图示尺寸以延长米计算。

（17）楼梯踏步防滑条按设计图示尺寸（无设计图示尺寸者按楼梯踏步两端距离减 300mm）以延长米计算。

A. 9-1 石材底面及侧面刷养护液工程量计算系数表　　　表 6-23

项目名称	系数	工程量计算方法
楼地面	1.13	楼地面工程相应子目工程量×系数
波打线	1.33	
楼梯	1.79	
台阶	1.95	
零星项目	1.30	
踢脚线	1.33	
墙面 梁、柱面 零星项目	1.12	墙柱面工程相应子目工程量×定额石材用量×系数

4. 综合案例

【例 6-15】 某工程平面图及地面做法如图 6-23 所示，墙体厚度为 240mm。混凝土采用现场搅拌施工。

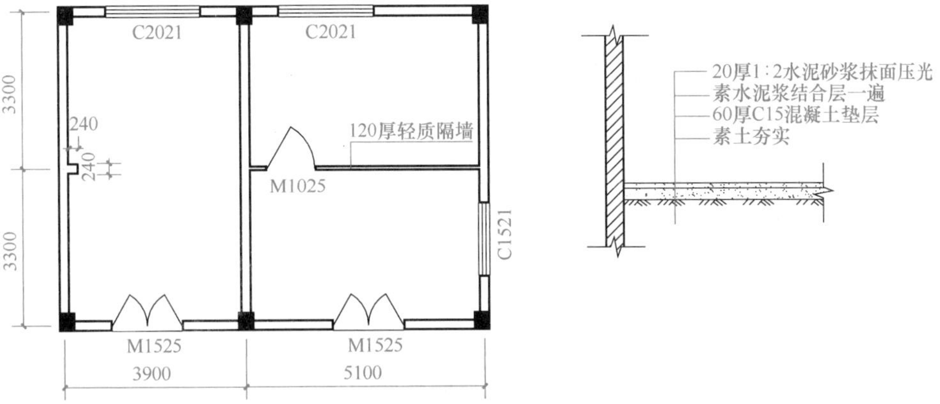

图 6-23　建筑平面图及地面做法大样图

要求：计算地面工程量，确定套用定额子目（注：素土层回填时已夯实）。

【解】 列项计量表见表 6-24。

列项计量表　　表 6-24

定额子目	名称	单位	工程量	计算式
A4-1	混凝土拌制	m^3	3.28	3.25×1.01/10
A4-3 换	60mm 厚 C15 混凝土垫层	m^3	3.25	54.19×0.06
A9-10	素水泥浆结合层一道、20 厚 1∶2 水泥砂浆抹面压光	m^2	54.19	(3.9+5.1−0.24×2) × (6.6−0.24)

【例 6-16】 某工程平面如图 6-24 所示，墙体厚度为 240mm，门框厚度为 100mm，楼地面做法为 C15 混凝土垫层 100mm 厚，600mm×600mm 米白色陶瓷地砖地面密缝铺贴，详 05ZJ001 地 20；踢脚线高 150mm 用同种陶瓷地砖铺贴，详 05ZJ001 踢 18。

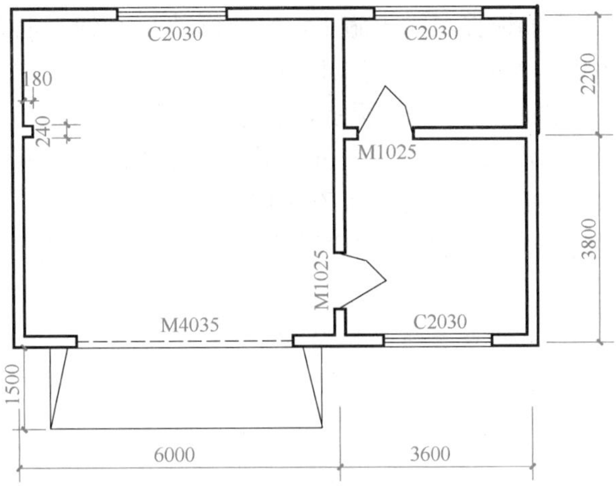

图 6-24　建筑平面图

要求：计算陶瓷地砖楼地面及踢脚线的工程量，确定套用定额子目。

【解】 1）套用定额：A9-83：陶瓷地砖工程量＝(6－0.24)×(6－0.24)＋(3.6－0.24)×(6－0.24×2)＝51.72m²

2)套用定额：A9-99：踢脚线工程量＝0.15×[(6－0.24)×2＋(6－0.24)×2＋(3.6－0.24)×4＋(6－0.24×2)×2－4.0×1－1.0×4＋0.24×2＋(0.24－0.1)×4]＝6.08m²

【例 6-17】 某工程楼梯如图 6-13 所示，墙厚 190mm，建筑物 5 层，楼梯不上屋面，梯井宽度 100mm，楼梯设计为陶瓷地砖面层，详 05ZJ001 楼 10。

要求：计算楼梯面层工程量，确定套用定额子目。

【解】 套用定额子目：A9-96。

工程量：S_1＝(3.6－0.09×2)×(1.8＋2.7＋0.2－0.09)＝15.77m²

$S_{总}$＝15.77×(5－1)＝63.08m²

【例 6-18】 某工程台阶如图 6-25 所示。

要求：计算水泥砂浆台阶面层工程量，确定套定额子目。

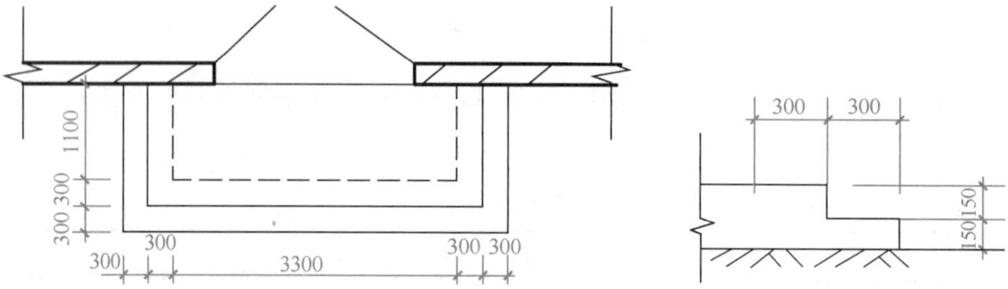

图 6-25　台阶平面图及大样图

【解】 套用定额子目：A9-12。

水泥砂浆台阶面层工程量＝[(0.3×2＋3.3)＋(0.3＋1.1)×2]×(0.3×2)＝4.02m²

思考与习题

1. 请分别列出计算整体面层工程量时，“扣除、不扣除、不增加”的内容。

2. 已知某工程采用现场搅拌混凝土施工，经计算其 C20 细石混凝土找平层工程量为 320m²，请列项计算该细石混凝土的拌制工程量。

3. 某工程一、二层平面如图 6-24 所示，墙体厚度为 240mm，门框厚度为 100mm，楼地面做法为：地面 C15 混凝土垫层 100mm 厚，强化复合木地板地面，详 05ZJ001 地 33；成品硬木踢脚线高 150mm，做法参 05ZJ001 踢 38。

要求：计算强化复合木地板及硬木踢脚线的工程量，确定套用定额子目。

6.10　墙、柱面工程

1. 基本知识

(1) 定额子目设置

本分部共设置定额子目 353 项，分为 5 小节，包括 A.10.1 一般抹灰、A.10.2 装饰抹灰、A.10.3 镶贴块料面层、A.10.4 墙柱面装饰、A.10.5 幕墙。

（2）抹灰厚度调整

抹灰砂浆厚度如设计与定额不同时，定额注明有厚度的子目可按抹灰厚度每增减1mm子目进行调整，定额未注明抹灰厚度的子目不得调整。其中“定额未注明抹灰厚度的子目不得调整”，例如P458，A10-18混合砂浆零星项目，定额没有注明厚度，所以不调整。

2. 定额《说明》

（1）本定额凡注明的砂浆种类、强度等级，如设计与定额不同时，可按设计规定调整，但人工、其他材料、机械消耗量不变。

（2）抹灰厚度，同类砂浆列总厚度，不同砂浆分别列出厚度，如定额子目中（15+5）mm即表示两种不同砂浆的各自厚度。抹灰砂浆厚度如设计与定额不同时，定额注明有厚度的子目可按抹灰厚度每增减1mm子目进行调整，定额未注明抹灰厚度的子目不得调整。

（3）砌块砌体墙面、柱面的一般抹灰、装饰抹灰、镶贴块料，按本定额砖墙、砖柱相应子目执行。

（4）墙、柱面一般抹灰、装饰抹灰子目已包括门窗洞口侧壁抹灰及水泥砂浆护角线在内。

（5）有吊顶天棚的内墙面抹灰，套内墙抹灰相应子目乘以系数1.036。

（6）混凝土表面的一般抹灰子目已包括基层毛化处理，如与设计要求不同时，按本定额相应子目进行调整。

（7）一般抹灰的“零星项目”适用于各种壁柜、碗柜、暖气壁龛、空调搁板、池槽、小型花台以及0.5m^2以内少量分散的其他抹灰。一般抹灰的“装饰线条”适用于窗台线、门窗套、挑檐、腰线、扶手、压顶、遮阳板、宣传栏边框等凸出墙面或抹灰面展开宽度小于300mm以内的竖、横线条抹灰。超过300mm的线条抹灰按“零星项目”执行。

（8）抹灰子目中，如设计墙面需钉网者，钉网部分抹灰子目人工费乘以系数1.3。

（9）饰面材料型号规格如设计与定额取定不同时，可按设计规定调整，但人工、机械消耗量不变。

（10）圆弧形、锯齿形、不规则墙面抹灰、镶贴块料、饰面，按相应定额子目人工费乘以系数1.15，材料乘以系数1.05。装饰抹灰柱面子目已按方柱、圆柱综合考虑。

（11）镶贴面砖子目，面砖消耗量分别按缝宽5mm以内、10mm以内和20mm以内考虑，如不离缝、横竖缝宽步距不同或灰缝宽度超过20mm以上者，其块料及灰缝材料（1∶1水泥砂浆）用量允许调整，其他不变。

（12）镶贴瓷板执行镶贴面砖相应定额子目。玻璃马赛克执行陶瓷马赛克相应定额子目。

（13）装饰抹灰和块料镶贴的“零星项目”适用于壁柜、碗柜、暖气壁龛、空调搁板、池槽、小型花台、挑檐、天沟、腰线、窗台线、窗台板、门窗套、压顶、扶手、栏杆、遮阳板、雨篷周边及0.5m^2以内少量分散的装饰抹灰及块料面层。

（14）花岗岩、大理石、丰包石、面砖块料面层均不包括阳角处的现场磨边，如设计要求磨边者按本定额A.14其他装饰工程相应定额执行。若石材的成品价已包括磨边，则不得再另立磨边子目计算。

(15) 混凝土表面的装饰抹灰、镶贴块料子目不包括界面处理和基层毛化处理，如设计要求混凝土表面涂刷界面剂或基层毛化处理时，执行本定额相应子目。

(16) 木材种类除周转木材及注明者外，均以一、二类木种为准，如采用三、四类木种，其人工及木工机械乘以系数1.3。

(17) 钢骨架、龙骨

1) 本定额所用的型钢龙骨、轻钢龙骨、铝合金龙骨等，是按常用材料及规格组合编制的，如设计要求与定额不同时允许按设计调整，人工、机械不变。

2) 木龙骨是按双向计算的，设计为单向时，材料、人工用量乘以系数0.55；木龙骨用于隔断、隔墙时，取消相应定额内木砖，每$100m^2$增加$0.07m^3$一等杉方材。

3) 钢骨架干挂石板、面砖子目不包括钢骨架制作安装，钢骨架制作安装按本定额相应子目计算。

(18) 面层、隔墙（间壁）、隔断子目内，除注明者外均未包括压条、收边、装饰线（板），如设计要求时，应按本定额A.14其他装饰工程相应子目计算。

(19) 埃特板基层执行石膏板基层定额子目。

(20) 浴厕夹板隔断包括门扇制作、安装及五金配件。

(21) 面层、木基层均未包括刷防火涂料，如设计要求时，另按本定额A.13油漆、涂料、裱糊工程相应子目计算。

(22) 幕墙

1) 幕墙龙骨如设计要求与定额规定不同时应按设计调整，调整量按本定额幕墙骨架调整子目计算。

2) 幕墙定额已综合考虑避雷装置、防火隔离层、砂浆嵌缝费用，幕墙的封顶、封边按本定额相应子目计算。

3) 玻璃幕墙中的玻璃均按成品玻璃考虑，玻璃幕墙中有同材质的平开窗、推拉窗、悬（上、中、下）窗，按玻璃幕墙计算，不另立子目。

4) 全玻璃幕墙子目考虑以玻璃作为加强肋，用其他材料作为加强肋的，加强肋部分应另行计算。

5) 幕墙子目均不包括预埋铁件，如发生时，按A.4混凝土及钢筋混凝土工程相应子目计算。

6) 幕墙子目中不包括幕墙性能试验费、螺栓拉拔试验费、相溶性试验费及防雷检测费等，其费用另行计算。

3. 定额《工程量计算规则》

(1) 一般抹灰、装饰抹灰、勾缝

1) 墙面抹灰、勾缝按设计图示尺寸以平方米计算。扣除墙裙、门窗洞口、单个$0.3m^2$以外的孔洞及装饰线条、零星抹灰所占面积，不扣除踢脚线、挂镜线和墙与构件交接的面积，门窗洞口和孔洞的侧壁及顶面不增加面积。附墙柱、梁、垛、烟囱侧壁并入相应的墙面面积内。

① 外墙抹灰、勾缝面积按外墙垂直投影面积计算。飘窗凸出外墙面增加的抹灰并入外墙工程量内。

② 外墙裙抹灰面积按其长度乘以高度计算。

③ 内墙抹灰、勾缝面积按主墙间的净长乘以高度计算。其高度确定如下：

A. 无墙裙的，其高度按室内地面或楼面至天棚底面之间距离计算。

B. 有墙裙的，其高度按墙裙顶至天棚底面之间距离计算。

C. 有吊顶天棚的，其高度按室内地面、楼面或墙裙顶面至天棚底面计算。

④ 内墙裙抹灰面积按内墙净长乘以高度计算。

2）独立柱、梁面抹灰、勾缝按设计图示柱、梁的结构断面周长乘以高度（长度）以平方米计算。其高度确定同本规则第1条第1）款第③点。

3）零星项目按设计图示结构尺寸以平方米计算。

4）装饰线条按设计图示尺寸以延长米计算。

5）水泥黑板按设计框外围尺寸以平方米计算。黑板边框、粉笔灰槽抹灰已考虑在定额内，不另行计算。

6）抹灰面分格、嵌缝按设计图示尺寸以延长米计算。

7）混凝土面凿毛按凿毛面积以平方米计算。

（2）镶贴块料

1）墙面按设计图示尺寸以平方米计算。

① 镶贴块料面层高度在1500mm以下为墙裙。

② 镶贴块料面层高度在300mm以下为踢脚线。

2）独立柱、梁面

① 柱、梁面粘贴、干挂、挂贴子目，按设计图示结构尺寸以平方米计算。

② 柱、梁面钢骨架干挂子目，按设计图示外围饰面尺寸以平方米计算。

③ 花岗岩、大理石柱帽、柱墩按最大外径周长以延长米计算。

3）零星项目按设计图示结构尺寸以平方米计算。

4）干挂石材钢骨架按设计图示尺寸以吨计算。

（3）墙柱饰面

1）墙面装饰（包括龙骨、基层、面层）按设计图示饰面外围尺寸以平方米计算，扣除门窗洞口及单个0.3m^2以外的孔洞所占面积。

2）柱、梁面装饰按设计图示饰面外围尺寸以平方米计算。柱帽、柱墩并入相应柱饰面工程量内。

（4）隔断按设计图示尺寸以平方米计算，扣除单个0.3m^2以外的孔洞所占面积。

1）塑钢隔断、浴厕木隔断上门的材质与隔断相同时，门的面积并入隔断面积内。

2）玻璃隔断如有玻璃加强肋者，肋玻璃面积并入隔断工程量内。

3）全玻璃隔断的不锈钢边框工程量按边框饰面表面积以平方米计算。

4）成品浴厕隔断（包括同材质的门及五金配件），按脚底面至隔断顶面高度乘以设计长度以平方米计算。

（5）幕墙

1）带骨架幕墙按设计图示框外围尺寸以平方米计算。

2）全玻璃幕墙按设计图示尺寸以平方米计算（不扣除胶缝，但要扣除吊夹以上钢结构部分的面积）。带肋全玻幕墙，肋玻璃面积并入幕墙工程量内。如肋玻璃的厚度与幕墙面层玻璃不同时，允许换算。

3）幕墙封顶、封边按设计图示尺寸以平方米计算。

4）幕墙骨架调整按质量以吨计算。

4. 综合案例

【例 6-19】 某单层砖混结构门卫室平面布置图、剖面图见图 6-26，无女儿墙，板厚 100mm。内外墙厚均为 240mm，踢脚线高 150mm，C1：1500mm×1800mm，M1：900mm×2100mm。内墙采用 1∶1∶6 混合砂浆打底 15mm 厚，1∶0.5∶3 混合砂浆抹面 5mm。

要求：计算内墙抹灰的工程量，确定套用定额子目。

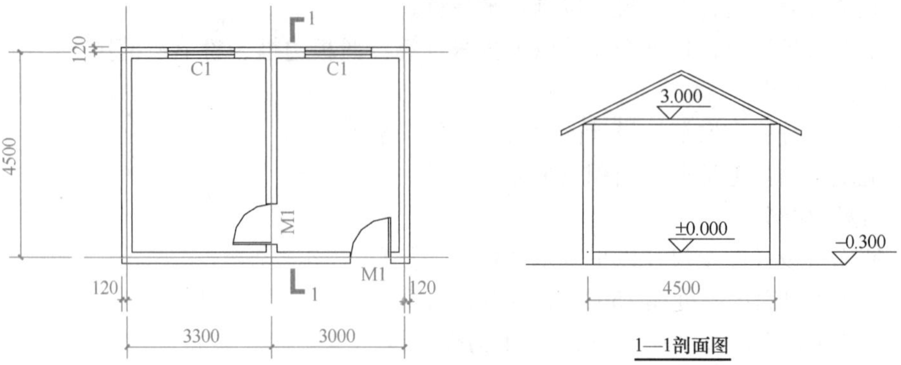

图 6-26　门卫室平面布置图、剖面图

【解】 定额子目编号：A10-7。

内墙抹灰工程量：$[(4.5-0.24)+(3.3-0.24)+(4.5-0.24)+(3-0.24)]\times2\times(3-0.1)-1.5\times1.8\times2-0.9\times2.1\times3=72.10\text{m}^2$

思考与习题

1. 如何确定一般抹灰的“零星项目”及“装饰线条”定额子目？

2. 如何确定装饰抹灰、块料镶贴的“零星项目”定额子目？

3. 某工程墙裙作法为 05ZJ001 裙 5，其中面砖规格为 200mm×300mm，请给该墙裙作法列项套定额子目。

6.11　天 棚 面 工 程

1. 基本知识

（1）定额子目设置

本分部共设置定额子目 179 项，分为 3 小节，包括 A.11.1 天棚抹灰、A.11.2 天棚吊顶、A.11.3 天棚其他装饰。

（2）吊顶龙骨

龙骨子目的吊点考虑打膨胀螺栓固定，吊筋采用镀锌全螺纹吊杆，小型机械如电锤及合金钢钻头列入子目。

2. 定额《说明》

（1）本定额所注明的砂浆种类、配合比，如设计规定与定额不同时，可按设计换算，但人工、其他材料和机械用量不变。

（2）抹灰厚度，同类砂浆列总厚度，不同砂浆分别列出厚度，如定额子目中（5+5）mm即表示两种不同砂浆的各自厚度。如设计抹灰砂浆厚度与定额不同时，除定额有注明厚度的子目可以换算砂浆消耗量外，其他不作调整。

（3）装饰天棚项目已包括3.6m以下简易脚手架的搭设及拆除。当高度超过3.6m需搭设脚手架时，可按本定额A.15脚手架工程相应子目计算，但100m^2天棚应扣除周转板枋材0.016m^3。

（4）木材种类除周转木材及注明者外，均以一、二类木种为准，如采用三、四类木种，其人工及木工机械乘以系数1.3。

（5）本定额龙骨的种类、间距、规格和基层、面层材料的型号是按常用材料和做法考虑的，如设计规定与定额不同时，材料可以换算，人工、机械不变。其中，轻钢龙骨、铝合金龙骨定额中为双层结构（即中、小龙骨紧贴大龙骨底面吊挂），如为单层结构时（大、中龙骨底面在同一水平上），人工乘以系数0.85。

（6）天棚面层在同一标高或面层标高高差在200mm以内者为平面天棚，天棚面层不在同一标高且面层标高高差在200mm以上者为跌级天棚；跌级天棚其面层人工乘以系数1.1。

（7）本定额中平面和跌级天棚指一般直线形天棚，不包括灯光槽的制作安装。灯光槽的制作安装应按本定额相应子目执行。

（8）龙骨、基层、面层的防火处理，另按本定额A.13油漆、涂料、裱糊工程相应定额子目执行。

（9）天棚检查孔的工料已包括在定额子目内，不另计算。

3. 定额《工程量计算规则》

（1）天棚抹灰

1）各种天棚抹灰面积，按设计图示尺寸以水平投影面积计算。不扣除间壁墙、垛、柱、附墙烟囱、检查口和管道所占的面积，带梁天棚的梁两侧抹灰面积并入天棚面积内。圆弧形、拱形等天棚的抹灰面积按展开面积计算。板式楼梯底面抹灰按斜面积计算，锯齿形楼梯底板抹灰按展开面积计算。

2）天棚抹灰如带有装饰线时，区别按三道线以内或五道线以内按延长米计算，线角的道数以一个突出的棱角为一道线。

3）天棚中的折线、灯槽线、圆弧形线等艺术形式的抹灰，按展开面积计算。

4）檐口、天沟天棚的抹灰面积，并入相同的天棚抹灰工程量内计算。

（2）天棚吊顶

1）各种天棚吊顶龙骨，按设计图示尺寸以水平投影面积计算。不扣除间壁墙、检查口、附墙烟囱、柱、垛和管道所占面积。

2）天棚基层及装饰面层按实钉（胶）面积以平方米计算，不扣除间壁墙、检查口、附墙烟囱、垛和管道所占面积，应扣除单个0.3m^2以上的独立柱、灯槽与天棚相连的窗帘盒及孔洞所占的面积。

3）本定额中，龙骨、基层、面层合并列项的子目，工程量计算规则同本规则第 2 条第 1）款。

4）不锈钢钢管网架按水平投影面积计算。

5）采光天棚按设计图示尺寸以平方米计算。

（3）其他

1）灯光槽按设计图示尺寸以框外围（展开）面积计算。

2）送（回）风口，按设计图示数量以个计算。

3）天棚面层嵌缝按延长米计算。

4. 综合案例

【例 6-20】 某工程如图 6-27 所示，墙体厚度均为 240mm，板厚 100mm，顶棚混合砂浆面层。

要求：计算顶棚抹灰工程量，确定套用定额子目。

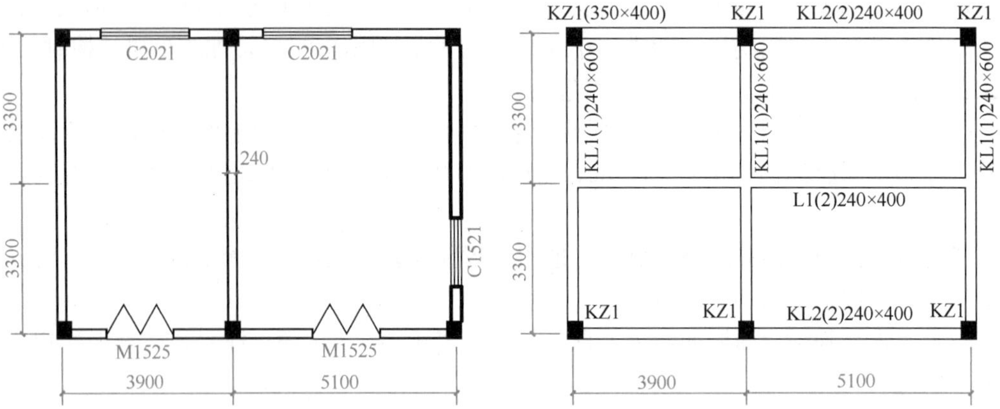

图 6-27　某工程平面布置图、梁平面布置图

【解】 1）套用定额：A11-5。

2）计算工程量

主墙间净面积＝(3.9＋5.1－0.24×2)×(6.6－0.24)＝54.19m^2

L1 梁侧面抹灰面积＝(0.4－0.1)×2×(3.9＋5.1－0.24×2)＝5.11m^2

天棚抹灰工程量＝54.19＋5.11＝59.30m^2

思考与习题

1. 某工程天棚高度为 3.9m，需搭设满堂脚手架，如该天棚作法套用“A11-5 混凝土天棚面抹混合砂浆”定额子目，则该子目是否需换算？如何换算？

2. 如何区分平面天棚和跌级天棚？

3. 如何计算天棚抹灰的工程量？

6.12 门 窗 工 程

1. 基本知识

（1）定额子目设置

本分部共设置定额子目为12节，包括A.12.1木门、A.12.2金属门、A.12.3金属卷帘门、A.12.4厂库房大门特种门、A.12.5其他门、A.12.6木窗、A.12.7金属窗、A.12.8门窗套窗台板、A.12.9窗帘盒、窗帘轨、A.12.10门窗周边塞缝、A.12.11门窗运输、A.12.12木门窗普通五金配件表。

（2）铝合金门窗及塑钢门窗计价

1）按广西现行规定，铝合金制品、幕墙制品、塑钢门窗制品包括锚件、玻璃、安装、管理费和市内运杂费，列税前独立费。不含脚手架（平台）使用、垂直运输、水电费用。

2）幕墙信息价已综合考虑施工单位的幕墙设计费，但不包括幕墙的空气渗透性能、雨水渗透性能和风压变形性能的检验费用。

3）铝合金门窗信息价不包括建筑工程门窗抽样检测费用。

（3）铝合金门窗及塑钢门窗计量

1）与玻璃幕墙连为整体的无框门按门玻璃面积计算工程量，套用无框门市场预算价另加上门扇配件费用。门扇配件以每扇为计量单位套用市场预算价。幕墙设开启窗，面积不另计算。

2）推拉窗、平开窗、平开门、铝合金地弹门亮子高度超过650mm和挑窗中挑出部分宽度超过600mm的固定窗，套用固定窗信息价。高度在650mm以内和挑窗中挑出部分宽度小于600mm的，按相应窗型套用信息价。

3）门连窗的连体装置，其门与窗分开计算工程量。

4）异形窗、圆弧窗按其矩形尺寸计算工程量。

2. 定额《说明》

（1）本定额是按机械和手工操作综合编制的，不论实际采用何种操作方法，均按定额执行。

（2）本章木材木种均以一、二类木种为准，如采用三、四类木种时，相应子目的人工机械分别乘以下列系数：木门窗制作乘以系数1.3；木门窗安装乘以系数1.16；其他项目乘以系数1.35。

（3）定额中所注明的木材断面或厚度均以毛料为准，如设计图纸注明的断面或厚度为净料时，应增加刨光损耗：板、枋材一面刨光增加3mm；两面刨光增加5mm；圆木每立方米材积增加$0.05m^3$。

（4）定额中木门窗框、扇断面是综合取定的，如与实际不符时，不得换算。

（5）木门窗不论现场或加工厂制作，均按本定额执行；铝合金门窗、卷闸门（包括卷筒、导轨）、钢门窗、塑钢门窗、纱扇等安装以成品门窗编制。供应地至现场的运输费按门窗运输子目计算。

（6）普通木门窗定额中已包括框、扇、亮子的制作、安装和玻璃安装以及安装普通五金配件的人工，但不包括普通五金配件材料、贴脸、压缝条、门锁，如发生时可按相应子目计算。普通五金配件规格、数量设计与定额不同时，可以换算。门窗贴脸按 A.14 其他装饰工程线条相应子目计算。

（7）本定额木门窗子目均不含纱扇，若为带纱门窗应另套纱扇子目。

（8）普通胶合板门均按三合板计算，设计板材规格与定额不同时，可以换算，其他不变。

（9）玻璃的种类、设计规格与定额不同时，可以换算，其他不变。

（10）成品门窗的安装，如每 $100m^2$ 洞口中门窗实际用量超过定额含量±1%以上时，可以调整，但人工、机械用量不变。门窗成品包括安装铁件、普通五金配件在内，但不包括特殊五金，如发生时，可按相应子目计算。

（11）钢木大门、全板钢大门子目中的钢骨架是按标准图用量计算的，与设计要求不同时，可以换算。

（12）厂库房大门定额中已含扇制作、安装，定额中的五金零件均是按标准图用量计算的，设计与定额消耗量不同时，可以换算。

（13）特种门定额按成品门安装编制，设计铁件及预埋件与定额消耗量不同时不得调整。

（14）保温门的填充料种类设计与定额不同时，可以换算，其他工料不变。

（15）金属防盗网制作安装钢材用量与定额不同时可以换算，其他不变。

（16）成品门窗安装定额不包括门窗周边塞缝，门窗周边塞缝按相应定额子目计算。

3. 定额《工程量计算规则》

（1）各类门、窗制作安装工程量，除注明者外，均按设计门、窗洞口面积以平方米计算。

（2）各类木门框、门扇、窗扇、纱扇制作安装工程量，均按设计门、窗洞口面积以平方米计算。

（3）成品门扇安装按扇计算。

（4）小型柜门（橱柜、鞋柜）按设计框外围面积以平方米计算。

（5）木门扇皮制隔音面层及装饰隔音板面层，按扇外围单面面积计算。

（6）卷闸门安装按洞口高度增加 600mm 乘以门实际宽度以平方米计算，卷闸门安装在梁底时高度不增加 600mm；如卷闸门上有小门，应扣除小门面积，小门安装另以个计算；卷闸门电动装置安装以套计算。

（7）围墙铁丝网门制作、安装工程量按设计框外围面积以平方米计算。

（8）成品特种门安装工程量按设计门洞口面积以平方米计算。

（9）不锈钢包门框按框外围饰面表面积以平方米计算。

（10）电子感应自动门按成品安装以樘计算，电动装置安装以套计算。

（11）不锈钢电动伸缩门及轨道以延长米计算，电动装置安装以套计算。

（12）普通木窗上部带有半圆窗的应分别按半圆窗和普通窗计算，其分界线以普通窗和半圆窗之间的横框上裁口线为分界线。

（13）屋顶小气窗按不同形式，分别以个为单位计算，定额包括骨架、窗框、窗扇、封檐板、檐壁钉板条及泛水工料在内，但不包括屋面板及汛水用镀锌铁皮工料。

（14）铝合金纱扇、塑钢纱扇按扇外围面积以平方米计算。

（15）金属防盗网制作安装工程按围护尺寸展开面积以平方米计算，刷油漆按本定额A.13油漆、涂料、裱糊工程相应子目计算。

（16）窗台板、门窗套按展开面积以平方米计算，门窗贴脸分规格按实际长度以延长米计算。

（17）窗帘盒、窗帘轨按设计图示尺寸以延长米计算，如设计图纸没有注明尺寸，按洞口宽度尺寸加300mm。

（18）门窗周边塞缝按门窗洞口尺寸以延长米计算。

（19）特殊五金按本定额规定单位以数量计算。

（20）无框全玻门五金配件按扇计算；木门窗普通五金配件按樘计算。

（21）门窗运输按洞口面积以平方米计算。

4. 综合案例

【例6-21】某砖混结构工程中，设计门窗均不带纱，其中普通平开木窗C1：1500mm×1800mm，木窗为单层玻璃三扇有亮，共2樘；普通胶合板门M1：900mm×2100mm，共1樘；均从1km处购买。

要求：计算A.12门窗工程量，确定套用定额子目。

【解】列项计量表见表6-25。

列项计量表 表6-25

定额子目	名称	单位	工程量	计算式
A12-10	胶合板门制作、安装	m^2	1.89	0.9×2.1
A12-172	不带纱单扇无亮木门五金配件	樘	1	
A12-100	单层玻璃三扇有亮平开木窗制作、安装	m^2	5.4	1.5×1.8×2
A12-180	不带纱三扇带亮木窗五金配件	樘	2	
A12-168	门窗运输1km	m^2	7.29	1.89+5.4

思考与习题

1. 普通木门定额中已包括哪些内容？不包括哪些内容？

2. 某工程有M1共20樘，为带纱胶合板门，规格为1000mm×2100mm，采用执手锁，列项计算其A.12相关工程量。

3. 某工程铝合金窗大样及数量如图6-28所示，按广西现行规定列项计算铝合金窗工程量。

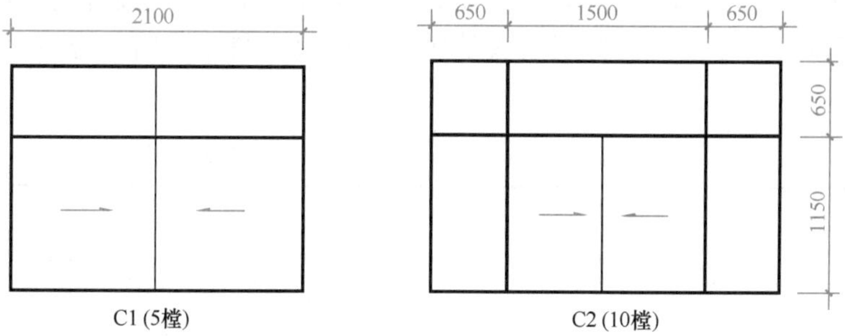

图6-28 铝合金窗大样图

6.13 油漆、涂料、裱糊工程

1. 基本知识

（1）定额子目设置

本分部共设置定额子目 274 项，分为 5 小节，包括 A.13.1 木材面油漆、A.13.2 金属面油漆、A.13.3 抹灰面油漆、A.13.4 涂料、A.13.5 裱糊。

（2）油漆工程的系数

木材面油漆、金属面油漆工程量按不同构件分别乘以不同系数套用相应定额子目计算，具体构件及其对应的系数按定额所列的表格取定。

2. 定额《说明》

（1）本定额油漆、涂料子目采用常用的操作方法编制，实际操作方法不同时，不得调整。

（2）本定额油漆子目的浅、中、深各种颜色已综合在定额内，颜色不同，不得调整。

（3）本定额在同一平面上的分色及门窗内外分色已综合考虑，如需做美术图案者另行计算。

（4）油漆、涂料的喷、涂、刷遍数，设计与定额规定不同时，按相应每增加一遍定额子目进行调整。

（5）金属镀锌定额按热镀锌考虑。

（6）喷塑（一塑三油）：底油、装饰漆、面油，其规格划分如下：

1）大压花：喷点压平，点面积在 1.2cm^2 以上。

2）中压花：喷点压平，点面积在 1～1.2cm^2。

3）喷中点、幼点：喷点面积在 1cm^2 以下。

（7）定额中的单层门刷油是按双面刷油考虑的，如采用单面刷油，其定额乘以系数 0.49。

（8）混凝土栏杆花格已有定额子目的按相应子目套用，没有子目的按墙面子目乘以表 A.13-8 相应系数计算。

（9）本定额中的氟碳漆子目仅适用于现场施工。

（10）金属面油漆实际展开表露面积超出表 A.13-7 折算面积的±3%时，超出部分工程量按实调整。

（11）本定额中钢结构防火涂料子目分不同厚度编制考虑，如设计与定额不同时，按相应子目进行调整。如设计仅标明耐火等级，无防火涂料厚度时，应参照表 6-26 规定计算。

钢结构防火涂料耐火极限与厚度对应表　　表 6-26

耐火等级不低于（小时）	3	2.5	2	1.5	1	0.5
厚型（厚度 mm）	50	40	30	20	15	
薄型（厚度 mm）				7	5.5	3
超薄型（厚度 mm）			2	1.5	1	0.5

3. 定额《工程量计算规则》

木材面、金属面、抹灰面油漆、涂料、裱糊的工程量，分别按表 A. 13-1（表 6-27）至表 A. 13-8（表 6-34）相应的工程量计算规则计算。

1）木材面油漆（表 6-27～表 6-31）

A. 13-1 执行单层木门窗油漆定额工程量系数表　　表 6-27

项目名称	系数	工程量计算规则
单层木门	1.00	单面洞口面积×系数
双层（一板一纱）木门	1.36	
单层全玻门	0.83	
木百叶门	1.25	
厂库大门	1.10	
单层玻璃窗	1.00	
双层（一玻一纱）窗	1.36	
木百叶窗	1.50	

A. 13-2 执行木扶手油漆定额工程量系数表　　表 6-28

项目名称	系数	工程量计算规则
木扶手（不带托板）	1.00	按延长米×系数
木扶手（带托板）	2.60	
窗帘盒	2.04	
封檐板、顺水板	1.74	
黑板框、单独木线条 100mm 以外	0.52	
单独木线条 100mm 以内	0.35	

A. 13-3 执行其他木材面油漆定额工程量系数表　　表 6-29

项目名称	系数	工程量计算规则
木板、纤维板、胶合板天棚	1.00	相应装饰面积×系数
木护墙、木墙裙	1.00	
清水板条天棚、檐口	1.07	
木方格吊顶天棚	1.20	
吸音板墙面、天棚面	0.87	
窗台板、筒子板、盖板、门窗套	1.00	
屋面板（带檩条）	1.11	斜长×宽×系数
木间隔、木隔断	1.90	单面外围面积×系数
玻璃间壁露明墙筋	1.65	
木栅栏、木栏杆（带扶手）	1.82	
木屋架	1.79	[跨度（长）×中高×1/2] ×系数
衣柜、壁柜	1.00	实刷展开面积
梁、柱饰面	1.00	实刷展开面积×系数
零星木装修	1.10	

A. 13-4 执行木龙骨、基层板面防火涂料定额工程量系数表 表 6-30

项目名称	系数	工程量计算规则
隔墙、隔断、护壁木龙骨	1.00	单面外围面积
柱木龙骨	1.00	面层外围面积
木地板中木龙骨及木龙骨带毛地板	1.00	地板面积
天棚木龙骨	1.00	水平投影面积
基层板面	1.00	单面外围面积

A. 13-5 执行木地板油漆定额工程量系数表 表 6-31

项目名称	系数	工程量计算规则
木地板、木踢脚线	1.00	相应装饰面积×系数
木楼梯（不包括底面）	2.30	水平投影面积×系数

2）金属面油漆（表 6-32、表 6-33）

A. 13-6 执行单层钢门窗定额工程量系数表 表 6-32

项目名称	系数	工程量计算规则
单层钢门窗	1.00	单面洞口面积×系数
双层（一玻一纱）钢门窗	1.48	
钢百叶钢门	2.74	
半截百叶钢门	2.22	
满钢门或包铁皮门	1.63	
钢折叠门	2.30	
射线防护门	2.96	框（扇）外围面积×系数
厂库房平开、推拉门	1.70	
铁丝网大门	0.81	
间壁	1.85	长×宽×系数
平板屋面	0.74	斜长×宽×系数
排水、伸缩缝盖板	0.78	展开面积×系数
吸气罩	1.63	水平投影面积×系数

A. 13-7 金属结构面积折算表 表 6-33

项目名称	m^2/t
钢屋架、钢桁架、钢托架、气楼、天窗架、挡风架、型钢梁、制动梁、支撑、型钢檩条	38
墙架（空腹式）	19
墙架（格板式）	32
钢柱、吊车梁、钢漏斗	24
钢平台、操作台、走台、钢梁车挡	27
钢栅栏门、栏杆、窗栅、拉杆螺栓	65
钢梯	35
轻钢屋架	54
C 型、Z 型檩条	133
零星构、铁件	50

注：本折算表不适用于箱型构件、单个（榀、根）重量 7t 以上的金属构件。

3）抹灰面油漆、涂料、裱糊（表 6-34）

A.13-8 抹灰面油漆、涂料、裱糊工程量系数表 **表 6-34**

项目名称	系数	工程量计算规则
楼地面、墙面、天棚面、柱、梁面	1.00	展开面积
混凝土栏杆、花饰、花格	1.82	单面外围面积×系数
线条	1.00	延长米
其他零星项目、小面积	1.00	展开面积

4. 综合案例

【例 6-22】 如图 6-29 所示为双层（一玻一纱）木窗，洞口尺寸为 2950mm×1750mm，共 10 樘，设计为刷润油粉一遍，刮腻子，刷调和漆二遍，磁漆一遍。

要求：计算木窗油漆工程量，确定套用定额子目。

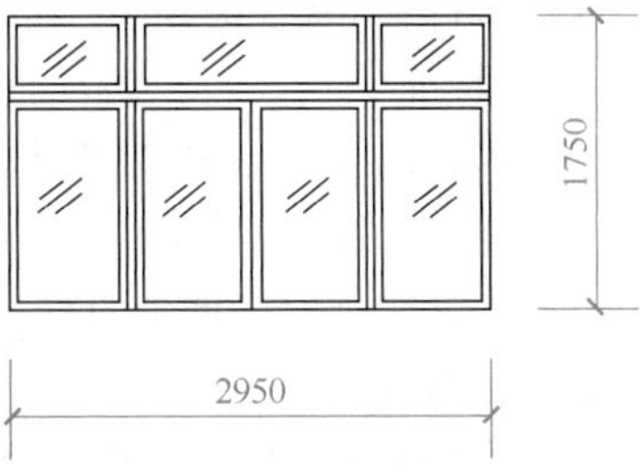

图 6-29 一玻一纱双层木窗

【解】 套用定额：A13-2。

木窗油漆工程量＝2.95×1.75×10×1.36（系数）＝70.21m^2

【例 6-23】 某工程如图 6-27 所示，屋面板顶标高 4.2m，墙体厚度均为 240mm，板厚 100mm，已知内墙面、天棚面作法均为刮成品腻子粉两遍。

要求：计算内墙面、天棚面刮腻子工程量，确定套用定额子目，如需换算写出换算内容。

【解】 1）墙面刮腻子

套用定额：A13-206。

工程量＝[(3.9＋5.1－0.24)×2＋(6.6－0.24)×2]×(4.2－0.1)－1.5×2.5×2－2.0×2.1×2－1.5×2.1＝104.93m^2

2）天棚刮腻子

套用定额：A13-206 换，人工乘以 1.18 系数。

工程量＝59.30m^2

思考与习题

1. 定额子目对油漆过程中的浅、中、深各种颜色的油漆如何处理？
2. 如何计算墙、柱面的油漆工程量？
3. 经计算某工程木窗帘盒工程量为 260m，采用底油一遍，乳黄色调和漆三遍的作法施工，请列项计算该窗帘盒油漆工程量。

6.14 其他装饰工程

1. 基本知识

本分部共设置定额子目 228 项，分为 8 小节，包括 A.14.1 柜类、货架、A.14.2 浴厕配件、A.14.3 压条、装饰条、A.14.4 旗杆、A.14.5 栏杆、栏板、扶手、A.14.6 招牌、灯箱、A.14.7 美术字、A.14.8 车库配件。

2. 定额《说明》

（1）本定额中的材料品种、规格，设计与定额不同时，可以换算，人工、机械不变。

（2）本定额中铁件已包括刷防锈漆一遍，如设计需涂刷其他油漆、防火涂料按本定额A.13 油漆、涂料、裱糊工程相应定额执行。

（3）柜类、货架定额中未考虑面板拼花及饰面板上贴其他材料的花饰、造型艺术品。货架、柜类图见本定额附录。

（4）石板洗漱台定额中已包括挡板、吊沿板的石材用量，不另计算。

（5）装饰线

1）木装饰线、石材装饰线、石膏装饰线均以成品安装为准。石材装饰线条磨边、磨圆角均包括在成品的单价中，不另计算。

2）装饰线条以墙面上直线安装为准，如天棚安装直线形、圆弧形或其他图案者，按以下规定计算：

① 天棚面安装直线装饰线条人工费乘以系数 1.34。

② 天棚面安装圆弧形装饰线条人工费乘以系数 1.6，材料乘以系数 1.1。

③ 墙面安装圆弧形装饰线条人工费乘以系数 1.2，材料乘以系数 1.1。

④ 装饰线条做艺术图案者，人工费乘以系数 1.8，材料乘以系数 1.1。

（6）石材磨边、磨斜边、磨半圆边及台面开孔子目均为现场磨制。

（7）栏杆、栏板、扶手、弯头

1）适用于楼梯、走廊、回廊及其他装饰性栏杆、栏板。栏杆、栏板、扶手造型图见定额附录。

2）栏杆、栏板子目不包括扶手及弯头制作安装，扶手及弯头分别立项计算。

3）未列弧形、螺旋形子目的栏杆、扶手子目，如用于弧形、螺旋形栏杆、扶手，按直形栏杆、扶手子目人工乘以系数 1.3，其余不变。

4）栏杆、栏板、扶手、弯头子目的材料规格、用量，如设计规定与定额不同时，可以换算，其他材料及人工、机械不变。

（8）铸铁围墙栏杆不包括栏杆的面漆及压脚混凝土梁捣制，栏杆面漆及压脚混凝土梁按设计另立项目计算。

（9）招牌、灯箱

1）平面招牌是指安装在门前的墙面上；箱体招牌、竖式标箱是指六面体固定在墙上；沿雨篷、檐口、阳台走向立式招牌，执行平面招牌复杂子目。

2）一般招牌和矩形招牌是指正立面平整无凹凸面；复杂招牌和异形招牌是指正立面有凹凸造型。

3）招牌、广告牌的灯饰、灯光及配套机械均不包括在定额内。

（10）美术字

1）美术字均以成品安装固定为准。

2）美术字不分字体均执行本定额。

（11）车库配件

橡胶减速带、橡胶车轮挡、橡胶防撞护角和车位锁均按成品编制。成品价中包含安装材料费。

3. 定额《工程量计算规则》

(1) 柜类、货架

1) 货架均按设计图示正立面面积（包括脚的高度在内）以平方米计算。

2) 收银台、试衣间按设计图示数量以个计算。

3) 其他项目按所示子目计量单位计算。

(2) 石板材洗漱台按设计图示台面水平投影面积以平方米计算（不扣除孔洞、挖弯、削角所占面积）。

(3) 毛巾环、肥皂盒、金属帘子杆、浴缸拉手、毛巾杆安装按设计图示数量以只、个、副、套或以延长米计算。

(4) 镜面玻璃安装按设计图示正立面面积以平方米计算。

(5) 压条、装饰线条、挂镜线均按设计图示尺寸以延长米计算。

(6) 不锈钢旗杆按设计图示尺寸以延长米计算。

(7) 栏杆、栏板、扶手按设计图示中心线长度以延长米计算（不扣除弯头所占长度）。

(8) 弯头按设计数量以个计算。

(9) 铸铁栏杆按设计图示安装铸铁栏杆尺寸以延长米计算。

(10) 招牌、灯箱

1) 平面招牌基层按设计图示正立面面积以平方米计算，复杂形的凹凸造型部分亦不增减。

2) 沿雨篷、檐口或阳台走向的立式招牌基层，执行平面招牌复杂型项目，按展开面积以平方米计算。

3) 箱式招牌和竖式标箱的基层，按设计图示外围体积以立方米计算。突出箱外的灯饰、店徽及其他艺术装潢等均另行计算。

4) 灯箱的面层按设计图示展开面积以平方米计算。

(11) 美术字安装按字的最大外围矩形面积以个计算。

(12) 车库配件

1) 橡胶减速带按设计长度以延长米计算。

2) 橡胶车轮挡、橡胶防撞护角、车位锁按设计图示数量以个或把计算。

4. 综合案例

【例 6-24】 某办公楼卫生间洗漱台立面图、剖面图如图 6-30 所示，石材采用水泥砂浆粘贴。

要求：计算镜面装饰线、石材装饰线、镜面玻璃工程量，确定套用定额子目。

【解】 列项计量表见表 6-35。

列项计量表　　表 6-35

定额子目	名称	单位	工程量	计算式
A14-49	镜面不锈钢装饰线	m	6.14	1.87×2+1.2×2

续表

定额子目	名称	单位	工程量	计算式
A14-43	镜面	m^2	2.24	1.87×1.2
A14-65	石材装饰线	m	1.87	1.87
A14-32	石材洗漱台	m^2	1.12	1.87×0.6

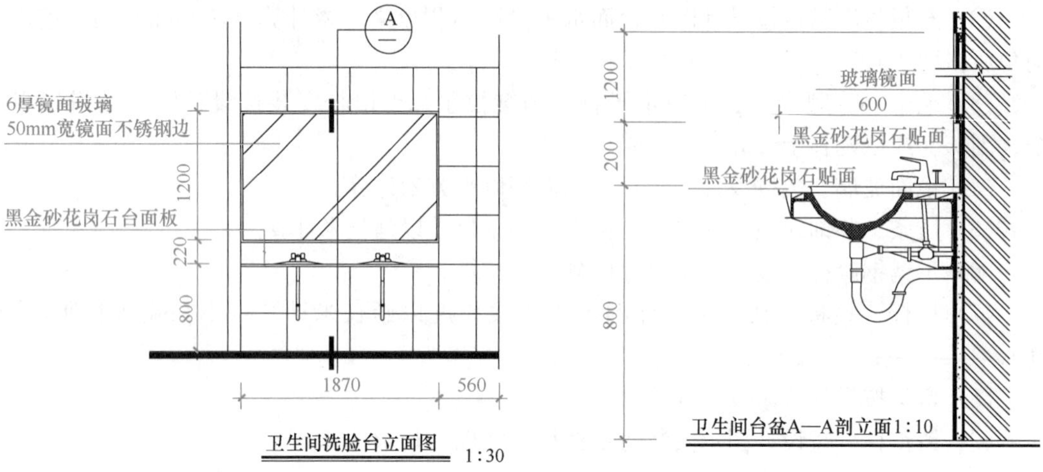

图 6-30　洗漱台立面图、剖面图

思考与习题

1. 如何计算石板材洗漱台工程量？

2. 如何计算镜面玻璃安装工程量？

3. 某工程楼梯栏杆采用 98ZJ401 第 5 页 Y 作法，请给该楼梯栏杆列项套定额子目，如需换算请写出换算内容。

6.15　脚手架工程

1. 基本知识

（1）定额子目设置

本分部属于措施项目工程，共设置定额子目 98 项，分为 10 小节，包括 A.15.1 扣件式钢管里脚手架、A.15.2 扣件式钢管外脚手架、A.15.3 现浇混凝土运输道、A.15.4 电梯井脚手架、A.15.5 烟囱、水塔、独立筒体脚手架、A.15.6 安全通道、A.15.7 外装修专用脚手架、A.15.8 电动吊篮、A.15.9 悬空及内装修脚手架、A.15.10 竹制脚手架。

（2）钢、木脚手架

钢管脚手架和竹木脚手架的套用，目前广西有关部门规定用钢管脚手架，如使用竹木脚手架的，必须要有批准的计算书。本定额编制有钢管脚手架和竹木脚手架，具体套用应按施工组织设计或按实际计算。

（3）脚手架料使用寿命期（表6-36）

脚手架料使用寿命期表 表6-36

材料名称	规格	使用寿命（月）
钢管		180
扣件		120
底座		180
木脚手板、杆		42
竹脚手板	ϕ48×3.5	24
毛竹		24
安全网		1次
绑扎材料		1次
黄席		1次

2. 定额《说明》

（1）外脚手架适用于建筑、装饰装修一起施工的工程；外脚手架如仅用于砌筑者，按外脚手架相应子目，材料乘以系数0.625，人工、机械不变；装饰装修脚手架适用于工作面高度在1.6m以上需要重新搭设脚手架的装饰装修工程。

（2）外脚手架定额内，已综合考虑了卸料平台、缓冲台、附着式脚手架内的斜道。

（3）钢管脚手架的管件维护及牵拉点费用等已包含在其他材料费中。

（4）烟囱脚手架综合了垂直运输架、斜道、缆风绳、地锚等。

（5）钢筋混凝土烟囱、水塔及圆形贮仓采用滑模施工时，不得计算脚手架或井架。钢滑模已包括操作平台、围栏、安全网等工料，不得另行计算。

（6）安全通道宽度超过3m时，应按实际搭设的宽度比例调整定额的人工费、材料及机械台班消耗量。

（7）搭设圆形（包括弧形）外脚手架，半径≤10m者，按外脚手架的相应子目，人工费乘以系数1.3计算；半径>10m者，不增加。

（8）本定额脚手架子目中不含支撑地面的硬化处理、水平垂直安全维护网、外脚手架安全挡板等费用，其费用已含在安全文明施工费中，不另计算。

（9）凡净高超过3.6m的室内墙面、天棚粉刷或其他装饰工程，均可计算满堂脚手架，斜面尺寸按平均高度计算，计算满堂脚手架后，墙面装饰工程不得再计算脚手架。

（10）用于单独装饰装修脚手架的安全通道，按安全通道相应定额子目，材料乘以系数0.375，人工、机械不变。

3. 定额《工程量计算规则》

（1）砌筑脚手架

1）不论何种砌体，凡砌筑高度超过1.2m以上者，均需计算脚手架。

2）砌筑脚手架的计算按墙面（单面）垂直投影面积以平方米计算。

3）外墙脚手架按外墙外围长度（应计凸阳台两侧的长度，不计凹阳台两侧的长度）

乘以外墙高度，再乘以 1.05 系数计算其工程量。门窗洞口及穿过建筑物的车辆通道空洞面积等，均不扣除。

外墙脚手架的计算高度按室外地坪至以下情形分别确定：

① 有女儿墙者，高度算至女儿墙顶面（含压顶）。

② 平屋面或屋面有栏杆者，高度算至楼板顶面。

③ 有山墙者，高度按山墙平均高度计。

4）同一栋建筑物内：有不同高度时，应分别按不同高度计算外脚手架；不同高度间的分隔墙，按相应高度的建筑物计算外脚手架；如从楼面或天面搭起的，应从楼面或天面起计算。

5）天井四周墙砌筑，如需搭外架时，其计算工程量如下：

① 天井短边净宽 $b \leqslant 2.5$m 时按长边净宽乘以高度再乘以 1.2 系数计算外脚手架工程量。

② 天井短边净长在 $2.5\text{m} < b \leqslant 3.5$m 时，按长边净宽乘以高度再乘以 1.5 系数计算外脚手架工程量。

③ 天井短边净宽 $b > 3.5$m 时，按一般外脚手架计算。

6）独立砖柱、突出屋面的烟囱脚手架按其外围周长加 3.6m 后乘以高度计算。

7）如遇下列情况者，按单排外脚手架计算：

① 外墙檐高在 16m 以内，并无施工组织设计规定时。

② 独立砖柱与突出屋面的烟囱。

③ 砖砌围墙。

8）如遇下列情况者，按双排外脚手架计算：

① 外墙檐高超过 16m 者。

② 框架结构间砌外墙。

③ 外墙面带有复杂艺术形式者（艺术形式部分的面积占外墙总面积 30%以上），或外墙勒脚以上抹灰面积（包括门窗洞口面积在内）占外墙总面积 25%以上，或门窗洞口面积占外墙总面积 40%以上者。

④ 片石墙（含挡土墙、片石围墙）、大孔混凝土砌块墙，墙高超过 1.2m 者。

⑤ 施工组织设计有明确规定者。

9）凡厚度在两砖（490mm）以上的砖墙，均按双面搭设脚手架计算，如无施工组织设计规定时：高度在 3.6m 以内的外墙，一面按单排外脚手架计算，另一面按里脚手架计算；高度在 3.6m 以上的外墙，外面按双排外脚手架计算，内面按里脚手架计算；内墙按双面计算相应高度的里脚手架。

10）在旧有的建筑物上加层：加二层以内时，其外墙脚手架按第 1 条第 3）点的规定乘以 0.5 系数计算；加层在二层以上时，按上述办法计算，不乘以系数。

11）内墙按内墙净长乘以实砌高度计算里脚手架工程量。下列情况者，也按相应高度计算里脚手架工程量。

① 砖砌基础深度超过 3m 时（室外地坪以下），或四周无土砌筑基础，高度超过 1.2m 时。

② 高度超过 1.2m 的凹阳台的两侧墙及正面墙、凸阳台的正面墙及双阳台的隔墙。

（2）现浇混凝土脚手架

1）现浇混凝土需用脚手架时，应与砌筑脚手架综合考虑。如确实不能利用砌筑脚手架者，可按施工组织设计规定或按实际搭设的脚手架计算。

2）单层地下室的外墙脚手架按单排外脚手架计算，两层及两层以上地下室的外墙脚手架按双排外脚手架计算。

3）现浇混凝土基础运输道

① 深度大于 3m（3m 以内不得计算）的带形基础按基槽底面积计算。

② 满堂基础运输道适用于满堂式基础、箱形基础、基础底短边大于 3m 的柱基础、设备基础，其工程量按基础底面积计算。

4）现浇混凝土框架运输道，适用于楼层为预制板的框架柱、梁，其工程量按框架部分的建筑面积计算。

5）现浇混凝土楼板运输道，适用于框架柱、梁、墙、板整体浇捣工程，工程量按浇捣部分的建筑面积计算。

下列情况者，按相应规定计算：

① 层高不到 2.2m 的，按外墙外围面积计算混凝土楼板运输道。

② 底层架空层不计算建筑面积或计算一半面积时，按顶板水平投影面积计算混凝土楼板运输道。

③ 坡屋面不计算建筑面积时，按其水平投影面积计算混凝土楼板运输道。

④ 砖混结构工程的现浇楼板按相应定额子目乘以系数 0.5。

6）计算现浇混凝土运输道，采用泵送混凝土时应按如下规定计算：

① 基础混凝土不予计算。

② 框架结构、框架-剪力墙结构、筒体结构的工程，定额乘以系数 0.5。

③ 砖混结构工程，定额乘以系数 0.25。

7）装配式构件安装，两端搭在柱上，需搭设脚手架时，其工程量按柱周长加 3.6m 乘以柱高度计算，并按相应高度的单排外脚手架定额乘以系数 0.5 计算。

8）现浇钢筋混凝土独立柱，如无脚手架利用时，按（柱外围周长＋3.6m）×柱高度按相应外脚手架计算。

9）单独浇捣的梁，如无脚手架利用时，应按（梁宽＋2.4m）×梁的跨度套相应高度（梁底高度）的满堂脚手架计算。

10）电梯井脚手架按井底板面至顶板面高度，套用相应定额子目以座计算。

11）设备基础高度超过 1.2m 时：

① 实体式结构：按其外形周长乘以地坪至外形顶面高度以平方米计算单排脚手架。

② 框架式结构：按其外形周长乘以地坪至外形顶面高度以平方米计算双排脚手架。

（3）构筑物脚手架

1）烟囱、水塔、独立筒仓脚手架，分不同内径，按室外地坪至顶面高度，套相应定额子目。水塔、独立筒仓脚手架按相应的烟囱脚手架，人工费乘以系数 1.11，其他不变。

2）钢筋混凝土烟囱内衬的脚手架，按烟囱内衬砌体的面积，套单排脚手架。

3）贮水（油）池外池壁高度在 3m 以内者，按单排外脚手架计算；超过 3m 时可按施工组织设计规定计算，如无施工组织设计时，可按双排外脚手架计算；池底钢筋混凝土运输道参照基础运输道；池盖钢筋混凝土运输道参照楼板运输道。

4）贮仓及漏斗：如需搭脚手架时，按本定额相应子目计算。

5）预制支架不得计算脚手架。

（4）装饰脚手架

1）满堂脚手架按需要搭设的室内水平投影面积计算；

2）定额规定满堂脚手架基本层实高按 3.6m 计算，增加层实高按 1.2m 计算，基本层操作高度按 5.2m 计算（基本层操作高度为基本层高 3.6m 加上人的高度 1.6m）。室内天棚净高超过 5.2m 时，计算了基本层后，增加层的层数＝（天棚室内净高－5.2m）÷1.2m，按四舍五入取整数。

如建筑物天棚室内净高为 9.2m，其增加层的层数为：（9.2－5.2）÷1.2 ≈ 3.3，则按 3 个增加层计算。

3）高度超过 3.6m 以上者，有屋架的屋面板底喷浆、勾缝及屋架等油漆，按装饰部分的水平投影面积套悬空脚手架计算，无屋架或其他构件可利用搭设悬空脚手架者，按满堂脚手架计算。

4）凡墙面高度超过 3.6m，而无搭设满堂脚手架条件者，则墙面装饰脚手架按 3.6m 以上的装饰脚手架计算。工程量按装饰面投影面积（不扣除门窗洞口面积）计算。

5）外墙装饰脚手架工程量按砌筑脚手架等有关规定计算。

6）铝合金门窗工程，如需搭设脚手架时，可按内墙装饰脚手架计算，其工程量按门窗洞口宽度每边加 500mm 乘以楼地面至门窗顶高度计算。

7）外墙电动吊篮，按外墙装饰面尺寸以垂直投影面积计算，不扣除门窗洞口面积。

4. 综合案例

【例 6-25】某砖混结构的建筑如图 6-31 所示，墙厚均为 365mm，图中轴线均居墙中设置，建筑面积 50.24m^2，内外墙顶均设混凝土圈梁 365mm×300mm，梁顶标高平屋面板。施工方案采用钢管架，外墙为双排；采用泵送商品混凝土施工。

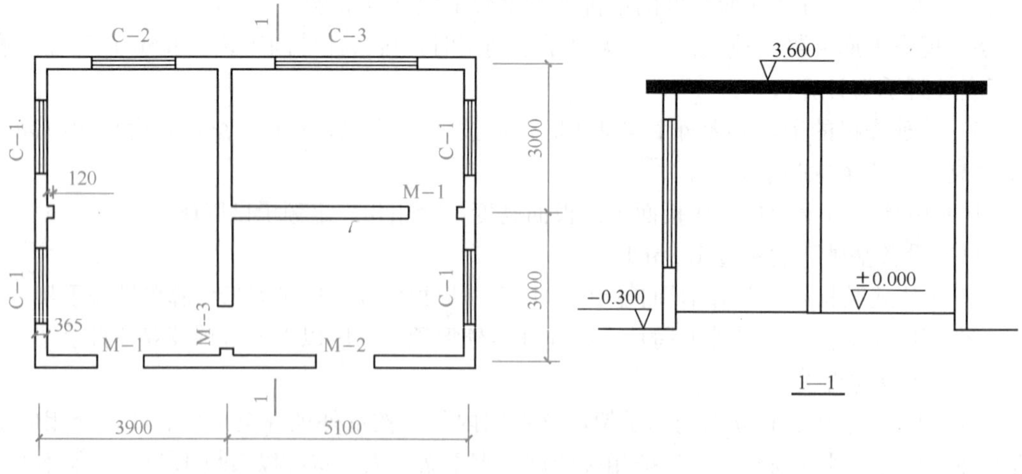

图 6-31 砖混结构工程平面图、剖面图

【解】1）套用定额：A15-5 钢管双排外脚手架 10m 以内。

工程量＝1.05×(3.6＋0.3)×(3.9＋5.1＋0.365＋6＋0.365)×2＝128.83m²

2)套用定额：A15-1 钢管里脚手架 3.6m 以内。

工程量＝(3.6－0.3)×(6－0.365＋5.1－0.365)＝34.22m²

3)套用定额：15-28(定额×0.25)现浇混凝土楼板运输道。

工程量＝建筑面积＝50.24m²

【例 6-26】 某工程如图 6-32 所示，材质采用钢管架，外墙为双排。

要求：套定额并计算该工程外架的工程量。

【解】 计算外脚手架时，应按不同搭设高度分别计算。

1) 从－0.5～13.2 的，搭设高度为 13.7m，应套定额 A15-6，20m 以内外架。

工程量＝1.05×(13.2＋0.5)×(20.2－5×2)＝146.73m²

2) 从－0.5～40 的，搭设高度为 40.5m，应套定额 A15-9，50m 以内外架。

工程量＝1.05×(40＋0.5)×(5.2×2＋20.2)＝1301.27m²

3) 从 12.0～40 的，搭设高度为 28m，应套定额 A15-7，30m 以内外架。

工程量＝1.05×(40－12)×20.2＝593.88m²

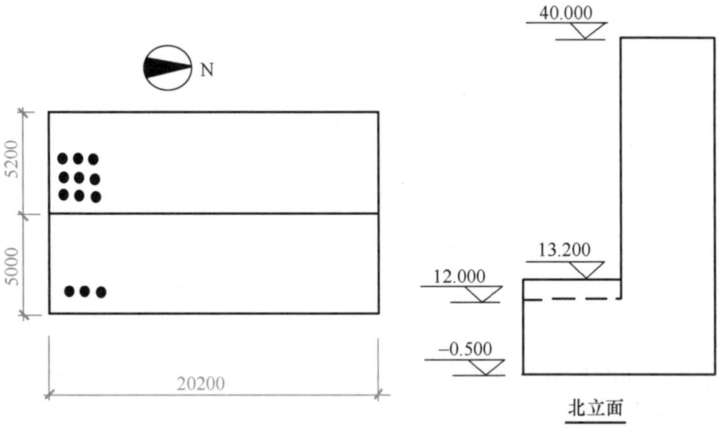

图 6-32　某工程示意图

【例 6-27】 某建筑物如图 6-33 所示，墙体厚度为 240mm，板厚为 100mm。

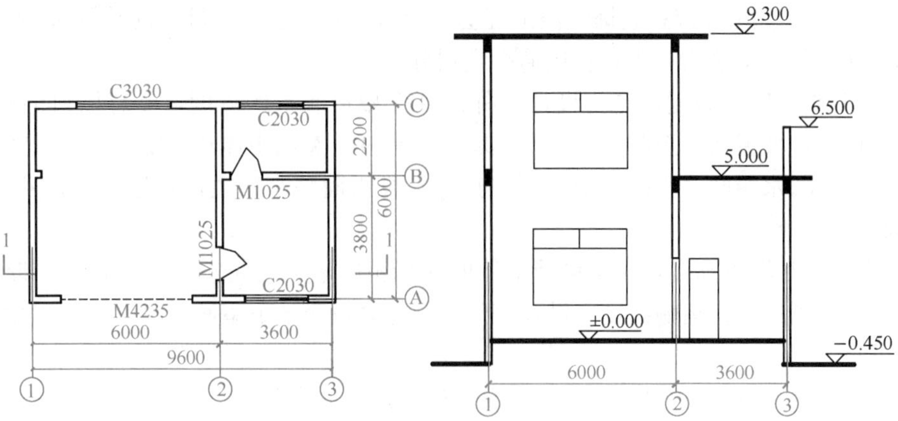

图 6-33　某建筑平面图、剖面图

要求：计算搭设满堂脚手架工程量，确定套用定额子目。

【解】 1）①～②轴室内地面至屋面板底净高为 9.2m，应计算满堂脚手架基本层和增加层。

增加层=(9.2−5.2)÷1.2≈3.3，按 3 个增加层计算。

则套用定额子目并换算：A15−84+(A15−85)×3。

工程量计算 $S=(6-0.24)\times(6-0.24)=33.18\text{m}^2$

2）②～③轴室内地面至屋面板底净高为 4.9m，应计算满堂脚手架基本层，不能计算增加层。

套定额子目 A15-84。

工程量计算 $S=(3.6-0.24)\times(6-0.24\times2)=18.55\text{m}^2$

思考与习题

1. 如何确定满堂脚手架的高度？
2. 铝合金门窗工程，如需搭设脚手架时，如何计算工程量？

6.16　垂直运输工程

1. 基本知识

（1）定额子目设置

本分部属于措施项目工程，共设置定额子目 36 项，分为 3 小节，包括 A.16.1 建筑物垂直运输、A.16.2 构筑物垂直运输、A.16.3 局部装饰装修运输。

（2）高度的划分

建筑物垂直运输高度的划分按室外地坪以上、室外地坪以下划分确定。

2. 定额《说明》

（1）本定额垂直运输子目分建筑物、构筑物和建筑物局部装饰装修。

（2）建筑物、构筑物垂直运输适用于单位工程在合理工期内完成建筑、装饰装修工程所需的垂直运输机械台班。建筑工程和装饰装修工程分开发包时，建筑工程套用建筑物垂直运输子目乘以系数 0.77；装饰装修工程套用建筑物垂直运输子目乘以系数 0.33。

（3）建筑物、构筑物工程垂直运输高度划分：

1）室外地坪以上高度，是指设计室外地坪至檐口滴水的高度，没有檐口的建筑物，算至屋顶板面，坡屋面算至起坡处。女儿墙不计高度，突出主体建筑物屋面的梯间、电梯机房、设备间、水箱间、塔楼、望台等，其水平投影面积小于主体顶层投影面积 30%的不计其高度。

2）室外地坪以下高度，是指设计室外地坪至相应地下层底板底面的高度。带地下室的建筑物，地下层垂直运输高度由设计室外地坪标高算至地下室底板底面，套用相应高度的定额子目。

3）构筑物的高度是指设计室外地坪至结构最高顶面高度。

（4）地下层、单层建筑物、围墙垂直运输高度小于 3.6m 时，不得计算垂直运输费用。

(5) 同一建筑物中有不同檐高时，按建筑物不同檐高做纵向分割，分别计算建筑面积，以不同檐高分别套用相应高度的定额子目。

(6) 如采用泵送混凝土时，定额子目中的塔式起重机机械台班应乘以系数 0.8。

(7) 建筑物局部装饰装修工程垂直运输高度划分：

1) 室外地坪以上高度：指设计室外地坪至装饰装修工程楼层顶板的高度。

2) 室外地坪以下高度：指设计室外地坪至相应地下层地（楼）面的高度。带地下室的建筑物，地下层垂直运输高度由设计室外地坪标高算至地下室地（楼）面，套用相应高度的定额子目。

3. 定额《工程量计算规则》

(1) 建筑物、构筑物工程计算规则

1) 建筑物垂直运输区分不同建筑物的结构类型和檐口高度，按建筑物设计室外地坪以上的建筑面积以平方米计算。高度超过 120m 时，超过部分按每增加 10m 定额子目（高度不足 10m 时，按比例）计算。

2) 地下室的垂直运输按地下层的建筑面积以平方米计算。

3) 构筑物的垂直运输以座计算。超过规定高度时，超过部分按每增加 1m 定额子目计算，高度不足 1m 时，按 1m 计算。

(2) 建筑物局部装饰装修工程计算规则

区别不同的垂直运输高度，按各楼层装饰装修部分的建筑面积分别计算。

4. 综合案例

【例 6-28】 某高层建筑框架结构的立面如图 6-34 所示。地下室建筑面积为 S_1，h_1＝4.5m；裙楼建筑面积为 S_2，h_2＝18m；主楼建筑面积为 S_3，h_3＝46m；天面梯间建筑面积为 S_4，h_4＝8m。本工程采用泵送商品混凝土施工。

要求：套定额并计算本工程垂直运输工程量。

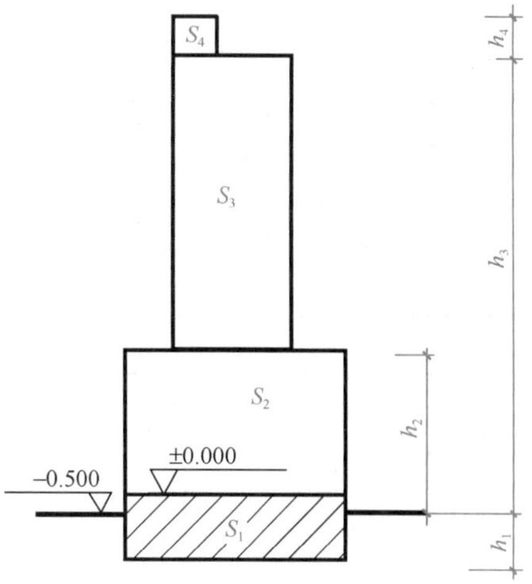

图 6-34　某工程立面示意图

【解】 地上部分和地下部分应该分开算：

1) 地下部分：h_1＝4.5m＞3.6m

套高度 20m 以内子目 A16-3，定额中的塔式起重机机械台班×0.8；工程量为 S_1。

2) 地上部分：h_2＝18m

套高度 20m 以内子目 A16-3，定额中的塔式起重机机械台班×0.8；工程量为 S_2。

3) h_3＝46m。套高度 50m 以内子目 A16-9，定额中的塔式起重机机械台班×0.8；工程量为 S_3。

4) 天面梯间视 S_4 单层投影面积分两种情况：

① 当 S_4 单层投影面积小于主体顶层投影面积的 30%时，天面梯间不得算高度。S_4 合并到 S_3 工程量内套高度 50m 以内子目（A16-9）。

②当 S_4 单层投影面积大于主体顶层投影面积的30%时，天面梯间可以计算高度，按 $h_3+h_4=54$m，套高度60m以内子目A16-10，定额中的塔吊机械台班×0.8；工程量为 S_4。

思考与习题

1. 某平屋面建筑物，室外地坪标高为−0.300m，屋面板标高为23.500m，挑檐板厚100mm，则该建筑物的垂直运输高度为多少？

2. 室外地坪以下高度，是指哪部分高度？

6.17　模板工程

1. 基本知识

(1) 定额子目设置

本分部属于措施项目工程，共设置定额子目248项，分为3小节，包括A.17.1现浇建筑物混凝土模板制作安装、A.17.2构筑物混凝土模板制作安装、A.17.3预制混凝土模板。

(2) 模板超高

现浇构件梁、板、柱、墙是按支模高度（地面至板底）3.6m编制的，超过3.6m时超过部分按超高子目（不足1m按比例）计算。其高度是指下层楼板的板面（或地面）至上层楼板的板底之间的高度超过3.6m时，计算支撑超高的子目。如层高3.6m，板厚100mm，则支模高度为3.6−0.1=3.5m，因此不得计算支撑超高。

(3) 模板管理

模板管理的好与坏，利用率的高低，对企业的经济效益有着直接的影响。编制的模板定额是按社会的平均值来取定的，企业的管理水平越高，对模板的回收利用率就越高，能进行周转的次数就越多。

(4) 胶合板模板周转次数（表6-37）

胶合板模板周转次数表　　表6-37

名称	周转次数	补损率	施工损耗
梁、柱、独立基础	8	8%	5%
平板、无梁板	12	8%	5%
有梁板、墙	10	8%	5%
满堂基础、带形基础	10	8%	5%
其他	按性质参照以上相近套用	10%	5%

2. 定额《说明》

(1) 现浇构件模板分三种材料编制：钢模板、胶合板模板、木模板。其中钢模板配钢支撑，木模板配木支撑，胶合板模板配钢支撑或木支撑。

（2）现浇构筑物模板，除另有规定外，按现浇构件模板规定计算。

（3）预制混凝土模板，区分不同构件按组合钢模板、木模板、定型钢模、长线台钢拉模编制，定额中已综合考虑需配制的砖地模，砖胎模、长线台混凝土地模。

（4）应根据模板种类套用子目，实际使用支撑与定额不同时不得换算。如实际使用模板与定额不同时，按相近材质套用；如定额只有一种模板的子目，均套用该子目执行，不得换算。

（5）模板工作内容包括：模板清理、场内运输、安装、刷隔离剂、浇灌混凝土时模板维护、拆模、集中堆放、场外运输。木模板包括制作（预制构件包括刨光），组合钢模板、胶合板模板包括装箱。

（6）现浇构件梁、板、柱、墙是按支模高度（地面至板底）3.6m 编制的。超过 3.6m 时，超过部分按超高子目（不足 1m 按比例）计算。

（7）如设计要求清水混凝土施工，相应模板子目的人工费乘以系数 1.05，胶合板消耗量乘以系数 1.1。

（8）基础模板用砖胎模时，可按砖基础计算，不再计算相应面积的模板费用，砖胎模需要抹灰时，按本定额 A.10 墙、柱面工程井壁、池壁子目计算。

（9）混凝土小型构件，是指单个体积在 0.05m^3 以内的本定额未列出定额项目的构件。

（10）外形体积在 2m^3 以内的池槽为小型池槽。

（11）现浇挑檐天沟、悬挑板、水平遮阳板等以外墙外边线为分界线，与梁连接时，以梁外边线为分界线。

（12）混凝土斜板，当坡度在 11°19′至 26°34′时，按相应板定额子目人工乘以系数 1.15；当坡度在 26°34′至 45°时，按相应板定额子目人工费乘以系数 1.2；当坡度在 45°以上时，按墙子目计算。

（13）用钢滑升模板施工的烟囱、水塔、提升模板使用的钢爬杆用量按 100%摊销计算；贮仓按 50%摊销计算，设计要求不同时，可以换算。

（14）倒锥壳水塔塔身钢滑升模板子目，也适用于一般水塔塔身滑升模板工程。

（15）烟囱钢滑升模板项目均已包括烟囱筒身、牛腿、烟道口；水塔钢滑升模板均已包括直筒、门窗洞口等模板用量。

（16）装饰线条是指窗台线、门窗套、挑檐、腰线、扶手、压顶、遮阳板、宣传栏边框等凸出墙面 150mm 以内、竖向高度 150mm 以内的横、竖混凝土线条。

（17）符合以下条件之一者按高大模板计算：

1）支撑体系高度达到或超过 8m。

2）结构跨度达到或超过 18m。

3）按《建筑施工模板安全技术规范》JGJ 162—2008（以下简称 JGJ 162—2008）进行荷载组合之后的施工面荷载达到或超过 15kN/m^2。

4）按 JGJ 162—2008 进行荷载组合之后的施工线荷载达到或超过 20kN/m。

5）按 JGJ 162—2008 进行荷载组合之后的施工单点集中荷载达到或超过 7kN 的作业平台。

（18）本定额高大模板钢支撑搭拆时间是按三个月编制的，如实际搭拆时间与定额不同时，定额周转材料消耗量按比例调整。

（19）本说明对混凝土结构构件划分没有明确规定的，可参照本定额 A.4 混凝土及钢筋混凝土工程相应规定执行。

3. 定额《工程量计算规则》

（1）现浇混凝土模板工程量，除另有规定外，应区分不同材质，按混凝土与模板接触面积以平方米计算。

1）基础模板

① 杯形基础杯口高度大于外杯口大边长度的，套用高杯基础定额。

② 有肋式带形基础，肋高与肋宽之比在 4∶1 以内的按有肋式带形基础计算；肋高与肋宽之比超过 4∶1 的，其底板按板式带形基础计算，以上部分按墙计算。

③ 桩承台按独立式桩承台编制，带形桩承台按带形基础定额执行。

④ 箱式满堂基础应分别按满堂基础、柱、梁、墙、板有关规定计算。

2）柱模板

① 柱高按下列规定确定：

A. 有梁板的柱高，应自柱基或楼板的上表面至上层楼板底面计算。

B. 无梁板的柱高，应自柱基或楼板的上表面至柱帽下表面计算。

② 计算柱模板时，不扣除梁与柱交接处的模板面积。

③ 构造柱按外露部分计算模板面积，留马牙槎的按最宽面计算模板宽度。

3）梁模板

① 梁长按下列规定确定：梁与柱连接时，梁长算至柱侧面；主梁与次梁连接时，次梁长算至主梁侧面。

② 计算梁模板时，不扣除梁与梁交接处的模板面积。

③ 梁高大模板的钢支撑工程量按经评审的施工专项方案搭设面积乘以支模高度（楼地面至板底高度）以立方米计算，如无经评审的施工专项方案，搭设面积则按梁宽加 600mm 乘以梁长度计算。

4）墙、板模板

① 墙高应自墙基或楼板的上表面至上层楼板底面计算。

② 计算墙模板时，不扣除梁与墙交接处的模板面积。

③ 墙、板上单孔面积在 0.3m^2 以内的孔洞不扣除，洞侧模板也不增加，单孔面积在 0.3m^2 以上应扣除，洞侧模板并入墙、板模板工程量计算。

④ 计算板模板时，不扣除柱、墙所占的面积。

⑤ 梁、板、墙模板均不扣除后浇带所占的面积。

⑥ 薄壳板由平层和拱层两部分组成，按平层水平投影面积计算工程量。

⑦ 现浇悬挑板按外挑部分的水平投影面积计算，伸出墙外的牛腿、挑梁及板边的模板不另计算。

⑧ 有梁板高大模板的钢支撑工程量按搭设面积乘以支模高度（楼地面至板底高度）以立方米计算，不扣除梁柱所占的体积。

5）楼梯包括休息平台、梁、斜梁及楼梯与楼板的连接梁，按设计图示尺寸以水平投影面积计算，不扣除宽度小于500mm的楼梯井所占面积，楼梯踏步、踏步板、平台梁等侧面模板不另计算，伸入墙内部分亦不增加。

6）混凝土压顶、扶手按延长米计算。

7）屋顶水池，分别按柱、梁、墙、板项目计算。

8）小型池槽模板按构件外围体积计算，池槽内、外侧及底部的模板不另计算。

9）台阶模板按水平投影面积计算，台阶两侧模板面积不另计算。架空式混凝土台阶，按现浇楼梯计算。

10）现浇混凝土散水按水平投影面积以平方米计算，现浇混凝土明沟按延长米计算。

11）小立柱、装饰线条、二次浇灌模板套用小型构件定额子目，按模板接触面积以平方米计算。

12）后浇带分结构后浇带、温度后浇带。结构后浇带分墙、板后浇带。后浇带模板工程量按后浇部分混凝土体积以立方米计算。

13）弧形半径≤10m的混凝土墙（梁）模板按弧形混凝土墙（梁）模板计算。

（2）构筑物混凝土模板工程量，按以下规定计算。

1）构筑物的模板工程量，除另有规定者外，区别现浇、预制和构件类别，分别按本计算规则第1条和第3条的有关规定计算。

2）大型池槽等分别按基础、柱、梁、墙、板等有关规定计算并套相应定额子目。

3）液压滑升钢模板施工的贮仓、筒仓、水塔塔身、烟囱等，均按混凝土体积，以立方米计算。

4）倒锥壳水塔模板按混凝土体积以立方米计算。

（3）预制混凝土构件模板工程量，按以下规定计算。

1）预制混凝土模板工程量，除另有规定外均按混凝土实体体积以立方米计算。

2）小型池槽按外形体积以立方米计算。

3）预制混凝土桩尖按桩尖最大截面积乘以桩尖高度以立方米计算。

4. 综合案例

【例6-29】浇钢筋混凝土两层建筑如图6-12所示。施工时模板主要采用胶合板，钢支撑。

要求：套定额并计算各混凝土构件的模板工程量。

【解】

1）现浇独立基础模板工程量(套A17-1)

J1：8个×0.4×(1×4+0.6×4)＝20.48m^2

2）现浇矩形柱模板工程量(套A17-50、A17-60×0.5)

KZ1：8个×0.4×4×(8.4+1.2−0.4×2−0.1×2)＝110.08m^2

3）有梁板模板工程量(套A17-91、A17-105×0.5)

板：(3.6×2+0.1×2)×(3×2+0.1×2)＝45.88m^2

板外周：0.1×(3.6×2+0.1×2+3×2+0.1×2)×2＝2.72m^2

KL1：2×(0.45−0.1)×(3.6×2+0.1×2−0.4×3)×2条＝8.68m^2

KL3：2×(0.5−0.1)×(3.6×2+0.1×2−0.4×2)＝5.28m^2

KL2：2×(0.45−0.1)×(3×2+0.1×2−0.4×3)×2条＝7.00m^2

KL4：$2\times(0.4-0.1)\times(3\times2+0.1\times2-0.4\times2-0.3)=3.06\text{m}^2$

合计：$(4.59+2.72+8.68+5.28+7+3.06)\times2$ 层$=145.24\text{m}^2$

【例 6-30】某现浇钢筋混凝土板式楼梯如图 6-13 所示。

要求：套定额并计算混凝土楼梯模板工程量。

【解】

混凝土直形楼梯模板套定额子目 A17-115，工程量$=15.57\text{m}^2$。

【例 6-31】背景条件同【例 6-8】。

要求：套定额并计算混凝土构造柱模板工程量。

【解】

混凝土构造柱模板套定额子目 A17-58，工程量$=0.06\times8\times3=1.44\text{m}^2$。

【例 6-32】背景条件同【例 6-9】，模板采用胶合板，木支撑。

要求：套定额并计算该工程混凝土圈梁及过梁模板的工程量。

【解】

1）套定额并计算过梁模板工程量

应套定额 A17-76。

工程量$=[0.24+2\times(0.3-0.1)]\times(1.8+0.5+1.5+0.5)=2.75\text{m}^2$

2）套定额并计算圈梁模板工程量

应套定额 A17-72。

工程量$=2\times(0.3-0.1)\times[(4.5+3)\times2-(1.8+0.5+1.5+0.5)]=4.28\text{m}^2$

思考与习题

1. 定额对现浇构件模板是如何配制的？
2. 模板的工作内容包括什么内容？
3. 计算柱、梁模板时，定额对柱高及梁长如何规定？
4. 楼梯模板如何计算工程量？

6.18　混凝土运输及泵送工程

1. 基本知识

（1）定额子目设置

本分部属于措施项目工程，共设置定额子目 12 项，分为 2 小节，包括 A.18.1 搅拌站混凝土运输、A.18.2 混凝土泵送。

（2）商品混凝土价格

如商品混凝土价格中已包含运输费（或泵送费），则不得再套搅拌站混凝土的运输（或混凝土泵送）子目计算有关费用。

（3）搅拌站混凝土运输

搅拌站混凝土运输工程量，按混凝土浇捣相应子目的混凝土定额分析量计算，采用泵送混凝土的应加上泵送损耗。

（4）混凝土泵送

混凝土泵送工程量，按混凝土浇捣相应子目的混凝土定额分析量计算。注意混凝土输送泵（车）台班单价中已含100m管道的摊销费用。

2. 定额《说明》

（1）当工程使用现场搅拌站混凝土或商品混凝土时，如需运输和泵送的，可按本定额相应子目计算混凝土运输和泵送费用。如商品混凝土运输费已在发布的参考价中考虑，则运输不再套定额计算。

（2）如商品混凝土的运输损耗2%，已包含在各地市造价管理站发布的商品混凝土参考价中。

3. 定额《工程量计算规则》

（1）混凝土运输：混凝土运输工程量，按混凝土浇捣相应子目的混凝土定额分析量（如需泵送，加上泵送损耗）计算。

（2）混凝土泵送：混凝土泵送工程量，按混凝土浇捣相应子目的混凝土定额分析量计算。

4. 综合案例

【例6-33】某工程采用泵送商品混凝土施工，混凝土配合比粗骨料为砾石；经计算，该工程C20混凝土有梁板工程量为27.43m^3。

计算：1）泵送混凝土工程量。2）商品混凝土需用量。

【解】

1）混凝土泵送工程量：$V=27.43\times10.15/10=27.84m^3$

2）泵送损耗量$V=27.84\times1.5/100=0.418m^3$

商品混凝土需用量$V=27.84+0.418=28.258m^3$

思考与习题

1. 如何计算混凝土泵送、运输的工程量？

2. 某工程采用泵送商品混凝土施工，混凝土配合比粗骨料为碎石；经计算，该工程C25混凝土柱工程量为98.97m^3。请分别计算该柱的混凝土泵送及运输工程量。

6.19　建筑物超高增加费

1. 基本知识

（1）定额子目设置

本分部共设置定额子目28项，分为3小节，包括A.19.1建筑、装饰装修超高增加；A.19.2局部装饰装修超高增加费；A.19.3建筑物超高加压水泵台班。

（2）名词解释

建筑物超高人工、机械降效系数是指：由于建筑物地上高度超过六层或设计室外标高至檐口高度超过20m时，操作工人的工效降低；垂直运输运距加长影响的时间；以及由于人工降效引起随工人班组配置确定台班量的机械相应降低。

2. 定额《说明》

（1）本定额分建筑物超高增加费、局部装饰装修超高增加费和建筑物超高加压水泵台班：

1）建筑物超高增加费适用于建筑工程、装饰装修工程和专业分包工程。

2）局部装饰装修超高增加费适用于楼层局部装饰装修的工程。

（2）本定额适用范围：

1）建筑物地上超过六层或设计室外标高至檐口高度超过 20m 以上的工程，檐高或层数只需符合一项指标即可套用相应定额子目。

2）地下建筑超过六层或设计室外地坪标高至地下室底板地面高度超过 20m 以上的工程，高度或层数只需符合一项指标即可套用相应定额子目。

3）构筑物超高增加费已含在定额里，不另计算。

（3）建筑物超高人工、机械降效系数是指：由于建筑物地上（地下）高度超过六层或设计室外标高至檐口（地下室底板地面）高度超过 20m 时，操作工人的工效降低、垂直运输运距加长影响的时间，以及由于人工降效引起随工人班组配置确定台班量的机械相应降低。

（4）建筑物檐口高度的确定及室外地坪以上的高度计算，执行本定额 A.16 垂直运输工程说明第 3 条第（1）、（2）点的规定。

（5）当建筑物有不同檐高时，按不同檐高的建筑面积计算加权平均降效高度，当加权平均降效高度大于 20m 时套相应高度的定额子目。

加权平均降效高度＝高度①×面积①＋高度②×面积②＋……/总面积

（6）建筑物局部装饰装修高度的确定，执行本定额 A.16 垂直运输工程说明第 7 条。

（7）建筑物超高加压水泵台班主要考虑自来水水压不足所需增压的加压水泵台班。

（8）一个承包方同时承包几个单位工程时，2 个单位工程按超高加压水泵台班子目乘以系数 0.85；2 个以上单位工程按超高加压水泵台班子目乘以系数 0.7。

3. 定额《工程量计算规则》

（1）建筑、装饰装修工程计算规则

超高增加人工、机械降效费的计算方法如下：

1）人工、机械降效费按建筑物±0.000 以上（以下）全部工程项目（不包括脚手架工程、垂直运输工程、各章节中的水平运输子目、各定额子目中水平运输机械）中的全部人工费、机械费乘以相应子目人工、机械降效率以元计算。

2）建筑物檐高超过 120m 时，超过部分按每增加 10m 子目（高度不足 10m 按比例）计算。

（2）建筑物局部装饰装修工程计算规则

超高增加人工、机械降效费的计算方法如下：

1）区别不同的垂直运输高度，将各自装饰装修楼层（包括楼层所有装饰装修工程量）的人工费之和、机械费之和（不包括脚手架、垂直运输工程，各章节中的水平运输子目，各定额子目中的水平运输机械）分别乘以相应子目人工、机械降效率以元计算。

2）垂直运输高度超过 120m 时，按每增加 20m 定额子目计算；高度不足 20m 时，按比例计算。

（3）建筑物超高加压水泵台班的工程量，按±0.000 以上建筑面积以平方米计算；建筑物高度超过 120m 时，超过部分按每增加 10m 子目（高度不足 10m 按比例）计算。

4. 综合案例

【例 6-34】 某办公楼工程建筑外形图如图 6-35 所示。建筑面积：$S_1=900m^2$，$S_2=1200m^2$，$S_3=6500m^2$。

1）该建筑工程分部分项工程费用合计 200 万元，其中人工费 42 万元，材料费 120 万元，机械费 18 万元；

2）技术措施费用合计 35 万元（全部为脚手架项目），其中人工费 7.5 万元，材料费 21 万元，机械费 3 万元；

计算：该工程的建筑物超高增加费。

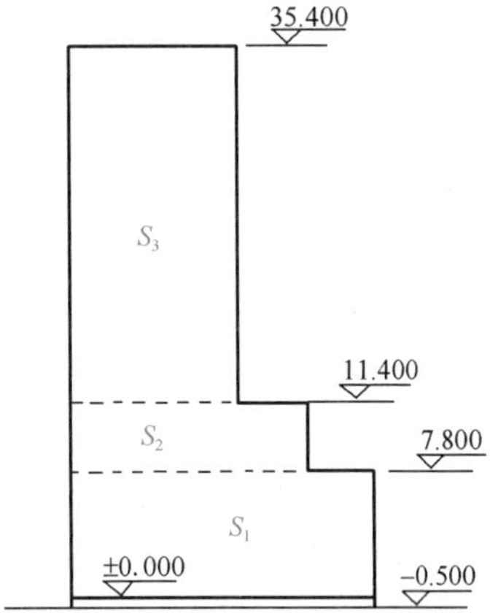

图 6-35　某工程建筑外形示意图

【解】 1）确定高度

总建筑面积：$S=900+1200+6500=8600m^2$

$H_1=7.8+0.5=8.3m$

$H_2=11.4+0.5=11.9m$

$H_3=35.4+0.5=35.9m$

加权平均高度 $H=(8.3\times900+11.9\times1200+35.9\times6500)/8600=29.66m$

2）计算费用

套定额子目：A19-1 建筑物超高降效檐高 30m 以内。因计算超高费内容不包括脚手架费用，则：

人工降效＝42×1.67%＝0.70 万元

机械降效＝18×2%＝0.36 万元

建筑物超高增加费为 0.70＋0.36＝1.06 万元

思考与习题

1. 建筑物在什么情况下可计算建筑物超高增加费？

2. 如何计算人工、机械降效费？

3. 某建筑物层数为地上 12 层，层高 3m，设计室外地坪标高为－0.600m，该建筑物为装饰装修工程单独承包。假设该建筑物 1～6 层装饰装修工程人工费之和为 32000 元，机械费之和为 4600 元；7～12 层装饰装修工程人工费之和为 28600 元，机械费之和为 3800 元。

要求：计算该建筑物超高增加费。

6.20　大型机械设备基础、安拆及进退场费

1. 基本知识

（1）定额子目设置

本分部属于措施项目工程，共设置定额子目 44 项，分为 3 小节，包括：A.20.1 塔式

起重机、施工电梯基础；A.20.2 大型机械安装、拆卸一次费用；A.20.3 大型机械场外运输费。

（2）大型机械

常用大型施工机械很多是不能行走的，即使自身能行走，按城市交通管理的规定也不能在城市道路中行驶，如履带式推土机、挖掘机，进出施工现场时必须靠运载和起重机械配合。

很多大型施工机械是不能整机进出施工现场的，必须拆卸解体后才能进行施工现场，如塔式起重机。

因此就发生大型机械进出场费及安拆费用。中小型施工机械的安拆费及场外运输费一般包括在台班单价中。

（3）塔式起重机固定基础拆除

定额中未包括塔式起重机基础的拆除费用。发生时按甲乙双方现场签证计算。

2. 定额《说明》

（1）塔式起重机、施工电梯基础

1）塔式起重机固定式基础如需打桩时，其打桩费用按有关子目计算。

2）本定额不包括基础拆除的相关费用，如实际发生，另行计算。

3）塔式起重机固定式基础、施工电梯基础如与定额不同时，可按经审定的施工组织设计分别套用相应定额子目计算。

（2）大型机械安装、拆卸一次费用

1）安装拆卸费定额中已包括机械安装完成后的试运转费用。

2）塔式起重机安装、拆卸定额是按塔高 60m 确定的，如塔高超过 60m 时，每增加 15m，定额消耗量（扣除试车台班后）增加 10%。

（3）大型机械场外运输费用

1）大型机械场外运输费为运距 25km 以内的机械进出场费用。运距在 25km 以上者，按实办理签证。

2）大型机械场外运输费用不计算机械本机台班费用。

3）大型机械场外运输费已包括机械的回程费用。

4）自升式塔式起重机场外运输费以塔高 60m 确定的，如塔高超过 60m 时，每增加 15m，场外运输定额消耗量增加 10%。

（4）大型机械安装、拆卸一次费用子目中的试车台班及场外运输费用子目中的本机使用台班可根据实际使用机型换算，其他不变。

（5）本定额潜水钻机、转盘钻机、冲孔钻机等机械套用工程钻机相应子目，钻机可根据实际机型换算，其他不变。

3. 定额《工程量计算规则》

（1）自升式塔式起重机、施工电梯基础

1）自升式塔式起重机基础以座计算。

2）施工电梯基础以座计算。

（2）大型机械安装、拆卸一次费用均以台次计算。

（3）大型机械场外运输费均以台次计算。

4. 综合案例

【例 6-35】现有某新建生产综合楼，混合结构，建筑面积 6350m^2，框架 4 层，层高 4.5m，室外标高−0.300m。施工方案采用卷扬机配合塔吊为垂直运输机械，固定塔式起重机基础。

试列项计算以下工程量：1）垂直运输；2）相关机械进退场及安拆费用。

【解】结果见表 6-38。

大型机械进退场费列项套定额表　　表 6-38

定额编码	项目名称	定额单位	工程量
A16-3 换	建筑物垂直运输 20m 以内	100m^2	63.50
A20-1	塔吊 固定式基础	座	1
A20-15	塔吊 安拆费	台次	1
A20-39	塔吊 进退场费	台次	1

其中，16-3 定额子目需换算，塔吊台班消耗量×0.8。

思考与习题

1. 某工程为静力压方桩基础，桩长 15m，桩截面为 300mm×400mm，请列出该桩基础工程相关的大型机械进退场子目。

2. 某建筑工程框架结构，檐高为 33.5m，请列出与该工程垂直运输相关的“大型机械设备基础、安拆及进退场费”的定额子目。

6.21　材料二次运输

1. 基本知识

（1）定额子目设置

本分部属于措施项目工程，共设置定额子目 60 项，分为 7 小节，包括：A.21.1 金属材料；A.21.2 水泥及其制品；A.21.3 石灰、砂、石、屋面保温材料；A.21.4 竹、木材及其制品；A.21.5 砖、瓦、小型空心砌块；A.21.6 装饰石材、陶瓷面砖、天棚材料；A.21.7 门窗制品及玻璃。

（2）运距

材料的二次运输距离是指采用人力车运输，按基本运距 50m，当超过 50m 时按每超过 50m 进行增加。

2. 定额《说明》

（1）本定额适用于建筑、装饰装修工程中的建筑材料二次运输费的计算。

（2）二次运输费，是指因施工场地条件限制而发生的材料、构配件、半成品等一次运输不能到达堆放地点，必须进行二次或多次搬运所发生的费用。

（3）材料二次运输中，因水泥和玻璃（指门窗平板玻璃）重复装卸损耗较大，可另计算二次运输损耗费，其损耗率为：水泥 0.5%；玻璃 2%。二次运输损耗费计算式：

二次运输损耗费＝该材料量×材料单价×损耗率

（4）垂直运输材料，按照垂直运输距离折合 7 倍水平运输距离，套用本章定额子目计算。

（5）水平运距的计算分别以取料中心点为起点，以材料堆放中心点为终点。不足整数者，进位取整数。

3. 定额《工程量计算规则》

各种材料二次运输按本章定额表中的定额子目的计量单位计算。

思考与习题

1. 建筑工程什么情况下可以计算材料二次运输？
2. 计算材料二次运输时，如何确定水平运距和垂直运距？

6.22　成　品　保　护

1. 基本知识

（1）定额子目设置

本分部属于措施项目工程，共设置定额子目 16 项，分为 4 小节，包括：A.22.1 楼地面成品保护；A.22.2 楼梯、栏杆成品保护；A.22.3 台阶成品保护；A.22.4 柱面、墙面、电梯内装饰保护。

（2）成品保护

为防止后续施工对已完工装饰装修面层及设备造成损坏，应采取相应的保护措施。成品保护主要包括楼梯、栏杆成品保护，台阶成品保护和柱面、墙面、电梯内装饰等部位的保护。例如大理石、花岗岩地面铺好后，一般在上面铺麻袋等软织材料用于吸水、保护成品。常用的成品保护材料编织布、胶合板、麻袋、毛坯布、塑料薄膜等。

（3）成品保护计算依据

成品保护工程量计算依据是施工图纸、经审定的施工组织设计或甲乙双方办理的签证。成品保护按实际发生计算工程量，如果实际施工中没有作覆盖的不能计算成品保护费。

2. 定额《说明》

（1）本定额适用于建筑装饰装修工程的成品保护。

（2）成品保护，是施工过程中对装饰装修面所进行的保护。

（3）本定额编制是以成品保护所需的材料考虑的。

（4）本定额成品保护费包括楼地面、楼梯、栏杆、台阶、独立柱面、内墙面等饰面面层的成品保护。

3. 定额《工程量计算规则》

（1）楼梯、台阶，按设计图示尺寸以水平投影面积计算。

（2）栏杆、扶手，按设计图示尺寸以中心线长度计算。

（3）其他成品保护，按被保护面层以面积计算。

4. 综合案例

【例 6-36】某单层建筑如图 6-27 所示，地面铺贴大理石已完成，经审定的施工组织设计确定，需用编织布覆盖保护已完成地面工程。

要求：计算该部分工程成品保护工程量，确定套用定额子目。

【解】确定定额子目：A22-1。

楼地面成品保护工程量 $=(4.5-0.24)\times(3.3-0.24+3-0.24)=24.79\ \mathrm{m}^2$

思考与习题

1. 本定额适用范围是什么？
2. 如何计算其他成品保护工程量？

第三篇

工料单价法实务操作

任务 7　某职工活动中心工程预算书

工程预算书

工程名称： 某职工活动中心

建设单位：广西××股份有限公司	工程造价：1761168.74 元
施工单位：________	建筑面积：1090.37m^2
施工单位：广西××工程造价咨询有限公司	单方造价：1615.20 元
审核单位：________	编制日期：2020 年 8 月 15 日
编 制 人：吴××	编制人证号：________
审 核 人：________	审核人证号：________

总 说 明

工程名称：某职工活动中心　　　　第1页　共1页

1. 工程概况：本工程建筑面积为1090m^2，框架结构，三层，建筑物高度为13.20m。

2. 编制依据

（1）建设单位设计图纸。

（2）2013年《广西壮族自治区建筑装饰装修工程消耗量定额》、2016年《广西壮族自治区建设工程费用定额》、现行计价文件。

（3）材料预算价格按××市2019年第8期《××市建设工程造价信息》，缺项部分按定额除税价。

3. 其他说明

（1）本工程采用泵送商品混凝土施工；（2）暂列金额按30000元计算。

表-01

建设项目预算招标控制价汇总表

工程名称：某职工活动中心　　　　第1页　共1页

序号	单位工程名称	金额（元）	其中：（元）	
			暂估价	安全文明施工费
	招标控制价合计	1761168.74		89304.03

表-02

单项工程预算招标控制价汇总表

工程名称：某职工活动中心　　　　第1页　共1页

序号	单位工程名称	金额（元）	其中：（元）	
			暂估价	安全文明施工费
1.1	某职工活动中心建筑工程部分	1171850.12		59907.82
1.2	某职工活动中装饰装修工程	589318.62		29396.21
	招标控制价合计	1761168.74		89304.03

表-03

单位工程预算汇总表

工程名称：某职工活动中心　　　　第1页　共2页

序号	汇总内容	金额（元）	备注
某职工活动中心建筑工程部分			
1	分部分项工程和单价措施项目费用计价合计	907804.39	
1.1	其中：暂估价		
2	总价措施项目费用计价合计	65524.17	
2.1	其中：安全文明施工费	59907.82	
3	其他项目费用计价合计	30000.00	
4	税前项目费用计价合计		
5	规费	71763.29	
6	增值税	96758.27	
7	工程总造价=1+2+3+4+5+6	1171850.12	
某职工活动中装饰装修工程			
1	分部分项工程和单价措施项目费用计价合计	457008.76	
1.1	其中：暂估价		
2	总价措施项目费用计价合计	32152.11	
2.1	其中：安全文明施工费	29396.21	
3	其他项目费用计价合计		
4	税前项目费用计价合计		
5	规费	51498.41	
6	增值税	48659.34	
7	工程总造价=1+2+3+4+5+6	589318.62	

表-04

单位工程预算汇总表

工程名称：某职工活动中心　　　　第2页　共2页

序号	汇总内容	金额（元）	备注
工程项目汇总			
1	分部分项工程和单价措施项目费用计价合计	1364813.15	
1.1	其中：暂估价		
2	总价措施项目费用计价合计	97676.28	
2.1	其中：安全文明施工费	89304.03	
3	其他项目费用计价合计	30000.00	
4	税前项目费用计价合计		
5	规费	123261.70	
6	增值税	145417.61	
7	工程总造价＝1＋2＋3＋4＋5＋6	1761168.74	

表-04

分部分项工程和单价措施项目费用表

工程名称：某职工活动中心　　　　第 1 页　共 9 页

定额编号	定额名称	单位	工程量	单价(元)	合价(元)	单价分析(元)					
						人工费	材料费	机械费	管理费	利润	其中：暂估价
	某职工活动中心建筑工程部分				907804.39						
	分部分项工程				662429.15						
	A.1 土(石)方工程				17364.97						
A1-1	人工平整场地	$100m^2$	3.4703	565.84	1963.63	505.44			48.02	12.38	
A1-9	人工挖沟槽(基坑) 三类土 深 2m 以内	$100m^3$	2.7222	3029.05	8245.68	2701.92		3.80	257.04	66.29	
A1-82	人工回填土 夯填	$100m^3$	1.7525	2077.43	3640.70	1628.64		227.04	176.29	45.46	
A1-82	人工回填土 夯填(室内入口、平台处)	$100m^3$	0.1799	2077.43	373.73	1628.64		227.04	176.29	45.46	
A1-118 换	人工装、自卸汽车运土方 1km 运距以内 4.5t 自卸汽车[实际 10]	$100m^3$	0.7896	3978.25	3141.23	783.74		2769.86	337.59	87.06	
	A.3 砌筑工程				93457.53						
A3-2	砖基础 多孔砖 240×115×90{水泥石灰砂浆中砂 M5}	$10m^3$	0.924	4525.15	4181.24	1070.75	2959.48	34.72	366.68	93.52	
A3-10	混水砖墙 多孔砖 240×115×90 墙体厚度 11.5cm{水泥石灰砂浆中砂 M5}	$10m^3$	0.714	5173.18	3693.65	1496.08	3014.33	28.21	505.61	128.95	
A3-11	混水砖墙 多孔砖 240×115×90 墙体厚度 24cm{水泥石灰砂浆中砂 M5}	$10m^3$	16.325	4905.07	80075.27	1297.49	3019.79	33.64	441.54	112.61	
A3-46	砖砌明沟 标准砖 11.5cm 壁厚 内空 260×120mm{碎石 GD40 中砂水泥 32.5 C15}	100m	0.9620	5724.92	5507.37	1827.31	3078.51	41.23	619.79	158.08	
	A.4 混凝土及钢筋混凝土工程				477677.34						
A4-3 换	混凝土垫层{换：碎石 GD40 商品普通混凝土 C15}	$10m^3$	1.295	4359.04	5644.96	309.74	3909.64	7.57	105.25	26.84	
A4-3 换	混凝土垫层{换：碎石 GD40 商品普通混凝土 C15}	$10m^3$	2.552	4749.56	12120.88	585.47	3909.64	7.57	196.71	50.17	
A4-3 换	混凝土垫层{换：碎石 GD40 商品普通混凝土 C15}	$10m^3$	0.207	4847.64	1003.46	585.47	4007.72	7.57	196.71	50.17	
A4-4	带形基础 毛石混凝土{碎石 GD40 商品普通混凝土 C20}	$10m^3$	2.789	4182.63	11665.36	352.72	3674.17	6.29	119.08	30.37	
A4-7 换	独立基础 混凝土{换：碎石 GD40 商品普通混凝土 C25}	$10m^3$	2.892	4846.37	14015.70	424.59	4233.95	7.82	143.43	36.58	

表-08

分部分项工程和单价措施项目费用表

工程名称：某职工活动中心　　　　第2页　共9页

定额编号	定额名称	单位	工程量	单价(元)	合价(元)	单价分析(元)					
						人工费	材料费	机械费	管理费	利润	其中：暂估价
A4-18换	混凝土柱 矩形{换：砾石 GD40 商品普通混凝土 C25}	$10m^3$	5.442	4954.95	26964.84	503.14	4224.52	12.59	171.07	43.63	
A4-20换	混凝土柱 构造柱{换：碎石 GD40 商品普通混凝土 C25}	$10m^3$	0.917	5190.16	4759.38	669.86	4223.60	12.59	226.37	57.74	
A4-21换	混凝土 基础梁{换：碎石 GD40 商品普通混凝土 C25}	$10m^3$	1.332	4485.80	5975.09	155.61	4247.43	12.69	55.83	14.24	
A4-22换	混凝土 单梁、连续梁{换：碎石 GD40 商品普通混凝土 C25}	$10m^3$	0.038	4614.70	175.36	246.75	4247.25	12.69	86.06	21.95	
A4-24换	混凝土 地圈梁{换：碎石 GD40 商品普通混凝土 C25}	$10m^3$	0.421	5081.53	2139.32	575.76	4255.01	7.82	193.57	49.37	
A4-24换	混凝土 圈梁{换：碎石 GD40 商品普通混凝土 C25}	$10m^3$	0.775	5473.97	4242.33	852.85	4255.01	7.82	285.48	72.81	
A4-25换	混凝土 过梁{换：碎石 GD40 商品普通混凝土 C25}	$10m^3$	1.224	5693.28	6968.57	966.97	4305.79	12.69	324.95	82.88	
A4-33换	混凝土 平板{换：碎石 GD20 商品普通混凝土 C25}	$10m^3$	0.700	5128.68	3590.08	366.05	4592.64	12.43	125.54	32.02	
A4-31换	混凝土 有梁板{换：碎石 GD40 商品普通混凝土 C25}	$10m^3$	20.718	4749.69	98404.08	325.30	4271.36	12.43	112.03	28.57	
A4-37换	混凝土 天沟、挑檐板{换：碎石 GD40 商品普通混凝土 C25}	$10m^3$	1.456	6368.11	9271.97	1437.54	4303.37	20.30	483.57	123.33	
A4-38换	混凝土 悬挑板{换：碎石 GD40 商品普通混凝土 C25}	$10m^3$	0.048	6011.47	288.55	1176.71	4326.93	12.69	394.52	100.62	
A4-49换	混凝土直形楼梯 板厚 100mm[实际 160]{换：碎石 GD20 商品普通混凝土 C25}	$10m^2$	1.836	1545.33	2837.23	243.05	1193.76	5.18	82.34	21.00	
A4-53换	混凝土 压顶、扶手{换：碎石 GD40 商品普通混凝土 C25}	$10m^3$	0.092	6568.33	604.29	1526.42	4406.46		506.31	129.14	
A4-58换	混凝土 台阶{换：碎石 GD40 商品普通混凝土 C25}	$10m^3$	1.450	5578.84	8089.32	878.05	4306.51	20.30	297.98	76.00	
A4-59换	散水 混凝土 60mm 厚 水泥砂浆面 20mm{换：碎石 GD40 商品普通混凝土 C15}	$100m^2$	0.5233	7385.37	3864.76	1781.99	4806.22	39.06	604.04	154.06	

表-08

分部分项工程和单价措施项目费用表

工程名称：某职工活动中心　　　　第 3 页　共 9 页

定额编号	定额名称	单位	工程量	单价(元)	合价(元)	单价分析(元)					
						人工费	材料费	机械费	管理费	利润	其中：暂估价
A4-236	现浇构件圆钢筋制安 ϕ10 以内	t	23.700	5140.99	121841.46	709.14	4117.55	13.48	239.69	61.13	
A4-237	现浇构件圆钢筋制安 ϕ10 以上	t	0.130	5343.18	694.61	599.47	4368.98	88.38	228.16	58.19	
A4-239	现浇构件螺纹钢制安 Φ 10 以上	t	26.660	4774.17	127279.37	472.76	3964.20	99.13	189.70	48.38	
A4-318	砖砌体加固钢筋 不绑扎	t	0.700	5335.95	3735.17	877.34	4075.92	12.32	295.10	75.27	
A4-319	钢筋电渣压力焊接	10 个	36	41.70	1501.20	7.41	8.32	16.16	7.82	1.99	
	A.7 屋面及防水工程				38552.18						
A7-25	波纹瓦屋面 波纹瓦 200×200{水泥砂浆 1∶2}	100m²	0.8020	10143.55	8135.13	4183.69	4153.64	45.57	1402.85	357.80	
A7-26	波纹瓦屋面 滴水瓦 200×140×7{水泥砂浆 1∶2}	100m	0.9452	2649.88	2504.67	1365.66	706.47	6.51	455.15	116.09	
A7-27	波纹瓦屋面 脊瓦 200×140×9.5{水泥砂浆 1∶2}	100m	0.0340	3214.73	109.30	1260.44	1406.51	16.28	423.49	108.01	
A7-80 换	屋面聚氨酯涂膜防水 1.5mm 厚[实际 2]	100m²	5.1330	3100.87	15916.77	469.05	2436.56		155.58	39.68	
A9-1	水泥砂浆找平层 混凝土或硬基层上 20mm{素水泥浆}	100m²	5.1330	1718.78	8822.50	649.86	796.07	36.89	187.48	48.48	
A7-82	屋面刷冷底子油防水 第一遍{冷底子油 30∶70}	100m²	5.1330	502.42	2578.92	97.07	364.94		32.20	8.21	
A7-134 换	聚氨酯防水 1.2mm 厚 平面[实际 2]	100m²	0.0891	3677.42	327.66	654.30	2750.74		217.03	55.35	
A7-176	防水砂浆防水 20mm 厚 平面{水泥防水砂浆(加防水粉 5%) 1∶2}	100m²	0.0785	2002.94	157.23	683.20	983.08	36.89	238.85	60.92	
	A.8 保温、隔热、防腐工程				35377.13						
A8-6 换	屋面保温 现浇水泥珍珠岩 1：8 厚度 100mm{水泥珍珠岩 1∶8}[实际 150]	100m²	4.3211	5021.60	21698.84	747.67	3962.68		248.00	63.25	
A8-30	屋面混凝土隔热板铺设 板式架空 侧砌多孔砖巷砖 90×135{水泥砂浆 1∶2.5}	100m²	3.6495	3747.99	13678.29	1023.32	2283.30	10.85	343.03	87.49	
	小 计				662429.15						
	∑人工费				108071.02						
	∑材料费				503371.87						
	∑机械费				7665.42						

表-08

分部分项工程和单价措施项目费用表

工程名称：某职工活动中心　　　　第 4 页　共 9 页

定额编号	定额名称	单位	工程量	单价(元)	合价(元)	单价分析(元)					
						人工费	材料费	机械费	管理费	利润	其中：暂估价
	∑管理费				34511.53						
	∑利 润				8809.22						
	单价措施项目				245375.24						
011701	脚手架工程				45035.22						
A15-1	扣件式钢管里脚手架 3.6m 以内	100m²	0.9823	548.74	539.03	321.59	67.61	18.12	112.68	28.74	
A15-2	扣件式钢管里脚手架 3.6m 以上	100m²	1.9463	835.10	1625.36	468.31	138.47	23.56	163.15	41.61	
A15-6	扣件式钢管外脚手架 双排 20m 以内	100m²	13.4978	2308.60	31161.02	1230.06	507.42	41.69	421.84	107.59	
A15-28	钢管现浇混凝土运输道 楼板钢管架	100m²	10.9037	1073.93	11709.81	538.71	215.98	67.06	200.93	51.25	
011702	混凝土模板及支架(撑)				165704.09						
A17-14	独立基础 胶合板模板 木支撑	100m²	0.6025	4072.71	2453.81	2144.45	982.54	37.41	723.72	184.59	
A17-50	矩形柱 胶合板模板 钢支撑	100m²	0.3200	4162.81	1332.10	2244.49	894.00	63.50	765.56	195.26	
A17-50 换	矩形柱 胶合板模板 钢支撑[实际 4.8]	100m²	1.5360	4603.82	7071.47	2523.70	936.50	65.67	858.89	219.06	
A17-50 换	矩形柱 胶合板模板 钢支撑[实际 4.2]	100m²	2.6880	4383.30	11782.31	2384.09	915.25	64.58	812.22	207.16	
A17-58	构造柱 胶合板模板 木支撑	100m²	0.1484	5321.85	789.76	2749.85	1393.27	23.98	920.08	234.67	
A17-58 换	构造柱 胶合板模板 木支撑[实际 4.9]	100m²	0.2716	5901.20	1602.77	3052.33	1540.88	26.34	1021.19	260.46	
A17-58 换	构造柱 胶合板模板 木支撑[实际 4.2]	100m²	0.3833	5589.26	2142.36	2889.46	1461.41	25.07	966.75	246.57	
A17-63	基础梁 胶合板模板 木支撑	100m²	1.1094	4558.61	5057.32	2129.63	1478.53	45.11	721.36	183.98	
A17-72	地圈梁 直形 胶合板模板 木支撑	100m²	0.3509	4050.51	1421.32	2205.22	889.92	26.36	740.22	188.79	
A17-72	圈梁 直形 胶合板模板 木支撑	100m²	0.6452	4050.51	2613.39	2205.22	889.92	26.36	740.22	188.79	
A17-76	过梁 胶合板模板 木支撑	100m²	1.4412	6984.54	10066.12	3558.28	1860.10	59.91	1200.15	306.10	
A17-91 换	有梁板 胶合板模板 钢支撑[实际 4.68]	100m²	5.1934	5991.25	31114.96	3088.84	1449.48	117.95	1063.69	271.29	
A17-91 换	有梁板 胶合板模板 钢支撑[实际 4.08]	100m²	10.3335	5537.96	57226.51	2797.19	1419.93	110.41	964.45	245.98	
A17-99 换	平板 胶合板模板 钢支撑[实际 4.68]	100m²	0.2974	5252.45	1562.08	2742.80	1218.74	105.26	944.70	240.95	
A17-99 换	平板 胶合板模板 钢支撑[实际 4.08]	100m²	0.5948	4799.14	2854.53	2451.14	1189.19	97.72	845.46	215.63	

表-08

分部分项工程和单价措施项目费用表

工程名称：某职工活动中心　　　　第 5 页　共 9 页

定额编号	定额名称	单位	工程量	单价(元)	合价(元)	单价分析(元)					
						人工费	材料费	机械费	管理费	利润	其中：暂估价
A17-108	挑檐天沟 木模板木支撑	$100m^2$ 投影面积	2.5271	7161.56	18097.98	3969.54	1430.59	76.90	1342.20	342.33	
A17-109	悬挑板 直形 木模板木支撑	$10m^2$ 投影面积	0.613	1159.83	710.98	551.30	353.70	17.88	188.80	48.15	
A17-115	楼梯 直形 胶合板模板 钢支撑	$10m^2$ 投影面积	3.525	1368.82	4825.09	732.85	273.74	40.35	256.47	65.41	
A17-118	压顶、扶手 木模板木支撑	100 延长米	0.6396	3373.15	2157.47	1770.25	810.85	38.90	600.10	153.05	
A17-122	台阶 木模板木支撑	$10m^2$ 投影面积	1.215	358.59	435.69	191.18	82.40	3.83	64.68	16.50	
A17-123	混凝土散水 混凝土 60mm 厚 木模板木支撑	$100m^2$	0.5233	737.76	386.07	364.57	221.42		120.93	30.84	
011703	垂直运输				26908.70						
A16-2	建筑物垂直运输高度 20m 以内 框架结构 卷扬机	$100m^2$	10.9037	2467.85	26908.70			2204.42	209.42	54.01	
011708	混凝土运输及泵送工程				7727.23						
A18-4	混凝土泵送 输送泵 檐高 40m 以内{碎石 GD20 商品普通混凝土 C25}{泵 40m}	$100m^3$	0.1074	2051.18	220.30	249.60	1429.45	305.76	52.76	13.61	
A18-4	混凝土泵送 输送泵 檐高 40m 以内{碎石 GD20 商品普通混凝土 C20}{泵 40m}	$100m^3$	0.0127	2036.63	25.87	249.60	1414.90	305.76	52.76	13.61	
A18-4	混凝土泵送 输送泵 檐高 40m 以内{碎石 GD40 商品普通混凝土 C25}{泵 40m}	$100m^3$	2.8239	2006.18	5665.25	249.60	1384.45	305.76	52.76	13.61	
A18-4	混凝土泵送 输送泵 檐高 40m 以内{砾石 GD40 商品普通混凝土 C25}{泵 40m}	$100m^3$	0.5524	2006.18	1108.21	249.60	1384.45	305.76	52.76	13.61	
A18-4	混凝土泵送 输送泵 檐高 40m 以内{碎石 GD40 商品普通混凝土 C20}{泵 40m}	$100m^3$	0.2265	1991.63	451.10	249.60	1369.90	305.76	52.76	13.61	

表-08

分部分项工程和单价措施项目费用表

工程名称：某职工活动中心　　　　第6页　共9页

定额编号	定额名称	单位	工程量	单价(元)	合价(元)	单价分析(元)					
						人工费	材料费	机械费	管理费	利润	其中：暂估价
A18-4	混凝土泵送 输送泵 檐高 40m以内{碎石 GD40 商品普通混凝土 C15}{泵 40m}	100m³	0.1308	1961.04	256.50	249.60	1339.31	305.76	52.76	13.61	
	小 计				245375.24						
	Σ人工费				110721.40						
	Σ材料费				54842.81						
	Σ机械费				29292.44						
	Σ管理费				40246.54						
	Σ利 润				10271.98						
	合 计				907804.39						
	Σ人工费				218792.42						
	Σ材料费				558214.68						
	Σ机械费				36957.86						
	Σ管理费				74758.07						
	Σ利 润				19081.20						
	某职工活动中装饰装修工程				457008.76						
	分部分项工程				444500.38						
	A.9 楼地面工程				78358.55						
A9-1换	水泥砂浆找平层 混凝土或硬基层上 20mm{换：水泥砂浆 1∶2.5}	100m²	0.1782	1789.74	318.93	649.86	867.03	36.89	187.48	48.48	
A9-4	细石混凝土找平层 40mm{素水泥浆}	100m²	0.0441	2585.57	114.02	560.94	1827.90	2.97	153.95	39.81	

表-08

分部分项工程和单价措施项目费用表

工程名称：某职工活动中心 第 7 页 共 9 页

定额编号	定额名称	单位	工程量	单价(元)	合价(元)	单价分析(元)					
						人工费	材料费	机械费	管理费	利润	其中：暂估价
A9-79 换	陶瓷地砖楼地面 每块周长(800mm 以内)—卫生间 200×200 浅色凸纹防滑地砖水泥砂浆 密缝{素水泥浆}	100m^2	0.0441	8751.19	385.93	3048.47	4362.88	217.61	891.64	230.59	
A9-10	水泥砂浆整体面层 楼地面 20mm{素水泥浆}	100m^2	3.6148	2085.78	7539.68	780.27	987.85	36.89	223.08	57.69	
A9-83 换	陶瓷地砖楼地面 每块周长(2400mm 以内) 水泥砂浆 密缝—600×600 抛光砖{素水泥浆}	100m^2	7.0253	9236.89	64891.92	2634.06	5405.38	217.61	778.51	201.33	
A9-96	陶瓷地砖 楼梯 水泥砂浆{素水泥浆}	100m^2	0.3672	13910.86	5108.07	6229.08	5196.66	256.63	1770.60	457.89	
	A.10 墙、柱面工程				167446.05						
A10-7	内墙 混合砂浆 砖墙 (15+5)mm{水泥砂浆 1：2}	100m^2	7.5261	2632.76	19814.42	1322.18	799.42	42.32	372.51	96.33	
A10-160 换	面砖(周长 600mm 以内) 水泥砂浆粘贴 墙面、墙裙 缝宽 5mm 内{素水泥浆}	100m^2	8.8286	9709.43	85720.67	3861.00	4278.39	181.15	1103.51	285.38	
A10-166 换	面砖(周长 600mm 以内) 水泥砂浆粘贴 零星项目 缝宽 5mm 内—走廊栏杆压顶{素水泥浆}	100m^2	0.3401	11496.49	3909.96	4823.68	4745.26	201.05	1371.75	354.75	
A10-170 换	墙面、墙裙贴面砖 水泥砂浆粘贴 周长在 1200mm 以内—200×300 墙面瓷板{素水泥浆}	100m^2	6.5350	8875.44	58001.00	3322.18	4116.61	219.67	966.93	250.05	
	A.11 天棚工程				39666.49						
A11-5	混凝土面天棚 混合砂浆 现浇 (5+5)mm{水泥砂浆 1：1}	100m^2	17.3071	2291.92	39666.49	1270.70	549.62	26.04	354.01	91.55	
	A.12 门窗工程				124452.58						
A12-7	胶合板门 单扇有亮 普通{混合砂浆 1：0.3：4}	100m^2	0.0960	14189.65	1362.21	4611.98	7470.47	388.90	1365.24	353.06	
A12-10	胶合板门 单扇无亮 普通{混合砂浆 1：0.3：4}	100m^2	0.0168	14759.40	247.96	4654.22	7908.27	444.86	1392.05	360.00	
A12-168 换	门窗运输 运距 1km 以内[实际 10]	100m^2	0.1128	846.47	95.48	171.91		458.09	171.99	44.48	
A12-170	不带纱木门五金配件 有亮 单扇	樘	4	37.38	149.52		37.38				

表-08

分部分项工程和单价措施项目费用表

工程名称：某职工活动中心　　　　第8页　共9页

定额编号	定额名称	单位	工程量	单价(元)	合价(元)	单价分析(元)					
						人工费	材料费	机械费	管理费	利润	其中：暂估价
A12-172	不带纱木门五金配件 无亮 单扇	樘	1	17.38	17.38		17.38				
A12-38 换	铝合金地弹门 带亮(46系列有框地弹门，铝合金框厚2.0，5厚白色浮法玻璃，洞口＞2)	100m²	0.9051	50135.45	45377.60	4658.08	43824.48	38.98	1282.30	331.61	
A12-114 换	铝合金推拉窗 带亮(70系列不带纱推拉窗，铝合金框厚1.4，5厚白色浮法玻璃，洞口＞2)	100m²	3.1680	24331.51	77082.22	4050.62	18841.24	35.62	1115.54	288.49	
A12-115 换	铝合金推拉窗 不带亮(70系列不带纱推拉窗，铝合金金框厚1.4厚，5厚白色浮法玻璃，洞口≤2)	100m²	0.0048	25042.88	120.21	3631.91	20103.45	44.36	1003.62	259.54	
	A.13 油漆、涂料、裱糊工程				31307.87						
A13-33	刷底油、油色、酚醛清漆二遍 单层木门	100m²	0.1128	2550.87	287.74	1542.68	478.13		421.15	108.91	
A13-35	刷底油、油色、酚醛清漆二遍 木扶手 不带托板	100m	0.1887	598.11	112.86	410.98	45.91		112.20	29.02	
A13-140	红丹防锈漆 金属面 一遍	100m²	0.0034	418.34	1.42	217.93	125.53		59.49	15.39	
A13-202	银粉漆 金属面 二遍	100m²	0.0034	889.17	3.02	501.07	215.93		136.79	35.38	
A13-204	刮熟胶粉腻子 内墙面 两遍	100m²	7.5259	1123.96	8458.81	714.71	163.67		195.12	50.46	
A13-204 换	刮熟胶粉腻子 天棚面 两遍	100m²	17.3071	1296.81	22444.02	843.36	163.67		230.24	59.54	
	A.14 其他装饰工程				3268.84						
A14-108	不锈钢管栏杆 直线型 竖条式(圆管)	10m	1.869	1259.33	2353.69	417.85	655.44	31.61	122.70	31.73	
A14-119	不锈钢管扶手 直形 $\phi60$	10m	1.887	354.94	669.77	89.23	206.47	21.27	30.17	7.80	
A14-124	不锈钢弯头 $\phi60$	10个	0.4	613.46	245.38	164.74	82.48	230.45	107.89	27.90	
	小 计				444500.38						
	∑人工费				152119.43						
	∑材料费				231941.76						

表-08

分部分项工程和单价措施项目费用表

工程名称：某职工活动中心　　　　第 9 页　共 9 页

定额编号	定额名称	单位	工程量	单价(元)	合价(元)	单价分析(元)					
						人工费	材料费	机械费	管理费	利润	其中：暂估价
	Σ机械费				6081.26						
	Σ管理费				43188.97						
	Σ利 润				11168.98						
	单价措施项目				12508.38						
011701	脚手架工程				12508.38						
A15-84	钢管满堂脚手架 基本层 高 3.6m	100m^2	9.0720	1378.79	12508.38	819.55	161.59	39.87	285.07	72.71	
	小 计				12508.38						
	Σ人工费				7434.96						
	Σ材料费				1465.94						
	Σ机械费				361.70						
	Σ管理费				2586.16						
	Σ利 润				659.63						
	合 计				457008.76						
	Σ人工费				159554.39						
	Σ材料费				233407.70						
	Σ机械费				6442.96						
	Σ管理费				45775.13						
	Σ利 润				11828.61						
	总 合 计				1364813.15						
	Σ人工费				378346.81						
	Σ材料费				791622.38						
	Σ机械费				43400.82						
	Σ管理费				120533.20						
	Σ利 润				30909.81						

表-08

总价措施费用表

工程名称：某职工活动中心　　　　第1页　共1页

序号	项目名称	计算基础	费率(%)或标准	金额(元)	备注
	某职工活动中心建筑工程部分			65524.17	
一	建筑装饰装修工程(营改增)一般计税法			65524.17	
1	安全文明施工费	∑(分部分项人材机＋单价措施人材机)(619108.31＋194856.65)	7.36	59907.82	
2	检验试验配合费		0.11	895.36	
3	雨季施工增加费		0.53	4314.01	
4	工程定位复测费		0.05	406.98	
	某职工活动中心装饰装修工程			32152.11	
一	建筑装饰装修工程(营改增)一般计税法			32152.11	
1	安全文明施工费	∑(分部分项人材机＋单价措施人材机)(390142.45＋9262.6)	7.36	29396.21	
2	检验试验配合费		0.11	439.35	
3	雨季施工增加费		0.53	2116.85	
4	工程定位复测费		0.05	199.70	
	合计			97676.28	

注：以项计算的总价措施，无“计算基础”和“费率”的数值，可只填“金额”数值，但应在备注栏说明施工方案出处或计算方法。

表-09

其他项目费用表

工程名称：某职工活动中心　　　　第 1 页　共 1 页

序号	项目名称	计算公式	金额(元)
	某职工活动中心建筑工程部分		30000.00
1	暂列金额	明细详见表-10-1	30000.00
2	材料暂估价	明细详见表-10-2	
3	专业工程暂估价	明细详见表-10-3	
4	计日工	明细详见表-10-4	
5	总承包服务费	明细详见表-10-5	
	某职工活动中装饰装修工程		
1	暂列金额	明细详见表-10-1	
2	材料暂估价	明细详见表-10-2	
3	专业工程暂估价	明细详见表-10-3	
4	计日工	明细详见表-10-4	
5	总承包服务费	明细详见表-10-5	
	合计		30000.00

注：专业工程暂估价、检验试验费暂估价包含除税金之外的所有费用，不计规费。

表-10

暂列金额明细表

工程名称：某职工活动中心　　　　　　　　　　　　第 1 页　共 1 页

序号	项目名称	计量单位	暂定金额（元）	备注
	某职工活动中心建筑工程部分			30000.00
1	暂列金额			30000.00
1.1	工程量偏差	元		10000.00
1.2	政策性调整和材料价格波动	元		20000.00
	合计			30000.00

注：此表由招标人填写，如不能详列，也可只列暂定金额总额，投标人应将上述暂列金额计入总价中。

表-10-1

税前项目费表

工程名称：某职工活动中心　　　　　　　　　　　　　　第1页　共1页

序号	项目编号	项目名称及项目特征描述	计量单位	工程量	金额(元)	
					单价	合价
		合计				

注：税前项目包含除增值税以外的所有费用。

表-12

规费、增值税汇总表

工程名称：某职工活动中心　　　　第1页　共2页

序号	项目名称	计算基础	计算费率(%)	金额(元)
	某职工活动中心建筑工程部分			168521.56
一	建筑装饰装修工程(营改增)—般计税法			168521.56
1	规费	1.1+1.2+1.3		71763.29
1.1	社会保险费	Σ(分部分项人工费+单价措施人工费)(108071.02+110721.4)	29.35	64215.58
1.1.1	养老保险费		17.22	37676.05
1.1.2	失业保险费		0.34	743.89
1.1.3	医疗保险费		10.25	22426.22
1.1.4	生育保险费		0.64	1400.27
1.1.5	工伤保险费		0.90	1969.13
1.2	住房公积金		1.85	4047.66
1.3	工程排污费	Σ(分部分项人材机+单价措施人材机)(619108.31+194856.65)	0.43	3500.05
2	增值税	Σ(分部分项工程费及单价措施项目费+总价措施项目费+其他项目费+税前项目费+规费)(907804.39+65524.17+30000+0+71763.29)	9.00	96758.27
	某职工活动中装饰装修工程			100157.75
一	建筑装饰装修工程(营改增)—般计税法			100157.75
1	规费	1.1+1.2+1.3		51498.41
1.1	社会保险费	Σ(分部分项人工费+单价措施人工费)(152119.43+7434.96)	29.35	46829.21
1.1.1	养老保险费		17.22	27475.27
1.1.2	失业保险费		0.34	542.48
1.1.3	医疗保险费		10.25	16354.32
1.1.4	生育保险费		0.64	1021.15

表-13

规费、增值税汇总表

工程名称：某职工活动中心　　　　　　　　　　　　　　　　第 2 页　共 2 页

序号	项目名称	计算基础	计算费率(%)	金额(元)
1.1.5	工伤保险费	Σ(分部分项人工费＋单价措施人工费)(152119.43＋7434.96)	0.90	1435.99
1.2	住房公积金		1.85	2951.76
1.3	工程排污费	Σ(分部分项人材机＋单价措施人材机)(390142.45＋9262.6)	0.43	1717.44
2	增值税	Σ(分部分项工程费及单价措施项目费＋总价措施项目费＋其他项目费＋税前项目费＋规费)(457008.76＋32152.11＋0＋0＋51498.41)	9.00	48659.34
	合计			268679.31

表-13

承包人提供主要材料和工程设备一览表
（适用于造价信息差额调整法）

工程名称：某职工活动中心　　编号：

序号	名称、规格、型号	单位	数量	风险系数（%）	基准单价（元）	投标单价（元）	确认单价（元）	价差（元）	合计差价（元）
1	螺纹钢筋 HRB335 ⏀10 以上(综合)	t	27.860		3733.00				
2	圆钢 HPB300 Φ10 以内(综合)	t	24.888		3996.00				
3	圆钢 HPB300 Φ10 以上(综合)	t	0.136		4124.00				
4	铁钉(综合)	kg	609.153		5.31				
5	电焊条(综合)	kg	221.165		6.37				
6	不锈钢焊丝	kg	2.535		15.93				
7	普通硅酸盐水泥 32.5MPa	t	72.484		428.32				
8	白水泥(综合)	t	0.212		721.24				
9	砂(综合)	m^3	134.536		150.49				
10	细砂	m^3	3.643		148.54				
11	中砂	m^3	44.285		152.43				
12	粗砂	m^3	0.063		148.54				
13	碎石 5～40mm	m^3	3.564		116.50				
14	石灰膏	m^3	12.800		320.39				
15	毛石(块石)	m^3	10.124		100.97				
16	页岩标准砖 240×115×53	千块	1.432		631.07				
17	多孔页岩砖 240×115×90	千块	64.129		708.74				
18	周转圆木	m^3	0.670		794.34				
19	一等杉木枋材	m^3	0.480		1195.12				
20	周转板枋材	m^3	0.331		956.82				
21	周转枋材	m^3	13.616		920.71				

注：1. 此表由招标人填写除“投标单价”栏的内容，投标人在投标时自主确定投标单价。
2. 招标人应优先采用工程造价管理机构发布的单价作为基础单价，未发布的，通过市场调查确定其基准单价。

表-20

承包人提供主要材料和工程设备一览表
（适用于造价信息差额调整法）

工程名称：某职工活动中心　　　　编号：

序号	名称、规格、型号	单位	数量	风险系数（%）	基准单价（元）	投标单价（元）	确认单价（元）	价差(元)	合计差价（元）
22	周转板材	m^3	2.598		992.92				
23	胶合板 3mm	m^2	18.620		11.19				
24	墙面瓷板 200×300	m^2	679.640		30.00				
25	陶瓷墙面砖 100×100	m^2	853.866		35.00				
26	防滑地砖 200×200×8	m^2	4.498		35.00				
27	抛光砖 600×600×11	m^2	720.093		45.00				
28	46 系列有框地弹门，铝合金框厚 2.0，5 厚白色浮法玻璃，洞口＞2	m^2	85.622		455.00				
29	70 系列不带纱推拉窗，铝合金框厚 1.4，5 厚白色浮法玻璃，洞口＞2	m^2	302.481		193.00				
30	70 系列不带纱推拉窗，铝合金金框厚 1.4 厚，5 厚白色浮法玻璃，洞口≤2	m^2	0.455		207.00				
31	有色调和漆	kg	0.120		10.62				
32	酚醛清漆	kg	3.024		12.30				
33	聚氨酯甲料	kg	444.084		10.62				
34	双飞粉	kg	4221.610		0.22				
35	红丹防锈漆	kg	0.042		9.73				
36	石油沥青 60＃～100＃	kg	79.228		3.54				
37	嵌缝料	kg	295.287		6.19				
38	国Ⅴ汽油 92＃	kg	193.668		8.02				
39	聚氨酯乙料	kg	666.124		10.62				
40	隔离剂	kg	295.287		1.33				
41	建筑胶	kg	2939.417		1.06				
42	水	m^3	462.526		3.34				

注：1. 此表由招标人填写除“投标单价”栏的内容，投标人在投标时自主确定投标单价。

2. 招标人应优先采用工程造价管理机构发布的单价作为基础单价，未发布的，通过市场调查确定其基准单价。

表-20

承包人提供主要材料和工程设备一览表
（适用于造价信息差额调整法）

工程名称：某职工活动中心　　　　编号：

序号	名称、规格、型号	单位	数量	风险系数（%）	基准单价（元）	投标单价（元）	确认单价（元）	价差（元）	合计差价（元）
43	胶合板模板 1830×915×18	m^2	404.355		28.32				
44	模板支撑钢管及扣件	kg	1226.954		4.87				
45	零星卡具	kg	10.011		4.07				
46	回转扣件	个	11.890		5.75				
47	对接扣件	个	25.204		5.31				
48	直角扣件	个	107.228		6.02				
49	脚手架焊接钢管 ϕ48.3×3.6	t	0.855		3938.05				
50	竹脚手板	m^2	137.471		18.58				
51	国Ⅴ汽油 92#	kg	260.722		8.02				
52	轻柴油 0#	kg	164.066		6.68				
53	电	kWh	8825.445		0.59				
54	合 计								

注：1. 此表由招标人填写除“投标单价”栏的内容，投标人在投标时自主确定投标单价。
2. 招标人应优先采用工程造价管理机构发布的单价作为基础单价，未发布的，通过市场调查确定其基准单价。

表-20

任务8　某职工活动中心建筑工程工程量计算式

建筑工程工程量计算式

工程名称：某职工活动中心

工程量计算表

工程名称：某职工活动中心建筑工程部分　　　　第1页　共28页

编号	工程量计算式	单位	标准工程量	定额工程量
	单价措施项目			
011701	脚手架工程			
A15-1	扣件式钢管里脚手架3.6m以内	$100m^2$	98.23	0.9823
//	一层			
Ⓑ轴	(3.3－0.24)×(2.51＋0.1－0.4)		6.76	0.0676
//	二层			
④轴	(10.2－0.48×2)×(4.2－0.9)		30.49	0.3049
⑥轴	(10.2－0.48×2)×(4.2－0.9)		30.49	0.3049
//	三层			
④轴	(10.2－0.48×2)×(4.2－0.9)		30.49	0.3049
A15-2	扣件式钢管里脚手架3.6m以上	$100m^2$	194.63	1.9463
//	一层			
⑧轴	(10.2－0.48×2)×(4.8－0.9)		36.04	0.3604
⑨轴	(6－0.12＋0.12)×(4.8－0.4)＋0.1×[6－0.12－(4.5－1.68)]		26.71	0.2671
Ⓒ轴	(6.9－0.24)×(4.8－0.3)		29.97	0.2997
//	二层			
⑨轴	(10.2－0.12＋0.12)×(4.2－0.4)＋0.1×[6－0.12－(4.5－1.68)]		39.07	0.3907
Ⓒ轴	(4.2－0.3)×(3.3－0.24)		11.93	0.1193
//	三层			
⑨轴	(10.2－0.12＋0.12)×(4.2－0.4)＋0.1×[6－0.12－(5.4－1.68)]		38.98	0.3898

工程量计算表

工程名称：某职工活动中心建筑工程部分　　　　第 2 页　共 28 页

编号	工程量计算式	单位	标准工程量	定额工程量
©轴	(4.2－0.3)×(3.3－0.24)		11.93	0.1193
A15-6	扣件式钢管外脚手架 双排 20m 以内	100m²	1349.78	13.4978
	[33.24×2＋(10.44＋1.68)×2]×(14＋0.17)×1.05		1349.78	13.4978
A15-28	钢管现浇混凝土运输道 楼板钢管架	100m²	1090.37	10.9037
建筑面积	1090.37		1090.37	10.9037
011702	混凝土模板及支架(撑)			
A17-14	独立基础 胶合板模板 木支撑	100m²	60.25	0.6025
J1＝9	[(1.8×2＋2.8×2)＋(1.1×2＋1.7×2)]×0.25		33.30	0.3330
J2＝7	[(2×2＋2.8×2)＋(1.2×2＋1.7×2)]×0.25		26.95	0.2695
A17-50	矩形柱 胶合板模板 钢支撑	100m²	32.00	0.3200
KZ1＝9	(0.4＋0.6)×2×1		18.00	0.1800
KZ2＝7	(0.4＋0.6)×2×1		14.00	0.1400
A17-50 换	矩形柱 胶合板模板 钢支撑[实际 4.8]	100m²	153.60	1.5360
KZ1＝9	(0.4＋0.6)×2×4.8		86.40	0.8640
KZ2＝7	(0.4＋0.6)×2×4.8		67.20	0.6720

工程量计算表

工程名称：某职工活动中心建筑工程部分　　　　第3页　共28页

编号	工程量计算式	单位	标准工程量	定额工程量
A17-50 换	矩形柱 胶合板模板 钢支撑[实际 4.2]	100m²	268.80	2.6880
KZ1=9	(0.4+0.6)×2×4.2×2		151.20	1.5120
KZ2=7	(0.4+0.6)×2×4.2×2		117.60	1.1760
A17-58	构造柱 胶合板模板 木支撑	100m²	14.84	0.1484
走廊 GZ=18	0.12×2×(1.05−0.06)		4.28	0.0428
结施说明 GZ1	0.32×2×(4.2−0.9)×5		10.56	0.1056
A17-58 换	构造柱 胶合板模板 木支撑[实际 4.9]	100m²	27.16	0.2716
GZ1.2=6	0.24×2×(4.77+0.1)		14.03	0.1403
GZ1.2 马牙槎	0.24×0.06×(4.77+0.1)×13×2		1.82	0.0182
结施说明 GZ1	0.32×2×(4.77+0.1−0.9)×2		5.08	0.0508
结施说明 GZ1	0.32×2×(4.77+0.1)×2		6.23	0.0623
A17-58 换	构造柱 胶合板模板 木支撑[实际 4.2]	100m²	38.33	0.3833
//	二、三层			
GZ1.2=6	0.24×2×4.2×2		24.19	0.2419
GZ1.2 马牙槎	0.24×0.06×4.2×14×2×2		3.39	0.0339
结施说明 GZ1	0.32×2×4.2×4		10.75	0.1075

工程量计算表

工程名称：某职工活动中心建筑工程部分　　　　第 4 页　共 28 页

编号	工程量计算式	单位	标准工程量	定额工程量
A17-63	基础梁 胶合板模板 木支撑	$100m^2$	110.94	1.1094
②～⑦轴 JL1=6	0.5×2×(10.2−0.48×2)		55.44	0.5544
Ⓐ轴 JL1	0.5×2×(29.1−0.28−0.4×6−0.2)		26.22	0.2622
Ⓑ轴 JL1	0.5×2×(3.3−0.12×2)		3.06	0.0306
Ⓓ轴 JL1	0.5×2×(29.1−0.28−0.4×6−0.2)		26.22	0.2622
A17-72	地圈梁 直形 胶合板模板 木支撑	$100m^2$	35.09	0.3509
①、⑧轴 1—1 剖=2	0.3×2×(10.2−0.48×2)		11.09	0.1109
⑨轴 1—1 剖	0.3×2×(4.2−0.12×2)		2.38	0.0238
⑨轴 2—2 剖	0.3×2×(6−0.12×2)		3.46	0.0346
⑩轴 1—1 剖	0.3×2×10.2		6.12	0.0612
Ⓐ轴 1—1 剖	0.3×2×(6.9−0.2)		4.02	0.0402
Ⓒ轴 1—1 剖	0.3×2×(6.9−0.12×2)		4.00	0.0400
Ⓓ轴 1—1 剖	0.3×2×(6.9−0.2)		4.02	0.0402
A17-72	圈梁 直形 胶合板模板 木支撑	$100m^2$	64.52	0.6452
//	二层			
⑨轴 QL	0.3×2×[6−0.12−(4.5−1.8−0.12)]		1.98	0.0198
⑨轴 CL1	0.4×2×(4.5−1.8−0.12)		2.06	0.0206

工程量计算表

工程名称：某职工活动中心建筑工程部分 第5页 共28页

编号	工程量计算式	单位	标准工程量	定额工程量
⑩轴 QL	0.3×2×[10.2−0.12−(4.5−1.8−0.12)]		4.50	0.0450
⑩轴 CL2	0.4×2×(4.5−1.8−0.12)		2.06	0.0206
Ⓒ轴 QL	0.3×2×(3.3−0.12×2)		1.84	0.0184
Ⓓ轴 QL	0.3×2×(3.3−0.12×2)		1.84	0.0184
//	三层			
⑨轴 QL	0.3×2×[6−0.12−(4.5−1.8−0.12)]		1.98	0.0198
⑨轴 CL1	0.4×2×(4.5−1.8−0.12)		2.06	0.0206
⑨轴 XL1	0.4×2×(4.2−0.12×2)		3.17	0.0317
⑩轴 QL	0.3×2×[10.2−0.12−(4.5−1.8−0.12)]		4.50	0.0450
⑩轴 CL2	0.4×2×(4.5−1.8−0.12)		2.06	0.0206
Ⓒ轴 QL	0.3×2×(3.3−0.12×2)		1.84	0.0184
Ⓓ轴 QL	0.3×2×(3.3−0.12×2)		1.84	0.0184
//	屋面层			
⑨轴 QL	0.3×2×[6−0.12−(5.4−1.8−0.12)]		1.44	0.0144
⑨轴 CL1	0.4×2×(5.4−1.8−0.12)		2.78	0.0278
⑨轴 XL1	0.4×2×(4.2−0.12×2)		3.17	0.0317
⑩轴 QL	0.3×2×[10.2−0.12−(5.4−1.8−0.12)]		3.96	0.0396
⑩轴 CL2	0.4×2×(5.4−1.8−0.12)		2.78	0.0278
Ⓒ轴 QL	0.3×2×(3.3−0.12×2)		1.84	0.0184
Ⓓ轴 QL	0.3×2×(3.3−0.12×2)		1.84	0.0184
//	结施说明 QL			

工程量计算表

工程名称：某职工活动中心建筑工程部分　　　　第 6 页　共 28 页

编号	工程量计算式	单位	标准工程量	定额工程量
一层	0.3×2×[(3.6－0.2－0.12)＋(6.9－0.24×2－0.8)＋(6.9－0.2－0.24－0.12)＋(10.2－0.24×2)]		14.98	0.1498
A17-76	过梁 胶合板模板 木支撑	100m²	144.12	1.4412
M1＝6	(0.24＋0.3×2)×3.2		16.13	0.1613
M2＝1	(0.24＋0.25×2)×(1.5＋0.25)		1.30	0.0130
M3＝2	(0.24＋0.15×2)×(1＋0.25×2)		1.62	0.0162
M3＝2	(0.24＋0.15×2)×(1＋0.25＋0.12)		1.48	0.0148
M4＝1	(0.24＋0.15×2)×(0.8＋0.25＋0.12)		0.63	0.0063
M5＝2	(0.24＋0.3×2)×3.5		5.88	0.0588
C1＝9	(0.24＋0.3×2)×3.5		26.46	0.2646
C2＝18	(0.24＋0.3×2)×3.2		48.38	0.4838
C3＝12	(0.24＋0.3×2)×(2.7＋0.25)		29.74	0.2974
C4＝5	(0.24＋0.25×2)×(1.8＋0.25×2)		8.51	0.0851
C5	(0.24＋0.25×2)×(1.5＋0.25)		1.30	0.0130
雨篷门顶过梁	(0.24＋0.3×2)×(3.6－0.2×2)		2.69	0.0269
A17-91 换	有梁板 胶合板模板 钢支撑[实际 4.68]	100m²	519.34	5.1934
//	二层			
KL1	(0.9－0.12)×2×(10.2－0.48×2)		14.41	0.1441
KL2	(0.9－0.12)×2×(10.2－0.48×2)＋(0.4－0.1)×2×(1.8－0.12－0.2)		15.30	0.1530

工程量计算表

工程名称：某职工活动中心建筑工程部分

编号	工程量计算式	单位	标准工程量	定额工程量
KL3	(0.9－0.12)×2×(10.2－0.48×2)+(0.45－0.1)×2×(1.8－0.12－0.2)		15.45	0.1545
KL4=2	(0.9－0.12)×2×(10.2－0.48×2)+(0.45－0.1)×2×(1.8－0.12－0.2)		30.90	0.3090
KL5=3	(0.9－0.12)×2×(10.2－0.48×2)+(0.45－0.1)×2×(1.8－0.12－0.2)		46.35	0.4635
CL1	(0.4－0.1)×2×(1.8－0.12－0.2)		0.89	0.0089
CL2	(0.4－0.1)×2×(1.8－0.12－0.2)		0.89	0.0089
LL1	(0.4－0.1)×2×(33－3.9+0.24)		17.60	0.1760
LL2	(0.4×2－0.1－0.12)×(33－3.3－0.28－0.4×7－0.12)		15.37	0.1537
LL3=2	(0.4－0.12)×2×(33－3.3－0.18－0.3×7－0.12)		30.58	0.3058
LL4	(0.4－0.12)×2×(33－3.3－0.28－0.4×7－0.12)		14.84	0.1484
板	(10.2－0.24－0.2×2)×(33－3.3－0.18－0.3×7－0.12)+(1.8－0.12－0.2)×(33－0.24×2－0.25×7)		306.53	3.0653
板侧	0.12×(10.44×2+3.9+33.24)+0.1×(1.68×2+33.24－3.9)		10.23	0.1023
A17-91换	有梁板 胶合板模板 钢支撑[实际4.08]	100m^2	1033.35	10.3335
//	三层			
	519.34		519.34	5.1934
//	屋面层			
WKL1	(0.9－0.12)×2×(10.2－0.48×2)+(0.4－0.12)×2×(1.8－0.12－0.2)		15.24	0.1524
WKL2=3	(0.9－0.12)×2×(10.2－0.48×2)+(0.45－0.12)×2×(1.8－0.2－0.12)		46.17	0.4617
WKL3=4	(0.9－0.12)×2×(10.2－0.48×2)+(0.45－0.12)×2×(1.8－0.2－0.12)		61.57	0.6157
LL1	(0.4－0.12)×2×(33+0.24)		18.61	0.1861

工程量计算表

工程名称：某职工活动中心建筑工程部分　　　　第 8 页　共 28 页

编号	工程量计算式	单位	标准工程量	定额工程量
LL2	(0.4−0.12)×2×(33−0.28−0.4×7−0.24−0.12)		16.55	0.1655
LL3=2	(0.4−0.12)×2×(33−3.3−0.18−0.3×7−0.12)		30.58	0.3058
LL4	(0.4−0.12)×2×(33−3.3−0.28−0.4×7−0.12)		14.84	0.1484
①～⑨轴板	(10.2−0.24−0.2×2)×(29.1−0.18−0.3×7−0.12)+(1.8−0.12−0.24)×(33−0.24×2−0.25×7)		299.56	2.9956
板侧	0.12×(10.44×2+33.24×2+1.68×2)		10.89	0.1089
A17-99 换	平板 胶合板模板 钢支撑[实际 4.68]	100m²	29.74	0.2974
//	二层			
	(3.3−0.12×2)×(10.2−0.24×2)		29.74	0.2974
A17-99 换	平板 胶合板模板 钢支撑[实际 4.08]	100m²	59.48	0.5948
//	三层			
	(3.3−0.12×2)×(10.2−0.24×2)		29.74	0.2974
//	屋面层			
	(3.3−0.12×2)×(10.2−0.24×2)		29.74	0.2974
A17-108	挑檐天沟 木模板木支撑	100m² 投影面积	252.71	2.5271
//	悬挑板部分			
①轴	0.6×(10.2+0.72+1.9)		7.69	0.0769

工程量计算表

工程名称：某职工活动中心建筑工程部分　　　　第9页　共28页

编号	工程量计算式	单位	标准工程量	定额工程量
⑩轴	0.6×(10.2+0.72+1.9)		7.69	0.0769
Ⓐ轴	0.1×33.24		3.32	0.0332
Ⓔ轴	0.6×33.24		19.94	0.1994
//	斜板部分			
	[SQRT(0.6^2+0.72^2)+0.2]×2×[(33.24+0.6×2−0.1)×2+(10.2+0.72+1.9−0.1)×2]		214.07	2.1407
A17-109	悬挑板 直形 木模板木支撑	$10m^2$ 投影面积	6.13	0.613
	3.85×1+0.2×2×(3.85+1×2−0.08×2)		6.13	0.613
A17-115	楼梯 直形 胶合板模板 钢支撑	$10m^2$ 投影面积	35.25	3.525
	35.25		35.25	3.525
A17-118	压顶、扶手 木模板木支撑	100延长米	63.96	0.6396
	[(1.68−0.12)×2+29.1−0.24]×2		63.96	0.6396
A17-122	台阶 木模板木支撑	$10m^2$ 投影面积	12.15	1.215
	0.35×(3.6+0.9−0.35×2)		1.33	0.133
	0.35×(29.22+1.2×2−0.35×2)		10.82	1.082
A17-123	混凝土散水 混凝土60mm厚 木模板木支撑	$100m^2$	52.33	0.5233
	52.33		52.33	0.5233

工程量计算表

工程名称：某职工活动中心建筑工程部分　　　　第 10 页　共 28 页

编号	工程量计算式	单位	标准工程量	定额工程量
011703	垂直运输			
A16-2	建筑物垂直运输高度 20m 以内 框架结构 卷扬机	$100m^2$	1090.37	10.9037
	1090.37		1090.37	10.9037
011704	超高施工增加			
011705	大型机械设备进出场及安拆			
011706	施工排水、降水			
011708	混凝土运输及泵送工程			
A18-3	混凝土泵送 输送泵车 檐高 60m 以内{碎石 GD20　商品普通混凝土 C20}	$100m^3$		
A18-3	混凝土泵送 输送泵车 檐高 60m 以内{碎石 GD40　商品普通混凝土 C25}	$100m^3$		
A18-3	混凝土泵送 输送泵车 檐高 60m 以内{碎石 GD40　商品普通混凝土 C20}	$100m^3$		
011709	二次搬运			
011710	已完工程保护费			
011711	夜间施工增加费			
	分部分项项目			
	A.1 土(石)方工程			
A1-1	人工平整场地	$100m^2$	347.03	3.4703
	33.24×10.44		347.03	3.4703

工程量计算表

工程名称：某职工活动中心建筑工程部分　　　　第 11 页　共 28 页

编号	工程量计算式	单位	标准工程量	定额工程量
A1-9	人工挖沟槽(基坑)三类土 深 2m 以内	$100m^3$	272.22	2.7222
//	柱基垫层部分			
J1=9	(1.8+0.1×2)×(2.8+0.1×2)×0.1		5.40	0.0540
J2=7	(2.0+0.1×2)×(2.8+0.1×2)×0.1		4.62	0.0462
//	柱基部分			
J1=9	(1.8+0.3×2)×(2.8+0.3×2)×(1.5−0.17)		97.68	0.9768
J2=7	(2.0+0.3×2)×(2.8+0.3×2)×(1.5−0.17)		82.30	0.8230
//	卫生间			
	(0.6−0.17)×(1.68−0.4−0.42)×(3.3−0.5−0.4)		0.89	0.0089
//	基础梁垫层部分			
②～⑦轴 JL1=6	(0.24+0.1×2)×0.1×(10.2−1.7×2)		1.80	0.0180
Ⓐ轴 JL1	(0.24+0.1×2)×0.1×(29.1−1.2−2.6×6−1.3)		0.48	0.0048
Ⓑ轴 JL1	(0.24+0.1×2)×0.1×(3.3−0.5−0.4)		0.11	0.0011
Ⓓ轴 JL1	(0.24+0.1×2)×0.1×(29.1−1.2×2−2.4×6)		0.54	0.0054
//	基础梁部分			
②～⑦轴 JL1=6	(0.24+0.3×2)×(0.6−0.17)×(10.2−1.7×2)		14.74	0.1474
Ⓐ轴 JL1	(0.24+0.3×2)×(0.6−0.17)×(29.1−1.2−2.6×6−1.3)		3.97	0.0397
Ⓑ轴 JL1	(0.24+0.3×2)×(0.6−0.17)×(3.3−0.5−0.4)		0.87	0.0087
Ⓓ轴 JL1	(0.24+0.3×2)×(0.6−0.17)×(29.1−1.2×2−2.4×6)		4.44	0.0444

工程量计算表

工程名称：某职工活动中心建筑工程部分　　　　第 12 页　共 28 页

编号	工程量计算式	单位	标准工程量	定额工程量
//	毛石混凝土基础部分			
①～⑧轴 1—1 剖＝2	0.8×(1.5－0.17)×(10.2－1.7×2)		14.47	0.1447
⑨轴 1—1 剖	0.8×(1.5－0.17)×(4.2－0.4×2)		3.62	0.0362
⑩轴 1—1 剖	0.8×(1.5－0.17)×10.2		10.85	0.1085
Ⓐ轴 1—1 剖	0.8×(1.5－0.17)×(6.9－1.3)		5.96	0.0596
Ⓒ轴 1—1 剖	0.8×(1.5－0.17)×(6.9－0.4×2)		6.49	0.0649
Ⓓ轴 1—1 剖	0.8×(1.5－0.17)×(6.9－1.2)		6.07	0.0607
⑨轴 2—2 剖	1×(1.5－0.17)×(6－0.4×2)		6.92	0.0692
A1-82	人工回填土 夯填	$100m^3$	175.25	1.7525
总挖量	190.88＋81.32		272.20	2.7220
扣除柱基、地梁垫层	－12.95		－12.95	－0.1295
扣除柱基	－28.92		－28.92	－0.2892
扣除－0.17 以下柱	－0.4×0.6×(1－0.17)×16		－3.19	－0.0319
扣除混凝土条形基础	－27.88		－27.88	－0.2788
扣除砖基础	－9.23		－9.23	－0.0923
//	扣基础梁部分			
②～⑦轴 JL1＝6	－0.24×(0.6－0.17)×(10.2－0.48×2)		－5.72	－0.0572
Ⓐ轴 JL1	－0.24×(0.6－0.17)×(29.1－0.28－0.24×6－0.2)		－2.80	－0.0280
Ⓑ轴 JL1	－0.24×(0.6－0.17)×(3.3－0.24)		－0.32	－0.0032

工程量计算表

工程名称：某职工活动中心建筑工程部分　　　　第13页　共28页

编号	工程量计算式	单位	标准工程量	定额工程量
Ⓓ轴 JL1	－0.24×(0.6－0.17)×(29.1－0.28－0.4×6－0.2)		－2.71	－0.0271
//	扣除地圈梁			
①、⑧轴 1—1 剖＝2	－0.24×(0.4－0.17)×(10.2－0.48×2)		－1.02	－0.0102
⑨轴 1—1 剖	－0.24×(0.4－0.17)×(4.2－0.12×2)		－0.22	－0.0022
⑩轴 1—1 剖	－0.24×(0.4－0.17)×10.2		－0.56	－0.0056
Ⓐ轴 1—1 剖	－0.24×(0.4－0.17)×(6.9－0.2)		－0.37	－0.0037
Ⓒ轴 1—1 剖	－0.24×(0.4－0.17)×(6.9－0.12×2)		－0.37	－0.0037
Ⓓ轴 1—1 剖	－0.24×(0.4－0.17)×(6.9－0.2)		－0.37	－0.0037
⑨轴 2—2 剖	－0.24×(0.4－0.17)×(6－0.12×2)		－0.32	－0.0032
A1-82	人工回填土 夯填(室内入口、平台处)	$100m^3$	17.99	0.1799
会议室	(10.2－0.24)×(3.9×3＋3.6×4－0.24)×(0.17－0.115)		14.17	0.1417
办公室	(4.2－0.24)×(6.9－0.24)×(0.17－0.115)		1.45	0.0145
办公室	(3.6－0.24)×(6－0.24)×(0.17－0.115)		1.06	0.0106
楼梯间	(3.3－0.24)×(4.32－0.12)×(0.17－0.115－0.02)		0.45	0.0045
入口平台Ⓐ轴	(1.2－0.3)×(3.9×2＋3.6×5＋3.3＋0.12－0.35×2)×(0.17－0.115－0.02)		0.90	0.0090
入口平台Ⓓ轴	(0.9－0.35)×(3.6－0.35×2)×(0.17－0.115－0.02)		0.06	0.0006
//	减柱			
＝4	－(0.4－0.24)×(0.6－0.24)×(0.17－0.115)		－0.01	－0.0001
＝12	－0.4×(0.6－0.24)×(0.17－0.115)		－0.09	－0.0009

工程量计算表

工程名称：某职工活动中心建筑工程部分　　　　第 14 页　共 28 页

编号	工程量计算式	单位	标准工程量	定额工程量
A1-118 换	人工装、自卸汽车运土方 1km 运距以内 4.5t 自卸汽车[实际 10]	100m³	78.96	0.7896
	272.2−175.26−17.98		78.96	0.7896
	A.3 砌筑工程			
A3-2	砖基础 多孔砖 240×115×90{水泥石灰砂浆中砂 M5}	10m³	9.24	0.924
①、⑧轴 1—1 剖=2	(0.49×0.12+0.37×0.06+0.24×0.32)×(10.2−0.48×2)		2.92	0.292
⑨轴 1—1 剖	(0.49×0.12+0.37×0.06+0.24×0.32)×(4.2−0.12×2)		0.63	0.063
⑩轴 1—1 剖	(0.49×0.12+0.37×0.06+0.24×0.32)×10.2		1.61	0.161
Ⓐ轴 1—1 剖	(0.49×0.12+0.37×0.06+0.24×0.32)×(6.9−0.2)		1.06	0.106
Ⓒ轴 1—1 剖	(0.49×0.12+0.37×0.06+0.24×0.32)×(6.9−0.12×2)		1.05	0.105
Ⓓ轴 1—1 剖	(0.49×0.12+0.37×0.06+0.24×0.32)×(6.9−0.2)		1.06	0.106
⑨轴 2—2 剖	(0.49×0.12+0.37×0.06+0.24×0.32)×(6−0.12×2)		0.91	0.091
A3-10	混水砖墙 多孔砖 240×115×90 墙体厚度 11.5cm{水泥石灰砂浆中砂 M5}	10m³	7.14	0.714
1 层Ⓑ轴	//0.115×(3.3−0.24)×(2.51+0.1−0.4)			
2 层走廊栏杆	0.115×(1.05−0.06)×(1.68×2+29.1)		3.70	0.370
3 层走廊栏杆	3.70		3.70	0.370
扣构造柱	−0.26		−0.26	−0.026
A3-11	混水砖墙 多孔砖 240×115×90 墙体厚度 24cm{水泥石灰砂浆中砂 M5}	10m³	163.25	16.325

工程量计算表

工程名称：某职工活动中心建筑工程部分

第15页 共28页

编号	工程量计算式	单位	标准工程量	定额工程量
	//底板			
①轴	0.24×(10.2−0.48×2)×(0.1+4.77−0.9)		8.80	0.880
⑧轴	0.24×(10.2−0.48×2)×(0.1+4.77−0.9)		8.80	0.880
⑨轴	0.24×(6−0.12×2)×(0.1+4.77−0.3)		6.32	0.632
⑩轴	0.24×10.2×(0.1+4.77−0.3)		11.19	1.119
Ⓐ轴	0.24×(33−3.3−0.28−0.4×7)×(0.1+4.77−0.4)		28.56	2.856
Ⓒ轴	0.24×(6.9−0.24)×(0.1+4.77−0.3)		7.31	0.731
Ⓓ轴	0.24×(33−0.28−0.4×7)×(0.1+4.77−0.4)		32.10	3.210
	//2层			
①轴	0.24×(10.2−0.48×2)×(4.2−0.9)		7.32	0.732
④、⑥轴=2	0.24×(10.2−0.48×2)×(4.2−0.9)		14.64	1.464
⑨轴	0.24×(10.2−0.12)×(4.2−0.3)		9.44	0.944
⑩轴	0.24×(10.2+0.12)×(4.2−0.3)		9.66	0.966
Ⓐ轴	0.24×(29.7−0.28−0.4×7)×(4.2−0.4)		24.28	2.428
Ⓒ轴	0.24×(3.3−0.24)×(4.2−0.3)		2.86	0.286
Ⓓ轴	0.24×(33−0.28−0.4×7)×(4.2−0.4)		27.29	2.729
	//3层			
①轴	0.24×(10.2−0.48×2)×(4.2−0.9)		7.32	0.732
④轴	0.24×(10.2−0.48×2)×(4.2−0.9)		7.32	0.732
⑨轴	0.24×(10.2−0.12)×(4.2−0.3)		9.44	0.944

工程量计算表

工程名称：某职工活动中心建筑工程部分　　　　第 16 页　共 28 页

编号	工程量计算式	单位	标准工程量	定额工程量
⑩轴	0.24×(10.2+0.12)×(4.2−0.3)		9.66	0.966
Ⓐ轴	0.24×(29.7−0.28−0.4×7)×(4.2−0.4)		24.28	2.428
Ⓒ轴	0.24×(3.3−0.24)×(4.2−0.3)		2.86	0.286
Ⓓ轴	0.24×(33−0.28−0.4×7)×(4.2−0.4)		27.29	2.729
	//扣门窗			
C1=9	−0.24×3.5×2.4		−18.14	−1.814
C2=18	−0.24×3.2×2.4		−33.18	−3.318
C3=12	−0.24×2.7×2.4		−18.66	−1.866
C4=5	−0.24×1.8×2.4		−5.18	−0.518
C5=1	−0.24×1.5×2.4		−0.86	−0.086
C6=1	−0.24×0.8×0.6		−0.11	−0.011
M1=6	−0.24×3.2×3.3		−15.21	−1.521
M2=1	−0.24×1.5×2.7		−0.97	−0.097
M3=4	−0.24×1×2.4		−2.30	−0.230
M4=1	−0.24×0.8×2.1		−0.40	−0.040
M5=2	−0.24×3.5×3.3		−5.54	−0.554
扣过梁	−12.23		−12.23	−1.223
扣构造柱	−(9.17−0.26)		−8.91	−0.891
扣结施说明 QL	−0.24×0.3×[(3.6−0.2−0.12)+(6.9−0.24×2−0.8)+(6.9−0.2−0.24−0.12)+(10.2−0.24×2)]		−1.80	−0.180

工程量计算表

工程名称：某职工活动中心建筑工程部分　　　　第17页　共28页

编号	工程量计算式	单位	标准工程量	定额工程量
A3-46	砖砌明沟 标准砖 11.5cm 壁厚 内空 260mm×120mm{碎石 GD40 中砂水泥 32.5C15}	100m	96.20	0.9620
	33.24×2+10.44×2+0.3×2+(0.9+0.13)×8		96.20	0.9620
	A.4 混凝土及钢筋混凝土工程			
A4-3 换	混凝土垫层{换：碎石 GD40　商品普通混凝土 C15}	$10m^3$	12.95	1.295
	//柱基垫层部分			
J1=9	(1.8+0.1×2)×(2.8+0.1×2)×0.1		5.40	0.540
J2=7	(2.0+0.1×2)×(2.8+0.1×2)×0.1		4.62	0.462
	//基础梁垫层部分			
②～⑦轴 JL1=6	(0.24+0.1×2)×0.1×(10.2−1.7×2)		1.80	0.180
Ⓐ轴 JL1	(0.24+0.1×2)×0.1×(29.1−1.2−2.6×6−1.3)		0.48	0.048
Ⓑ轴 JL1	(0.24+0.1×2)×0.1×(3.3−0.5−0.4)		0.11	0.011
Ⓓ轴 JL1	(0.24+0.1×2)×0.1×(29.1−1.2×2−2.4×6)		0.54	0.054
A4-3 换	混凝土垫层{换：碎石 GD40　商品普通混凝土 C15}	$10m^3$	25.52	2.552
会议室	(10.2−0.24)×(3.9×3+3.6×4−0.24)×0.08		20.61	2.061
办公室	(4.2−0.24)×(6.9−0.24)×0.08		2.11	0.211
办公室	(3.6−0.24)×(6−0.24)×0.08		1.55	0.155
卫生间	(3.3−0.24)×(1.68−0.12×2)×0.08		0.35	0.035
楼梯间	(3.3−0.24)×4.32×0.08		1.06	0.106

工程量计算表

工程名称：某职工活动中心建筑工程部分

第 18 页　共 28 页

编号	工程量计算式	单位	标准工程量	定额工程量
减柱	−[(0.4−0.24)×(0.6−0.24)×4+0.4×(0.6−0.24)×12]×0.08		−0.16	−0.016
A4-3 换	混凝土垫层{换：碎石 GD40　商品普通混凝土 C15}	$10m^3$	2.07	0.207
入口平台Ⓐ轴	(1.2−0.35)×(3.9×2+3.6×5+3.3+0.12−0.35×2)×0.08		1.94	0.194
入口平台Ⓓ轴	(0.9−0.35)×(3.6−0.35×2)×0.08		0.13	0.013
A4-4	带形基础 毛石混凝土{碎石 GD40　商品普通混凝土 C20}	$10m^3$	27.89	2.789
①、⑧轴 1—1 剖=2	0.8×0.6×(10.2−0.48×2)		8.87	0.887
⑨轴 1—1 剖	0.8×0.6×(4.2−0.4×2)		1.63	0.163
⑩轴 1—1 剖	0.8×0.6×10.2		4.90	0.490
Ⓐ轴 1—1 剖	0.8×0.6×(6.9−0.2)		3.22	0.322
Ⓒ轴 1—1 剖	0.8×0.6×(6.9−0.4×2)		2.93	0.293
Ⓓ轴 1—1 剖	0.8×0.6×(6.9−0.2)		3.22	0.322
⑨轴 2—2 剖	1.0×0.6×(6.0−0.4×2)		3.12	0.312
A4-7 换	独立基础 混凝土{换：碎石 GD40　商品普通混凝土 C25}	$10m^3$	28.92	2.892
J1=9	(1.8×2.8+1.1×1.7)×0.25		15.55	1.555
J2=7	(2.0×2.8+1.2×1.7)×0.25		13.37	1.337
A4-18 换	混凝土柱 矩形{换：砾石 GD40　商品普通混凝土 C25}	$10m^3$	54.42	5.442

工程量计算表

工程名称：某职工活动中心建筑工程部分　　　　第19页　共28页

编号	工程量计算式	单位	标准工程量	定额工程量
KZ1=9	0.4×0.6×(1+13.17)		30.61	3.061
KZ2=7	0.4×0.6×(1+13.17)		23.81	2.381
A4-20换	混凝土柱 构造柱{换：碎石GD40　商品普通混凝土C25}	$10m^3$	9.17	0.917
GZ1.2=6	0.24×0.24×[(4.77+0.1)+4.2×2]		4.59	0.459
GZ1.2马牙槎	0.24×0.03×[(4.77+0.1−0.4)×13+(4.2−0.4)×14×2]		1.18	0.118
走廊GZ=18	0.12×0.12×(1.05−0.06)		0.26	0.026
结施说明GZ1	0.24×0.2×[(4.77+0.1−0.9)×2+(4.2−0.9)×5]		1.17	0.117
马牙槎	0.24×0.03×2×[(4.77+0.1−0.9)×2+(4.2−0.9)×5]		0.35	0.035
结施说明GZ1	0.24×0.2×[(4.77+0.1)×2+4.2×4]		1.27	0.127
马牙槎	0.24×0.03×2×[(4.77+0.1−0.4)×2+(4.2−0.4)×4]		0.35	0.035
A4-21换	混凝土 基础梁{换：碎石GD40　商品普通混凝土C25}	$10m^3$	13.32	1.332
②~⑦轴JL1=6	0.24×0.5×(10.2−0.48×2)		6.65	0.665
Ⓐ轴JL1	0.24×0.5×(29.1−0.28−0.4×6−0.2)		3.15	0.315
Ⓑ轴JL1	0.24×0.5×(3.3−0.12×2)		0.37	0.037
Ⓓ轴JL1	0.24×0.5×(29.1−0.28−0.4×6−0.2)		3.15	0.315
A4-22换	混凝土 单梁、连续梁{换：碎石GD40　商品普通混凝土C25}	$10m^3$	0.38	0.038
二层XL1	0.24×0.4×(4.2−0.24)		0.38	0.038

工程量计算表

工程名称：某职工活动中心建筑工程部分　　　　第 20 页　共 28 页

编号	工程量计算式	单位	标准工程量	定额工程量
A4-24 换	混凝土 地圈梁{换：碎石 GD40　商品普通混凝土 C25}	$10m^3$	4.21	0.421
①、⑧轴 1—1 剖=2	0.24×0.3×(10.2−0.48×2)		1.33	0.133
⑨轴 1—1 剖	0.24×0.3×(4.2−0.12×2)		0.29	0.029
⑨轴 2—2 剖	0.24×0.3×(6−0.12×2)		0.42	0.042
⑩轴 1—1 剖	0.24×0.3×10.2		0.73	0.073
Ⓐ轴 1—1 剖	0.24×0.3×(6.9−0.2)		0.48	0.048
Ⓒ轴 1—1 剖	0.24×0.3×(6.9−0.12×2)		0.48	0.048
Ⓓ轴 1—1 剖	0.24×0.3×(6.9−0.2)		0.48	0.048
A4-24 换	混凝土 圈梁{换：碎石 GD40　商品普通混凝土 C25}	$10m^3$	7.75	0.775
//	二层			
⑨轴 QL	0.24×0.3×[6−0.12−(4.5−1.8−0.12)]		0.24	0.024
⑨轴 CL1	0.24×0.4×(4.5−0.12−1.8)		0.25	0.025
⑩轴 QL	0.24×0.3×[10.2−0.12−(4.5−1.8−0.12)]		0.54	0.054
⑩轴 CL2	0.24×0.4×(4.5−1.8−0.12)		0.25	0.025
Ⓒ轴 QL	0.24×0.3×(3.3−0.12×2)		0.22	0.022
Ⓓ轴 QL	0.24×0.3×(3.3−0.12×2)		0.22	0.022
//	三层			
⑨轴 QL	0.24×0.3×[6−0.12−(4.5−1.8−0.12)]		0.24	0.024

工程量计算表

工程名称：某职工活动中心建筑工程部分　　　　第21页　共28页

编号	工程量计算式	单位	标准工程量	定额工程量
⑨轴 CL1	0.24×0.4×(4.5−0.12−1.8)		0.25	0.025
⑨轴 XL1	0.24×0.4×(4.2−0.12×2)		0.38	0.038
⑩轴 QL	0.24×0.3×[10.2−0.12−(4.5−1.8−0.12)]		0.54	0.054
⑩轴 CL2	0.24×0.4×(4.5−1.8−0.12)		0.25	0.025
Ⓒ轴 QL	0.24×0.3×(3.3−0.12×2)		0.22	0.022
Ⓓ轴 QL	0.24×0.3×(3.3−0.12×2)		0.22	0.022
//	屋面层			
⑨轴 QL	0.24×0.3×[6−0.12−(5.4−1.8−0.12)]		0.17	0.017
⑨轴 CL1	0.24×0.4×(5.4−0.12−1.8)		0.33	0.033
⑨轴 XL1	0.24×0.4×(4.2−0.12×2)		0.38	0.038
⑩轴 QL	0.24×0.3×[10.2−0.12−(5.4−1.8−0.12)]		0.48	0.048
⑩轴 CL2	0.24×0.4×(5.4−1.8−0.12)		0.33	0.033
Ⓒ轴 QL	0.24×0.3×(3.3−0.12×2)		0.22	0.022
Ⓓ轴 QL	0.24×0.3×(3.3−0.12×2)		0.22	0.022
//	结施说明 QL			
一层	0.24×0.3×[(3.6−0.2−0.12)+(6.9−0.24×2−0.8)+(6.9−0.2−0.24−0.12)+(10.2−0.24×2)]		1.80	0.180
A4-25 换	混凝土 过梁{换：碎石 GD40　商品普通混凝土 C25}	$10m^3$	12.24	1.224
M1=6	0.24×0.3×3.2		1.38	0.138
M2=1	0.24×0.25×(1.5+0.25)		0.11	0.011
M3=2	0.24×0.15×(1+0.25×2)		0.11	0.011

工程量计算表

工程名称：某职工活动中心建筑工程部分　　　　第 22 页　共 28 页

编号	工程量计算式	单位	标准工程量	定额工程量
M3=2	0.24×0.15×(1+0.25+0.12)		0.10	0.010
M4=1	0.24×0.15×(0.8+0.25+0.12)		0.04	0.004
M5=2	0.24×0.3×3.5		0.50	0.050
C1=9	0.24×0.3×3.5		2.27	0.227
C2=18	0.24×0.3×3.2		4.15	0.415
C3=12	0.24×0.3×(2.7+0.25)		2.55	0.255
C4=5	0.24×0.25×(1.8+0.25×2)		0.69	0.069
C5	0.24×0.25×(1.5+0.25)		0.11	0.011
雨篷门顶过梁	0.24×0.3×(3.6−0.2×2)		0.23	0.023
A4-33 换	混凝土 平板{换：碎石 GD20　商品普通混凝土 C25}	$10m^3$	7.00	0.700
二层	0.12×(4.2−0.24)×(3.3−0.24)		1.45	0.145
三层	0.12×(4.2−0.24)×(3.3−0.24)		1.45	0.145
屋面层	0.15×(3.3−0.24)×(6−0.24)+0.12×(4.2−0.24)×(3.3−0.24)		4.10	0.410
A4-31 换	混凝土 有梁板{换：碎石 GD40　商品普通混凝土 C25}	$10m^3$	207.18	20.718
//	二层			
KL1	0.3×0.9×(10.2−0.48×2)		2.50	0.250
KL2	0.3×0.9×(10.2−0.48×2)+0.24×0.4×(1.8−0.12−0.2)		2.64	0.264
KL3	0.3×0.9×(10.2−0.48×2)+0.25×(0.4+0.5)×0.5×(1.8−0.12−0.2)		2.66	0.266

工程量计算表

工程名称：某职工活动中心建筑工程部分　　　　第 23 页　共 28 页

编号	工程量计算式	单位	标准工程量	定额工程量
KL4＝2	0.3×0.9×(10.2－0.48×2)＋0.25×(0.4＋0.5)×0.5×(1.8－0.12－0.2)		5.32	0.532
KL5＝3	0.3×0.9×(10.2－0.48×2)＋0.25×(0.4＋0.5)×0.5×(1.8－0.12－0.2)		7.98	0.798
CL1	0.24×0.4×(1.8－0.12－0.2)		0.14	0.014
CL2	0.24×0.4×(1.8－0.12－0.2)		0.14	0.014
LL1	0.2×0.4×(33－3.9＋0.24)		2.35	0.235
LL2	0.24×0.4×(33－3.3－0.28－0.4×7－0.12)		2.54	0.254
LL3＝2	0.2×0.4×(33－3.3－0.18－0.3×7－0.12)		4.37	0.437
LL4	0.24×0.4×(33－3.3－0.28－0.4×7－0.12)		2.54	0.254
板	0.12×(10.2－0.24－0.2×2)×(33－3.3－0.18－0.3×7－0.12)＋0.1×(1.8－0.12－0.2)×(33－3.9－0.24×2－0.25×6)		35.33	3.533
//	三层			
	68.52		68.52	6.852
//	屋面层			
WKL1	0.3×0.9×(10.2－0.48×2)＋0.24×0.4×(1.8－0.12－0.2)		2.64	0.264
WKL2＝3	0.3×0.9×(10.2－0.48×2)＋0.25×(0.4＋0.5)×0.5×(1.8－0.12－0.2)		7.98	0.798
WKL3＝4	0.3×0.9×(10.2－0.48×2)＋0.25×(0.4＋0.5)×0.5×(1.8－0.12－0.2)		10.65	1.065
LL1	0.2×0.4×(33＋0.24)		2.66	0.266
LL2	0.24×0.4×(33－0.28－0.4×7－0.24－0.12)		2.84	0.284
LL3＝2	0.2×0.4×(33－3.3－0.18－0.3×7－0.12)		4.37	0.437
LL4	0.24×0.4×(33－3.3－0.28－0.4×7－0.12)		2.54	0.254

工程量计算表

工程名称：某职工活动中心建筑工程部分　　　　第 24 页　共 28 页

编号	工程量计算式	单位	标准工程量	定额工程量
①～⑨轴板	0.12×[(10.2－0.24－0.2×2)×(33－3.3－0.18－0.3×7－0.12)＋(1.8－0.12－0.24)×(33－0.24×2－0.25×7)－0.7×0.7]		36.58	3.658
检修孔	0.08×0.78×4×0.4		0.10	0.010
一～三层扣住＝3	－0.12×0.1×0.36×16		－0.21	－0.021
A4-37 换	混凝土 天沟、挑檐板{换：碎石 GD40　商品普通混凝土 C25}	$10m^3$	14.56	1.456
//	悬挑板部分			
①轴	0.1×0.6×(10.2＋0.72＋1.9)		0.77	0.077
⑩轴	0.1×0.6×(10.2＋0.72＋1.9)		0.77	0.077
(1/A)轴	0.1×0.1×33.24		0.33	0.033
Ⓓ轴	0.1×0.6×33.24		1.99	0.199
//	斜板部分			
	0.1×[SQRT(0.6^2＋0.72^2)＋0.2]×[(33.24＋0.6×2－0.1)×2＋(10.2＋0.72＋1.9－0.1)×2]		10.70	1.070
A4-38 换	混凝土 悬挑板{换：碎石 GD40　商品普通混凝土 C25}	$10m^3$	0.48	0.048
	0.1×3.85×1＋0.08×0.2×(3.85＋1×2－0.08×2)		0.48	0.048
A4-49 换	混凝土直形楼梯 板厚 100mm[实际 160]{换：碎石 GD20　商品普通混凝土 C25}	$10m^2$	18.36	1.836
	(3.3－0.24)×(6－0.12＋0.12)		18.36	1.836
A4-53 换	混凝土 压顶、扶手{换：碎石 GD40　商品普通混凝土 C25}	$10m^3$	0.92	0.092

工程量计算表

工程名称：某职工活动中心建筑工程部分　　　　第25页　共28页

编号	工程量计算式	单位	标准工程量	定额工程量
=2	0.06×0.24×[(1.68−0.12)×2+29.1−0.24]		0.92	0.092
A4-58 换	混凝土 台阶{换：碎石 GD40　商品普通混凝土 C25}	$10m^3$	14.50	1.450
	0.1×3.6×0.9+(0.1+0.35)×0.16×0.5×3.6		0.45	0.045
	[(0.1×0.35+(0.1+0.35)×0.15×0.5)]×[(0.9×2+3.6−0.35)+(29.1+0.12+1.2×2−0.35×2)]		2.47	0.247
//	入口平台台阶			
	[(0.25^2+0.08^2)^0.5+0.1]×[3.9×2+3.6×5+3.3+0.12+(1.2−0.35)×2]+[3.6+(0.9−0.35)×2]×0.08		11.58	1.158
A4-59 换	散水 混凝土 60mm 厚 水泥砂浆面 20mm{换：碎石 GD40　商品普通混凝土 C15}	$100m^2$	52.33	0.5233
	0.9×(33.24×2+10.44×2+0.9×4−29.22−3.6)		52.33	0.5233
A4-236	现浇构件圆钢筋制安 ϕ10 以内	t	23.700	23.700
	23.7		23.700	23.700
A4-237	现浇构件圆钢筋制安 ϕ10 以上	t	0.130	0.130
	0.13		0.130	0.130
A4-239	现浇构件螺纹钢制安Φ 10 以上	t	26.660	26.660
	26.66		26.660	26.660

工程量计算表

工程名称：某职工活动中心建筑工程部分　　　　第 26 页　共 28 页

编号	工程量计算式	单位	标准工程量	定额工程量
A4-318	砖砌体加固钢筋 不绑扎	t	0.700	0.700
	0.7		0.700	0.700
A4-319	钢筋电渣压力焊接	10 个	360	36
	360		360	36
	A.7 屋面及防水工程			
A7-25	波纹瓦屋面 波纹瓦 200×200{水泥砂浆 1：2}	$100m^2$	80.20	0.8020
	sqrt(0.6^2+0.6^2)×[(1.9+10.2+0.72)×2+(33.24+0.6×2)×2]		80.20	0.8020
A7-26	波纹瓦屋面 滴水瓦 200×140×7{水泥砂浆 1：2}	100m	94.52	0.9452
	(1.9+10.2+0.72)×2+(33.24+0.6×2)×2		94.52	0.9452
A7-27	波纹瓦屋面 脊瓦 200×140×9.5{水泥砂浆 1：2}	100m	3.40	0.0340
	0.85×4		3.40	0.0340
A7-80 换	屋面聚氨酯涂膜防水 1.5mm 厚[实际 2]	$100m^2$	513.30	5.1330
//	波纹瓦屋面			
	80.2		80.20	0.8020

工程量计算表

工程名称：某职工活动中心建筑工程部分　　　　第 27 页　共 28 页

编号	工程量计算式	单位	标准工程量	定额工程量
//	平屋面			
平面	(1.9+10.2+0.72−0.1×2)×(33+0.72×2−0.1×2)		432.11	4.3211
扣检修孔	−0.9×0.9		−0.81	−0.0081
检修边侧边	(0.4+0.1)×0.9×4		1.80	0.0180
A9-1	水泥砂浆找平层 混凝土或硬基层上 20mm{素水泥浆}	$100m^2$	513.30	5.1330
//	同聚氨酯涂膜防水屋面			
	513.3		513.30	5.1330
A7-82	屋面刷冷底子油防水 第一遍{冷底子油 30：70}	$100m^2$	513.30	5.1330
//	同聚氨酯涂膜防水屋面			
	513.3		513.30	5.1330
A7-134 换	聚氨酯防水 1.2mm 厚 平面[实际 2]	$100m^2$	8.91	0.0891
	8.91		8.91	0.0891
A7-176	防水砂浆防水 20mm 厚 平面{水泥防水砂浆(加防水粉 5%)1：2}	$100m^2$	7.85	0.0785
⑨轴 2—2 剖	0.24×(5.76+10.2+3.4+6.66+6.7)		7.85	0.0785
	A.8 保温、隔热、防腐工程			

工程量计算表

工程名称：某职工活动中心建筑工程部分　　　　第 28 页　共 28 页

编号	工程量计算式	单位	标准工程量	定额工程量
A8-6 换	屋面保温 现浇水泥珍珠岩 1：8 厚度 100mm{水泥珍珠岩 1：8}[实际 150]	100m²	432.11	4.3211
//平均厚度	[0.02+0.02+(1.9+10.2+0.72−0.1×2)×0.02]/2		0.15	0.0015
	(1.9+10.2+0.72−0.1×2)×(33+0.72×2−0.1×2)		432.11	4.3211
A8-30	屋面混凝土隔热板铺设 板式架空 侧砌多孔砖巷砖 90×135{水泥砂浆 1：2.5}	100m²	364.95	3.6495
	(1.9+10.2+0.72−0.84×2)×(33+0.72×2−0.84×2)		364.95	3.6495

任务9　某职工活动中心装饰工程工程量计算式

装饰工程工程量计算式

工程名称：某职工活动中心

工程量计算表

工程名称：某职工活动中装饰装修工程

第 1 页 共 13 页

编号	工程量计算式	单位	标准工程量	定额工程量
	单价措施项目			
011701	脚手架工程			
A15-84	钢管满堂脚手架 基本层 高 3.6m	$100m^2$	907.20	9.0720
//	一层			
会议室	(10.2−0.24)×(3.9×3+3.6×4−0.24)		257.57	2.5757
办公室 1	(3.6−0.24)×(6−0.24)		19.35	0.1935
办公室 2	(4.2−0.24)×(6.9−0.24)		26.37	0.2637
//	二层			
乒乓球室	(10.2−0.24)×(3.9×3−0.24)		114.14	1.1414
棋牌室	(10.2−0.24)×(3.6×2−0.24)		69.32	0.6932
桌球室	(10.2−0.24)×(3.6×3−0.24)		105.18	1.0518
管理室	(3.3−0.24)×(4.2−0.24)		12.12	0.1212
//	三层			
阅览室二	(10.2−0.24)×(3.9×3−0.24)		114.14	1.1414
阅览室一	(10.2−0.24)×(3.6×5−0.24)		176.89	1.7689
管理室	(3.3−0.24)×(4.2−0.24)		12.12	0.1212
	分部分项项目			
	A.9 楼地面工程			
A9-1 换	水泥砂浆找平层 混凝土或硬基层上 20mm{换：水泥砂浆 1∶2.5}	$100m^2$	17.82	0.1782
=2	4.41+0.5×(3.06×2+1.44×2)		17.82	0.1782

工程量计算表

工程名称：某职工活动中心装饰装修工程　　　　第2页　共13页

编号	工程量计算式	单位	标准工程量	定额工程量
A9-4	细石混凝土找平层 40mm{素水泥浆}	100m²	4.41	0.0441
	(3.3－0.24)×(1.68－0.12×2)		4.41	0.0441
A9-79 换	陶瓷地砖楼地面 每块周长(800mm 以内)－卫生间 200×200 浅色凸纹防滑地砖水泥砂浆 密缝{素水泥浆}	100m²	4.41	0.0441
	4.41		4.41	0.0441
A9-10	水泥砂浆整体面层 楼地面 20mm{素水泥浆}	100m²	361.48	3.6148
//	一层			
会议室	(10.2－0.24)×(3.9×3＋3.6×4－0.24)		257.57	2.5757
办公室 1	(3.6－0.24)×(6－0.24)		19.35	0.1935
办公室 2	(4.2－0.24)×(6.9－0.24)		26.37	0.2637
楼梯间	(3.3－0.24)×(4.32＋0.12)		13.59	0.1359
//	入口平台			
	0.9×3.6＋0.17×(0.9×2＋3.6)		4.16	0.0416
	1.2×(29.1＋0.12)＋0.17×(1.2×2＋29.22)		40.44	0.4044
A9-83 换	陶瓷地砖楼地面 每块周长(2400mm 以内)水泥砂浆 密缝－600×600 抛光砖{素水泥浆}	100m²	702.53	7.0253
//	二层			
乒乓球室	(10.2－0.24)×(3.9×3－0.24)		114.14	1.1414
棋牌室	(10.2－0.24)×(3.6×2－0.24)		69.32	0.6932

工程量计算表

工程名称：某职工活动中装饰装修工程　　　　第 3 页　共 13 页

编号	工程量计算式	单位	标准工程量	定额工程量
桌球室	(10.2－0.24)×(3.6×3－0.24)		105.18	1.0518
管理室	(3.3－0.24)×(4.2－0.24)		12.12	0.1212
走廊	(1.68－0.08)×(3.9×2＋3.6×5＋3.3＋0.08)		46.69	0.4669
门洞	0.24×(3.5＋3.2×2＋1)		2.62	0.0262
//	三层			
阅览室一	(10.2－0.24)×(3.9×3－0.24)		114.14	1.1414
阅览室二	(10.2－0.24)×(3.6×5－0.24)		176.89	1.7689
管理室	(3.3－0.24)×(4.2－0.24)		12.12	0.1212
走廊	(1.68－0.08)×(3.9×2＋3.6×5＋3.3＋0.08)		46.69	0.4669
门洞	0.24×(3.5＋3.2×2＋1)		2.62	0.0262
A9-96	陶瓷地砖 楼梯 水泥砂浆{素水泥浆}	$100m^2$	36.72	0.3672
	(3.3－0.24)×6×2		36.72	0.3672
	A.10 墙、柱面工程			
A10-7	内墙 混合砂浆 砖墙(15＋5)mm{水泥砂浆 1：2}	$100m^2$	752.61	7.5261
//	一层			
会议室	(4.8－0.1)×[(10.2－0.24)×2＋(3.9×3＋3.6×4－0.24)×2＋0.72×12]		377.32	3.7732
办公室 1	(4.8－0.15)×[(3.6－0.24)×2＋(6－0.24)×2]		84.82	0.8482
办公室 2	(4.8－0.1)×[(4.2－0.24)×2＋(6.9－0.24)×2]		99.83	0.9983

工程量计算表

工程名称：某职工活动中装饰装修工程　　　　第4页　共13页

编号	工程量计算式	单位	标准工程量	定额工程量
楼梯间	(4.8−0.1)×(4.44×2+3.06)		56.12	0.5612
卫生间	(2.54−0.1)×[(3.3−0.24)×2+(1.68−0.24)×2]−0.8×0.3		21.72	0.2172
M1=2	−3.2×3.3		−21.12	−0.2112
M2=1	−1.5×2.7		−4.05	−0.0405
M3=2	−1×2.4		−4.80	−0.0480
M4=1	−0.8×2.1		−1.68	−0.0168
C1=3	−3.5×2.4		−25.20	−0.2520
C2=6	−3.2×2.4		−46.08	−0.4608
C3=4	−2.7×2.4		−25.92	−0.2592
C4=1	−1.8×2.4		−4.32	−0.0432
C5=1	−1.5×2.4		−3.60	−0.0360
C6=1	−0.8×0.6		−0.48	−0.0048
//	二层			
乒乓球室	(4.2−0.1)×[(10.2−0.24)×2+(3.9×3−0.24)×2+0.72×4]		187.45	1.8745
棋牌室	(4.2−0.1)×[(10.2−0.24)×2+(3.6×2−0.24)×2+0.72×2]		144.65	1.4465
桌球室	(4.2−0.1)×[(10.2−0.24)×2+(3.6×3−0.24)×2+0.72×4]		180.07	1.8007
管理室	(4.2−0.1)×[(3.3−0.24)×2+(4.2−0.24)×2]		57.56	0.5756
楼梯间	(4.2−0.1)×(6×2+3.06)		61.75	0.6175
M1=2	−3.2×3.3		−21.12	−0.2112
M3=1	−1×2.4		−2.40	−0.0240

工程量计算表

工程名称：某职工活动中装饰装修工程　　　　第 5 页　共 13 页

编号	工程量计算式	单位	标准工程量	定额工程量
M5=1	−3.5×3.3		−11.55	−0.1155
C1=3	−3.5×2.4		−25.20	−0.2520
C2=6	−3.2×2.4		−46.08	−0.4608
C3=4	−2.7×2.4		−25.92	−0.2592
C4=2	−1.8×2.4		−8.64	−0.0864
//	三层			
阅览室一	(4.2−0.12)×[(10.2−0.24)×2+(3.9×3−0.24)×2+0.72×4]		186.54	1.8654
阅览室二	(4.2−0.12)×[(10.2−0.24)×2+(3.6×5−0.24)×2+0.72×8]		249.70	2.4970
管理室	(4.2−0.12)×[(3.3−0.24)×2+(4.2−0.24)×2]		57.28	0.5728
楼梯间	(4.2−0.12)×(6×2+3.06)		61.45	0.6145
M1=2	−3.2×3.3		−21.12	−0.2112
M3=1	−1×2.4		−2.40	−0.0240
M5=1	−3.5×3.3		−11.55	−0.1155
C1=3	−3.5×2.4		−25.20	−0.2520
C2=6	−3.2×2.4		−46.08	−0.4608
C3=4	−2.7×2.4		−25.92	−0.2592
C4=2	−1.8×2.4		−8.64	−0.0864
扣除墙裙面积	−654.58		−654.58	−6.5458
A10-160 换	面砖(周长 600mm 以内)水泥砂浆粘贴 墙面、墙裙 缝宽 5mm 内{素水泥浆}	$100m^2$	882.86	8.8286
//	Ⓓ~Ⓐ立面			

工程量计算表

工程名称：某职工活动中装饰装修工程　　第6页　共13页

编号	工程量计算式	单位	标准工程量	定额工程量
	(13.2+0.17−0.1)×10.44		138.54	1.3854
C6=1	−0.8×0.6		−0.48	−0.0048
//	Ⓐ～Ⓓ立面			
	(13.2+0.17−0.1)×10.44		138.54	1.3854
C6=1	−0.8×0.6		−0.48	−0.0048
//	⑩～①立面			
	(13.2+0.17−0.1)×33.24		441.10	4.4110
C3=6	−2.7×2.4		−38.88	−0.3888
C1=6	−3.5×2.4		−50.40	−0.5040
C2=11	−3.2×2.4		−84.48	−0.8448
C4=3	−1.8×2.4		−12.96	−0.1296
M1	−3.2×3.3		−10.56	−0.1056
//	①～⑩立面			
	(13.2+0.17−0.1)×33.24		441.10	4.4110
B=2	−0.12×(33.24−3.9)		−7.04	−0.0704
M1=5	−3.2×3.3		−52.80	−0.5280
M2	−1.5×2.7		−4.05	−0.0405
M5=2	−3.5×3.3		−23.10	−0.2310
C1=3	−3.5×2.4		−25.20	−0.2520
C2=7	−3.2×2.4		−53.76	−0.5376

工程量计算表

工程名称：某职工活动中装饰装修工程 第 7 页 共 13 页

编号	工程量计算式	单位	标准工程量	定额工程量
C3=6	−2.7×2.4		−38.88	−0.3888
C5	−1.5×2.4		−3.60	−0.0360
走廊栏板外侧	(1.05−0.06+0.4)×(1.68×2+33.24−3.9)×2		90.91	0.9091
走廊天面梁	0.3×(1.68×2+33.24−3.9)		9.81	0.0981
挑檐天沟	0.3×[(1.9+10.2+0.72)×2+(33.24+0.6×2)×2]		28.36	0.2836
雨篷外侧	(0.3−0.1)×(1×2+3.6+0.125×2)		1.17	0.0117
A10-166 换	面砖(周长 600mm 以内)水泥砂浆粘贴 零星项目 缝宽 5mm 内—走廊栏杆压顶{素水泥浆}	100m^2	34.01	0.3401
=2	(0.06×2+0.24+0.16)×(1.68×2+33.24−3.9)		34.01	0.3401
A10-170 换	墙面、墙裙贴面砖 水泥砂浆粘贴 周长在 1200mm 以内—200×300 墙面瓷板{素水泥浆}	100m^2	653.50	6.5350
//	一层			
会议室	1.8×[(10.2−0.24)×2+(3.9×3+3.6×4−0.24)×2+0.72×12−3.2×2−1.5−1×2]		126.68	1.2668
办公室 1	1.8×[(3.6−0.24)×2+(6−0.24)×2−1]		31.03	0.3103
办公室 2	1.8×[(4.2−0.24)×2+(6.9−0.24)×2−1−0.8]		34.99	0.3499
楼梯间	1.8×(4.44×2+3.06)		21.49	0.2149
卫生间	1.8×[(3.3−0.24)×2+(1.68−0.24)×2−0.8]		14.76	0.1476
C1=3	−3.5×0.9		−9.45	−0.0945
C2=6	−3.2×0.9		−17.28	−0.1728
C3=4	−2.7×0.9		−9.72	−0.0972

工程量计算表

工程名称：某职工活动中心装饰装修工程　　　　第8页　共13页

编号	工程量计算式	单位	标准工程量	定额工程量
C4=1	−1.8×0.9		−1.62	−0.0162
C5=1	−1.5×0.9		−1.35	−0.0135
//	二层			
乒乓球室	1.8×[(10.2−0.24)×2+(3.9×3−0.24)×2+0.72×4−3.5]		76.00	0.7600
棋牌室	1.8×[(10.2−0.24)×2+(3.6×2−0.24)×2+0.72×2−3.2]		57.74	0.5774
桌球室	1.8×[(10.2−0.24)×2+(3.6×3−0.24)×2+0.72×4−3.2−1]		71.50	0.7150
管理室	1.8×[(3.3−0.24)×2+(4.2−0.24)×2−1]		23.47	0.2347
楼梯间	1.8×(6×2+3.06)		27.11	0.2711
C1=3	−3.5×0.9		−9.45	−0.0945
C2=6	−3.2×0.9		−17.28	−0.1728
C3=4	−2.7×0.9		−9.72	−0.0972
C4=2	−1.8×0.9		−3.24	−0.0324
//	三层			
阅览室二	1.8×[(10.2−0.24)×2+(3.9×3−0.24)×2+0.72×4−3.5]		76.00	0.7600
阅览室一	1.8×[(10.2−0.24)×2+(3.6×5−0.24)×2+0.72×8−3.2×2−1]		96.84	0.9684
管理室	1.8×[(3.3−0.24)×2+(4.2−0.24)×2−1]		23.47	0.2347
楼梯间	1.8×(6×2+3.06)		27.11	0.2711
C1=3	−3.5×0.9		−9.45	−0.0945
C2=6	−3.2×0.9		−17.28	−0.1728
C3=4	−2.7×0.9		−9.72	−0.0972

工程量计算表

工程名称：某职工活动中装饰装修工程　　　　第 9 页　共 13 页

编号	工程量计算式	单位	标准工程量	定额工程量
C4=2	−1.8×0.9		−3.24	−0.0324
走廊栏板=2	(1.05−0.06)×[(1.68−0.08)×2+(3.9×2+3.6×5+3.3+0.08)]		64.11	0.6411
	A.11 天棚工程			
A11-5	混凝土面天棚 混合砂浆 现浇(5+5)mm{水泥砂浆 1：1}	$100m^2$	1730.71	17.3071
卫生间	4.41		4.41	0.0441
一层室内	316.88		316.88	3.1688
二/三层	697.29		697.29	6.9729
楼梯	36.72×1.3		47.74	0.4774
一楼楼梯	sqrt(4.2^2+2.4^2)×(3.3−0.24)		14.80	0.1480
二楼楼梯	sqrt(3.64^2+2.1^2)×(3.3−0.24)+(0.8+1.68−0.12)×(3.3−0.24)+0.28×(3.3−0.24)×4		23.51	0.2351
顶层梯间天棚	3.06×6		18.36	0.1836
一层梁侧面纵向	(0.9−0.1)×2×(10.2−0.48×2)×6+(0.4−0.1)×2×(4.2−0.24)		91.08	0.9108
一层梁侧面横向	(0.4−0.1)×2×(3.9×3+3.6×4−0.3×6−0.15−0.18)×2		28.76	0.2876
二层梁侧面纵向	(0.9−0.1)×2×(10.2−0.48×2)×5		73.92	0.7392
二层梁侧面横向	(0.4−0.1)×2×(3.9×3+3.6×4−0.3×6−0.15−0.18)×2		28.76	0.2876
三层梁侧面纵向	(0.9−0.12)×2×(10.2−0.48×2)×6		86.49	0.8649
三层梁侧面横向	(0.4−0.1)×2×(3.9×3+3.6×5−0.3×6−0.15−0.18)×2		33.08	0.3308
一、二层走廊=2	0.3×1.48×4+0.35×1.48×12+0.3×(3.66×2+3.36×5+3.06)		32.29	0.3229
三层走廊梁侧=2	0.3×1.48×4+0.35×1.48×14+0.3×(3.66×3+3.36×5+3.06)		36.56	0.3656
一、二层走廊=2	1.68×(33.24−3.9)		98.58	0.9858

工程量计算表

工程名称：某职工活动中心装饰装修工程　　　　第10页　共13页

编号	工程量计算式	单位	标准工程量	定额工程量
三层走廊	1.68×33.24		55.84	0.5584
雨篷天棚	1×(3.6+0.125×2)		3.85	0.0385
挑檐天沟	0.6×[33.24+0.6×2+(10.2+1.9)×2]+0.1×33.24		38.51	0.3851
	A.12门窗工程			
A12-7	胶合板门 单扇有亮 普通{混合砂浆 1∶0.3∶4}	100m^2	9.60	0.0960
M3=4	1×2.4		9.60	0.0960
A12-10	胶合板门 单扇无亮 普通{混合砂浆 1∶0.3∶4}	100m^2	1.68	0.0168
M1	0.8×2.1		1.68	0.0168
A12-168换	门窗运输 运距1km以内[实际10]	100m^2	11.28	0.1128
	11.28		11.28	0.1128
A12-170	不带纱木门五金配件 有亮 单扇	樘	4	4
	4		4	4
A12-172	不带纱木门五金配件 无亮 单扇	樘	1	1
	1		1	1
A12-38换	铝合金地弹门 带亮(46系列有框地弹门，铝合金框厚2.0，5厚白色浮法玻璃，洞口>2)	100m^2	90.51	0.9051

工程量计算表

工程名称：某职工活动中装饰装修工程　　　　第 11 页　共 13 页

编号	工程量计算式	单位	标准工程量	定额工程量
M1=6	3.2×3.3		63.36	0.6336
M2	1.5×2.7		4.05	0.0405
M5=2	3.5×3.3		23.10	0.2310
A12-114 换	铝合金推拉窗 带亮(70 系列不带纱推拉窗，铝合金框厚 1.4，5 厚白色浮法玻璃，洞口>2)	$100m^2$	316.80	3.1680
C1=9	3.5×2.4		75.60	0.7560
C2=18	3.2×2.4		138.24	1.3824
C3=12	2.7×2.4		77.76	0.7776
C4=5	1.8×2.4		21.60	0.2160
C5=1	1.5×2.4		3.60	0.0360
A12-115 换	铝合金推拉窗 不带亮(70 系列不带纱推拉窗，铝合金金框厚 1.4 厚，5 厚白色浮法玻璃，洞口≤2)	$100m^2$	0.48	0.0048
C6=1	0.8×0.6		0.48	0.0048
	A.13 油漆、涂料、裱糊工程			
A13-33	刷底油、油色、酚醛清漆二遍 单层木门	$100m^2$	11.28	0.1128
	9.6+1.68		11.28	0.1128
A13-35	刷底油、油色、酚醛清漆二遍 木扶手 不带托板	100m	18.87	0.1887
	18.87		18.87	0.1887

工程量计算表

工程名称：某职工活动中装饰装修工程　　　　第12页　共13页

编号	工程量计算式	单位	标准工程量	定额工程量
A13-140	红丹防锈漆 金属面 一遍	$100m^2$	0.34	0.0034
	0.182×1.87		0.34	0.0034
A13-202	银粉漆 金属面 二遍	$100m^2$	0.34	0.0034
	0.34		0.34	0.0034
A13-204	刮熟胶粉腻子 内墙面 二遍	$100m^2$	752.59	7.5259
	752.59		752.59	7.5259
A13-204换	刮熟胶粉腻子 天棚面 二遍	$100m^2$	1730.71	17.3071
	1730.71		1730.71	17.3071
	A.14　其他装饰工程			
A14-108	不锈钢管栏杆 直线型 竖条式(圆管)	10m	18.69	1.869
	sqrt(2.4^2+3.64^2)×2+sqrt(2.1^2+3.64^2)×2+1.56		18.69	1.869
A14-119	不锈钢管扶手 直形 $\phi60$	10m	18.87	1.887
	18.87		18.87	1.887
A14-124	不锈钢弯头 $\phi60$	10个	4	0.4
	4		4	0.4

工程量计算表

工程名称：某职工活动中装饰装修工程

第 13 页　共 13 页

编号	工程量计算式	单位	标准工程量	定额工程量

任务10 某职工活动中心工程图纸

图纸目录

南宁××设计院	建设单位		
	工程名称	职工活动中心	

序号	图别	图号	图纸名称	采用标准图	
				图集编号	内容
1	建施	1	底层平面图 门窗统计表 建筑设计说明		
2	建施	2	二层平面图 Ⓐ~Ⓓ轴立面图		
3	建施	3	三层平面图 Ⓓ~Ⓐ轴立面图		
4	建施	4	屋顶平面图及其大样图 ①~⑩轴立面图		
5	建施	5	⑩~①轴立面图 1—1、2—2剖面图		
6	结施	1	结构设计施工总说明		
7	结施	2	基础图GZ1、GZ2、JL1、QL(JQL)、JQL、QL转角大样		
8	结施	3	二～三层梁配筋图 屋顶梁配筋图		
9	结施	4	二～三层平面板配筋图 屋顶平面板配筋图		
10	结施	5	框架柱平面布置、配筋图 XT平面布置及配筋		

制表： 审核： 日期：

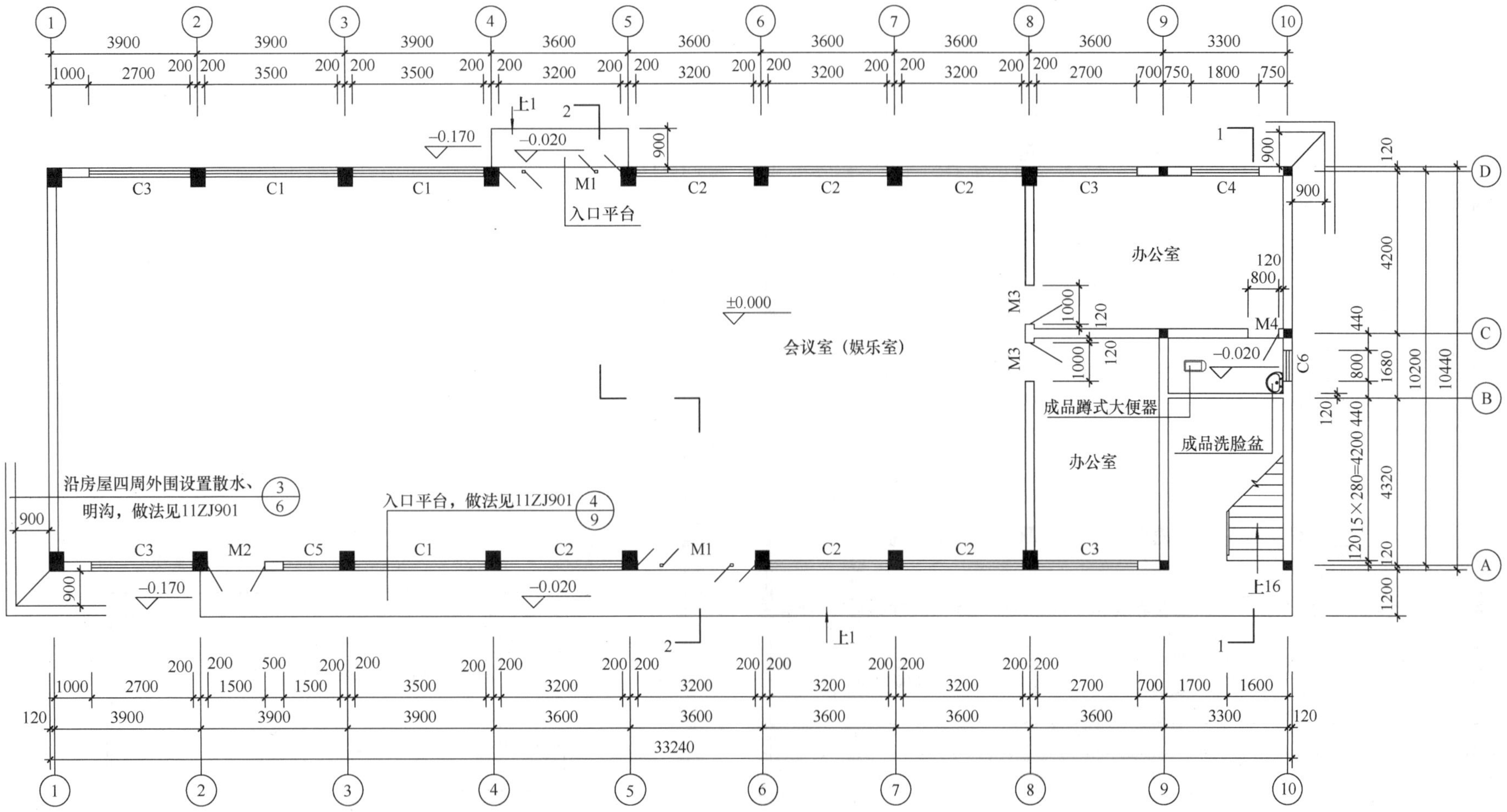

底层平面图 1:100

建筑设计说明

一、本工程总建筑面积1078m²，室内±0.000现定。

二、本工程砌体材料为普通页岩多孔砖(240×115×90)，砌体强度详见结构施工图；所有卫生间墙体下方做C20素混凝土反边，高300与墙体等宽。构造柱位置详结施图。

三、屋面防水做法参照15ZJ001屋109(防水、保温、不上人屋面)，防水做法：4.0厚SBS改性沥青防水卷材；保温做法：50厚挤塑聚苯乙烯泡沫塑料板。

四、外墙：面砖外墙做法详15ZJ001外墙17。

五、楼地面做法：

1.首层地面：20厚1:2水泥砂浆地面，做法详15ZJ001地101。
卫生间地面：300×300防滑砖，做法详15ZJ001地201-F1。

2.楼面：800×800抛光砖，做法详15ZJ001楼201。

3.楼梯：楼梯梯级砖，做法详15ZJ001楼201。

4.首层踢脚线：做法详见15ZJ001踢4。

5.楼面踢脚线：做法详见15ZJ001踢14。

六、内墙及顶棚做法：

1.内墙：(室内)20厚混合砂浆墙面，做法详15ZJ001内墙4；面层乳胶漆，做法详15ZJ001涂304。

2.内墙：(外走廊、楼梯间、走廊栏杆内侧及压顶面)：1500mm以下均贴釉面砖200×300墙裙，做法详15ZJ001裙8，1500mm以上做法同腻子内墙。

3.内墙(用于卫生间)：贴釉面砖200×300墙面至顶棚，做法详15ZJ001内墙24。

4.天棚：混合砂浆顶棚做法详15ZJ001顶2，面层乳胶漆，做法详15ZJ001涂304。

七、楼梯栏杆做法：栏杆选用11ZJ401-(Y/12)，扶手选用(15/37)，起步选用(12/38)。

八、油漆：

1.木门：油漆颜色为木质本色，面油调和漆。做法详15ZJ001涂101。

2.凡入墙木料必须满涂水柏油二道防腐。

3.所有外露铁件均油红丹打底，银粉漆二道。

九、凡涉及装修饰面材料的，必须由甲方和有关设计人员商定后方可施工，所有的墙砖必须粘贴牢固，不脱落。凡本说明未详之处请按现行施工与验收规范施工。

门窗统计表

编号	洞口尺寸(宽×高)	材料	数量			所在图集及图纸编号		备注
			一层	二层	三层			
M1	3200×3300	铝合金玻璃弹簧门	2	2	2	02ZJ603-1	LDHM100-60	采用5厚白玻璃，宽改为3200
M2	1500×2700	铝合金玻璃弹簧门	1			02ZJ603-1	LDHM100-23	采用5厚白玻璃
M3	1000×2400	木夹板门	2	1	1	04J601-1	PJM01-1024	
M4	800×2100	木夹板门	1			04J601-1	PJM01-0821	
M5	3500×3300	铝合金玻璃弹簧门		1	1	02ZJ603-1	LDHM100-70	采用5厚白玻璃，宽改为3500
C1	3500×2400	铝合金玻璃窗	3	3	3	02ZJ603-1	TLC90-51-S	采用5厚浮法玻璃，高改为2400，宽改为3500
C2	3200×2400	铝合金玻璃窗	6	6	6	02ZJ603-1	TLC90-51-S	采用5厚浮法玻璃，高改为2400，宽改为3200
C3	2700×2400	铝合金玻璃窗	4	4	4	02ZJ603-1	TLC90-51-S	采用5厚浮法玻璃，高改为2400
C4	1800×2400	铝合金玻璃窗	1	2	2	02ZJ603-1	TLC90-19-S	采用5厚浮法玻璃，高改为2400
C5	1500×2400	铝合金玻璃窗	1			02ZJ603-1	TLC90-11-S	采用5厚浮法玻璃，高改为2400
C6	800×600	铝合金玻璃窗	1			02ZJ603-1	TLC90-01-S	采用5厚浮法玻璃，宽改为800

广西壮族自治区 南宁××设计院				证书编号	
设计		建设单位		单位	m;mm
制图		设计项目	职工活动中心	比例	1:100
项目负责人		图名	底层平面图 门窗统计表 建筑设计说明	日期	
校对				图别	建施
审核				图号	1
审定				第 张共 张	

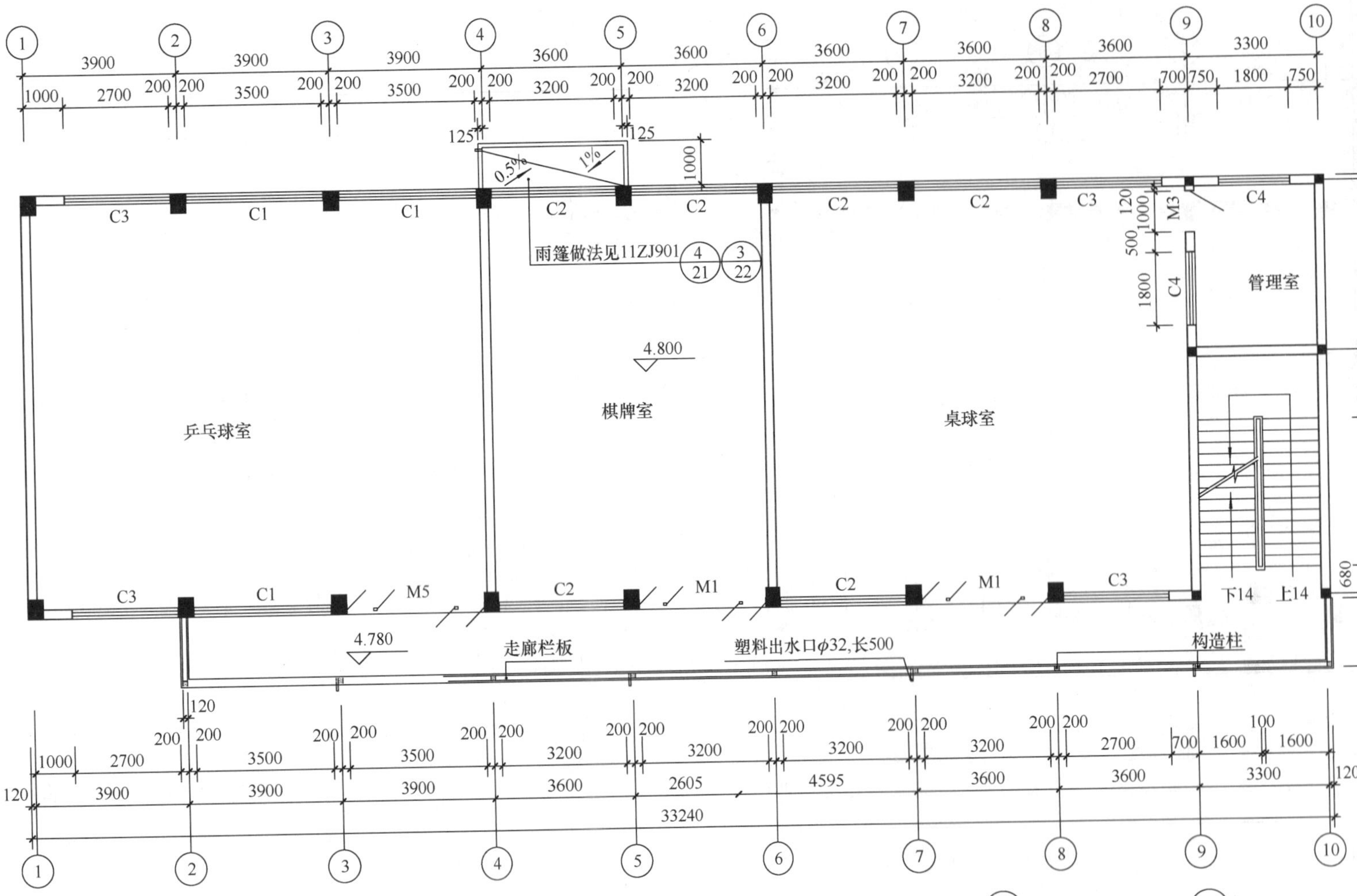

二层平面图 1:100　走廊栏板做法见11ZJ411 7/34 构造柱做法见11ZJ411 —/5

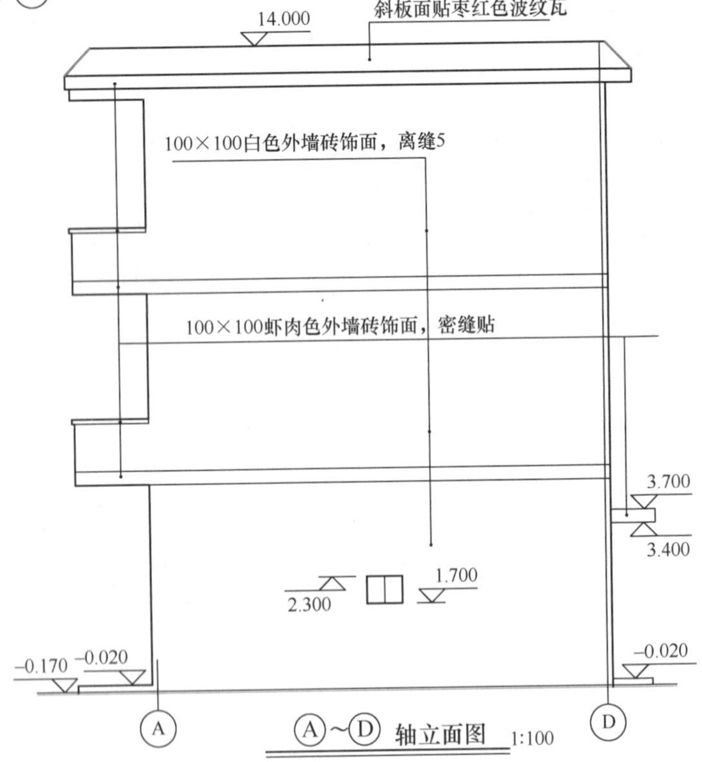

Ⓐ~Ⓓ 轴立面图 1:100

广西壮族自治区 南宁××设计院			证书编号	
设 计	建设单位		单 位	m;mm
制 图	设计项目	职工活动中心	比 例	1:100
项目负责人			日 期	
校 对	图 名	二层平面图 Ⓐ~Ⓓ轴立面图	图 别	建施
审 核			图 号	2
审 定			第 张共 张	

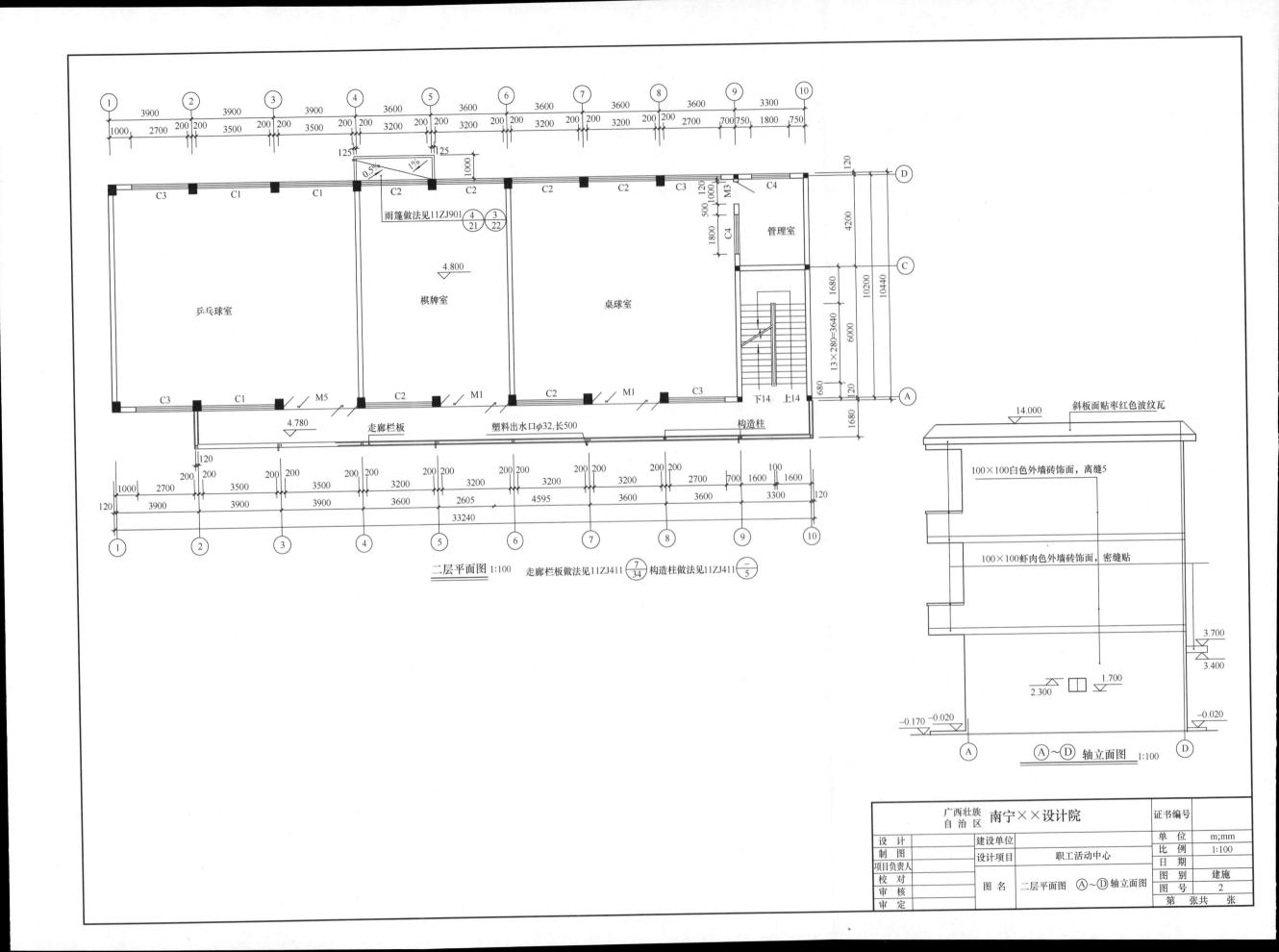

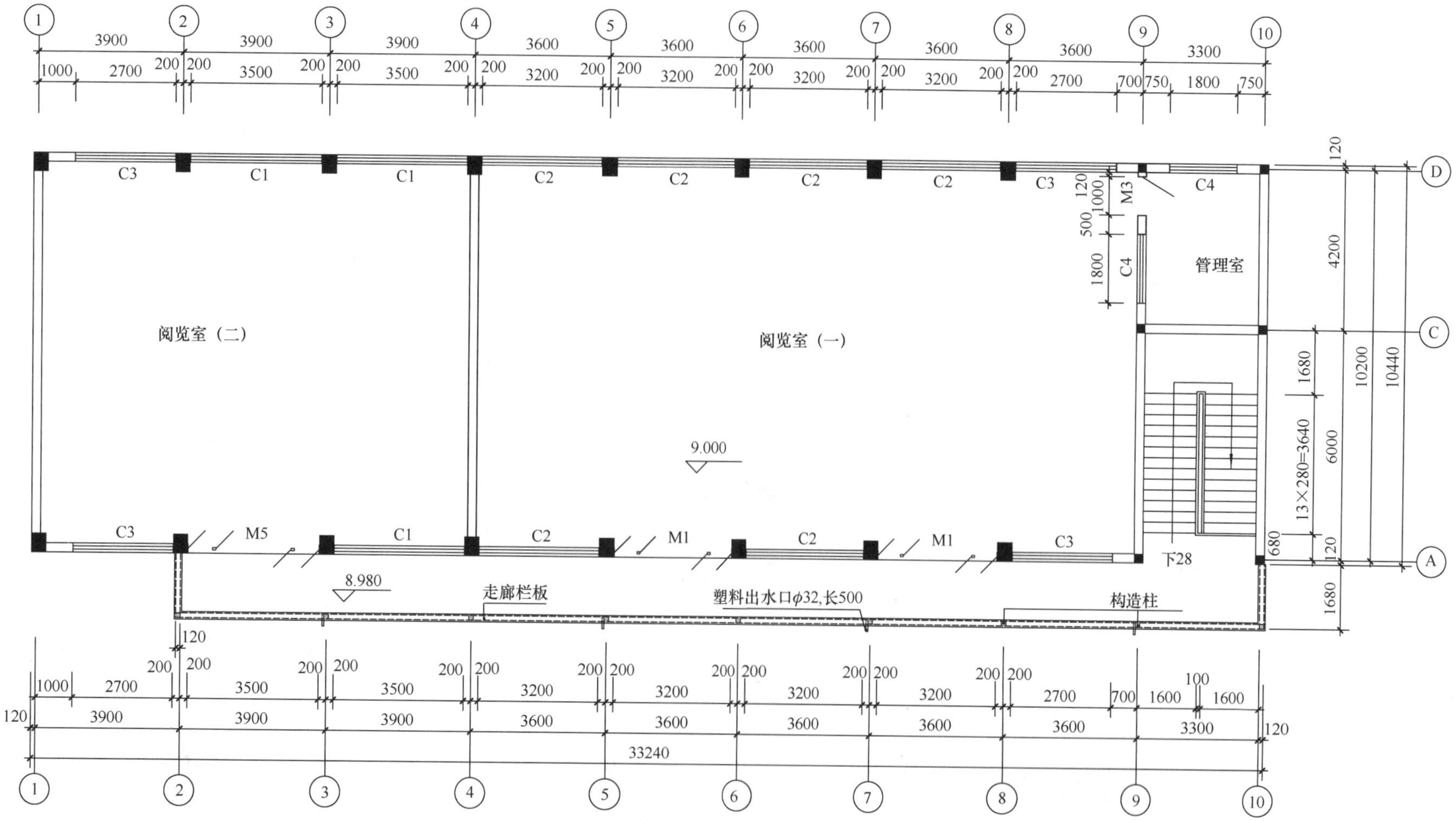

三层平面图 1:100　走廊栏板做法见11ZJ411 (7/34)　构造柱做法见11ZJ411 (—/5)

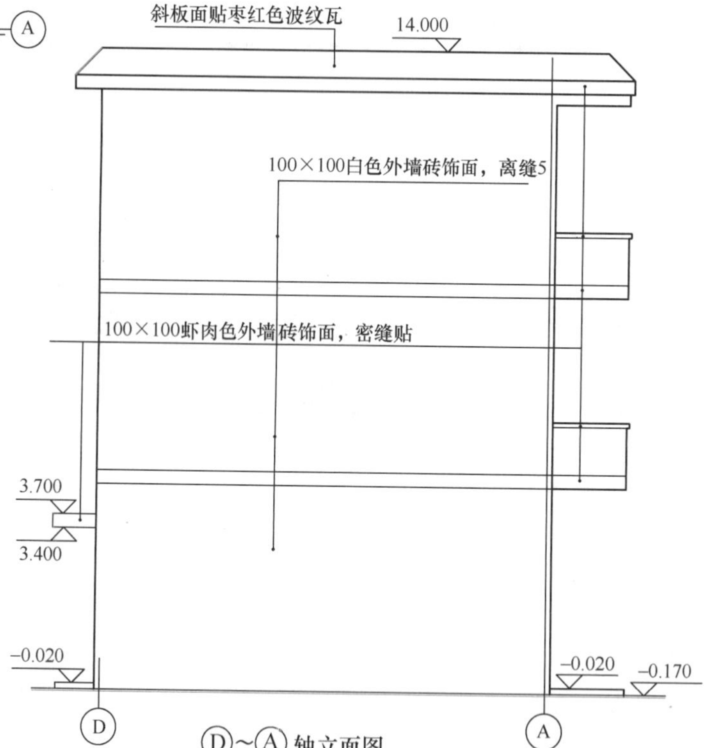

Ⓓ~Ⓐ轴立面图 1:100

广西壮族自治区 南宁××设计院				证书编号	
设 计		建设单位		单 位	m;mm
制 图		设计项目	职工活动中心	比 例	1:100
项目负责人				日 期	
校 对		图 名	三层平面图 Ⓓ~Ⓐ轴立面图	图 别	建施
审 核				图 号	3
审 定				第 张共 张	

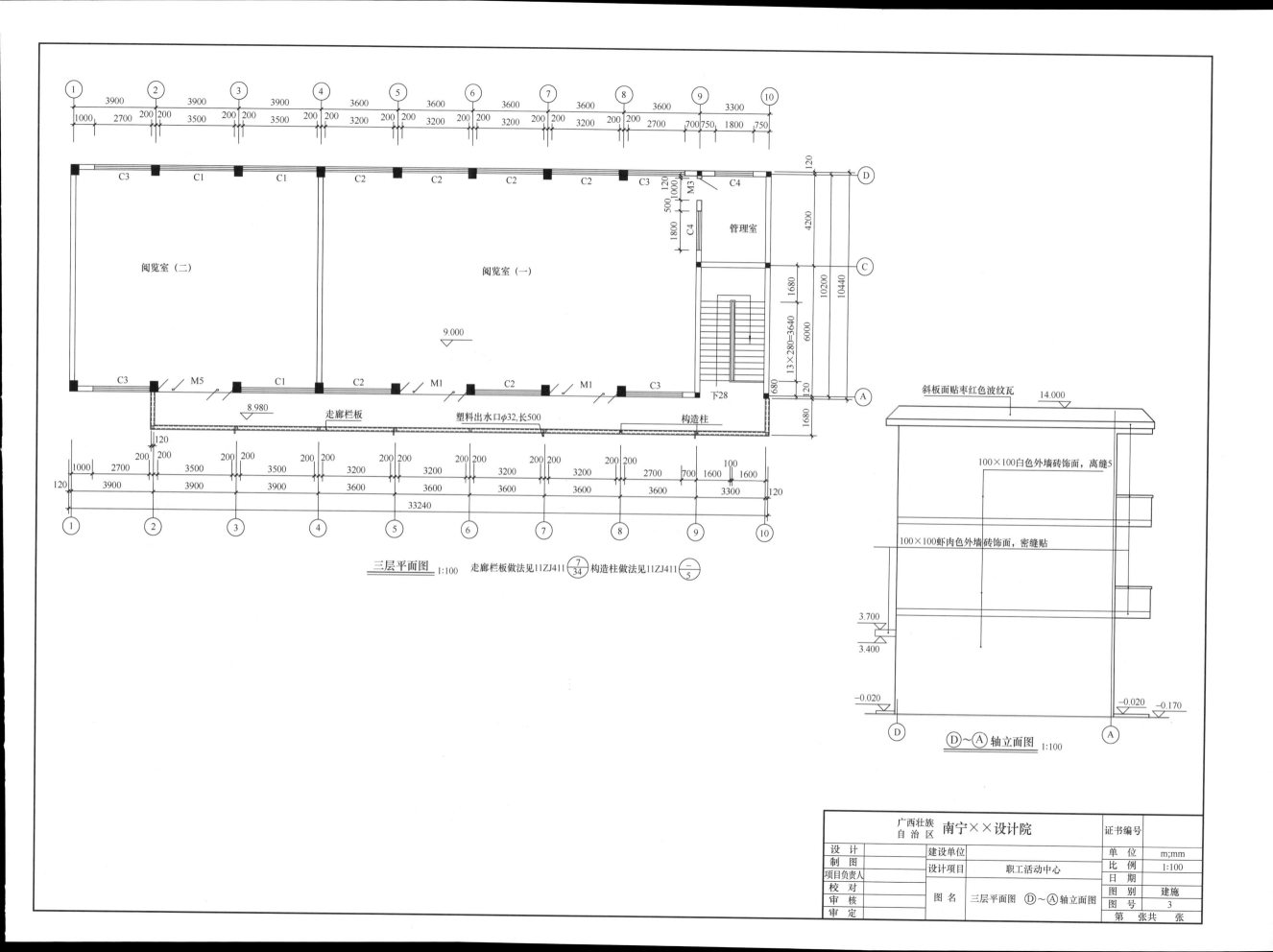

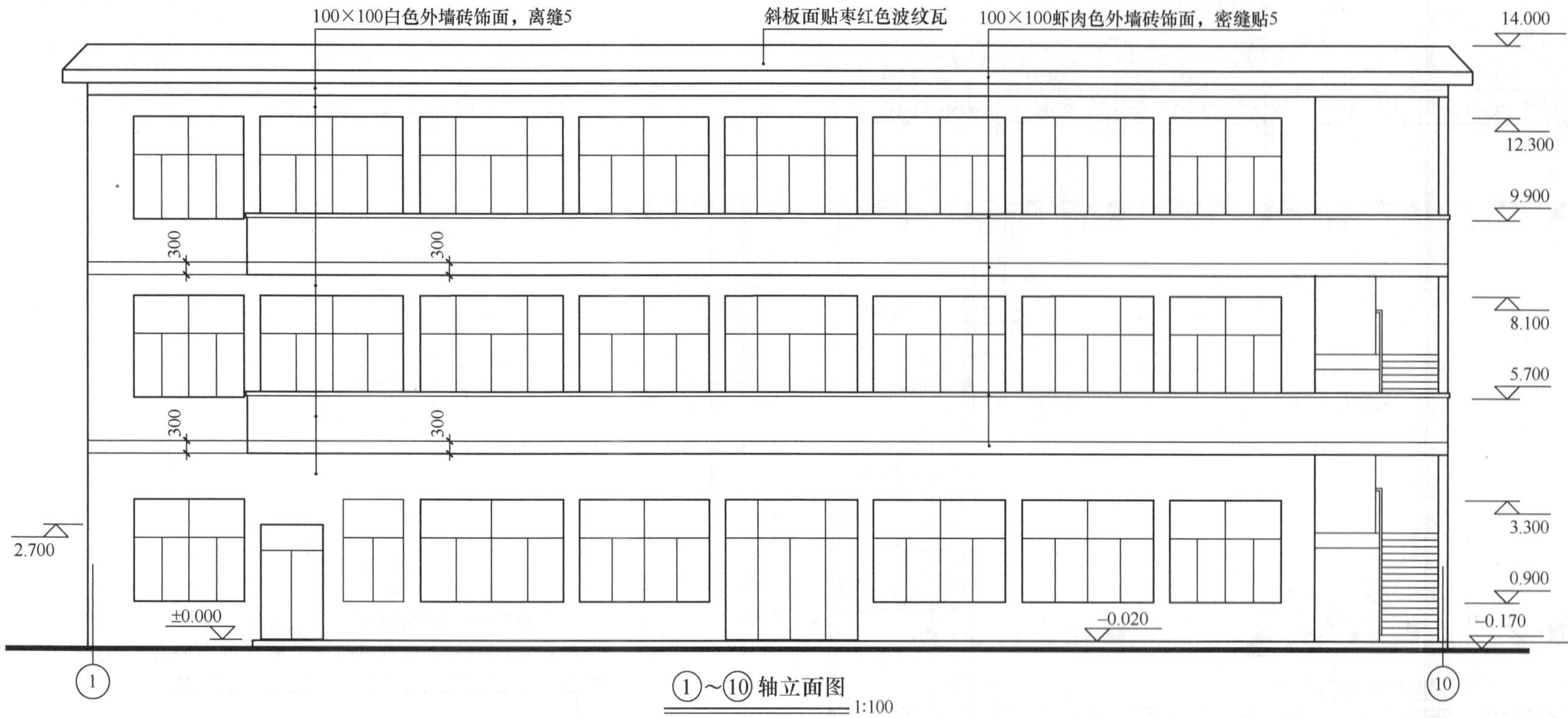

①～⑩轴立面图 1:100

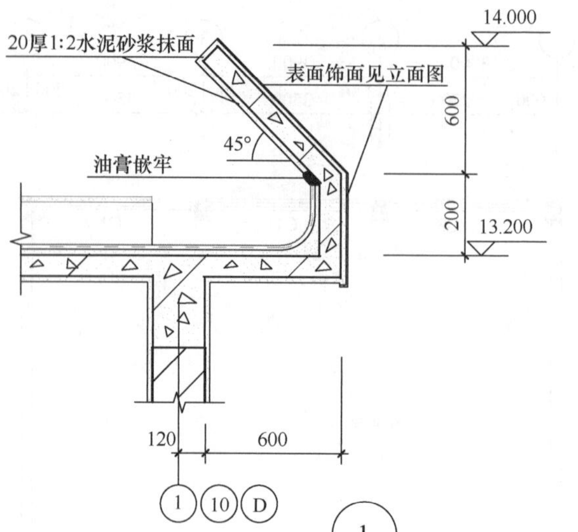

1 1:20

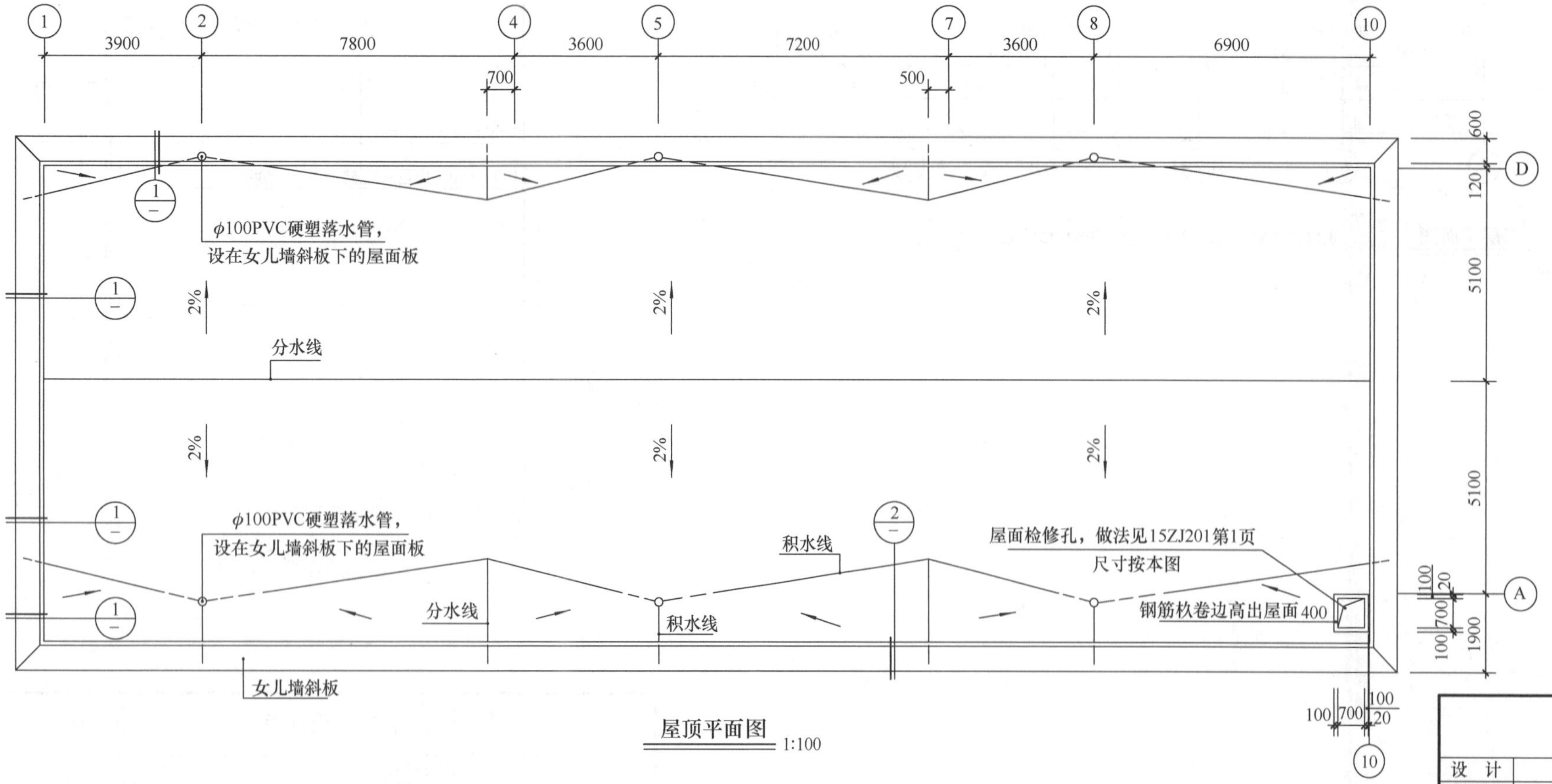

屋顶平面图 1:100

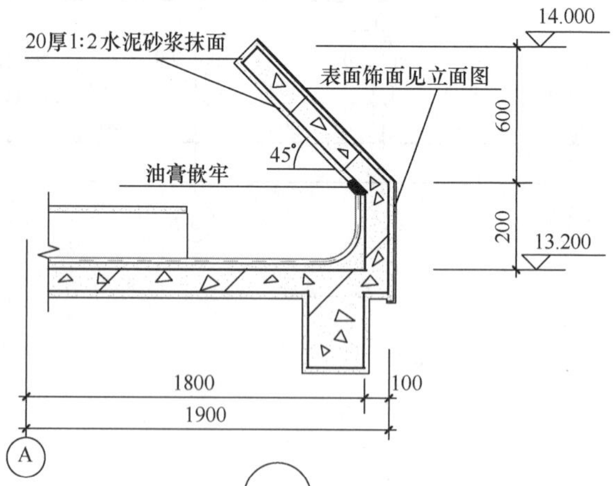

2 1:20

广西壮族自治区 南宁××设计院				证书编号	
设 计		建设单位		单 位	m;mm
制 图		设计项目	职工活动中心	比 例	1:100
项目负责人		图 名	屋顶平面图及其大样图 ①～⑩轴立面图	日 期	
校 对				图 别	建施
审 核				图 号	4
审 定				第 张共 张	

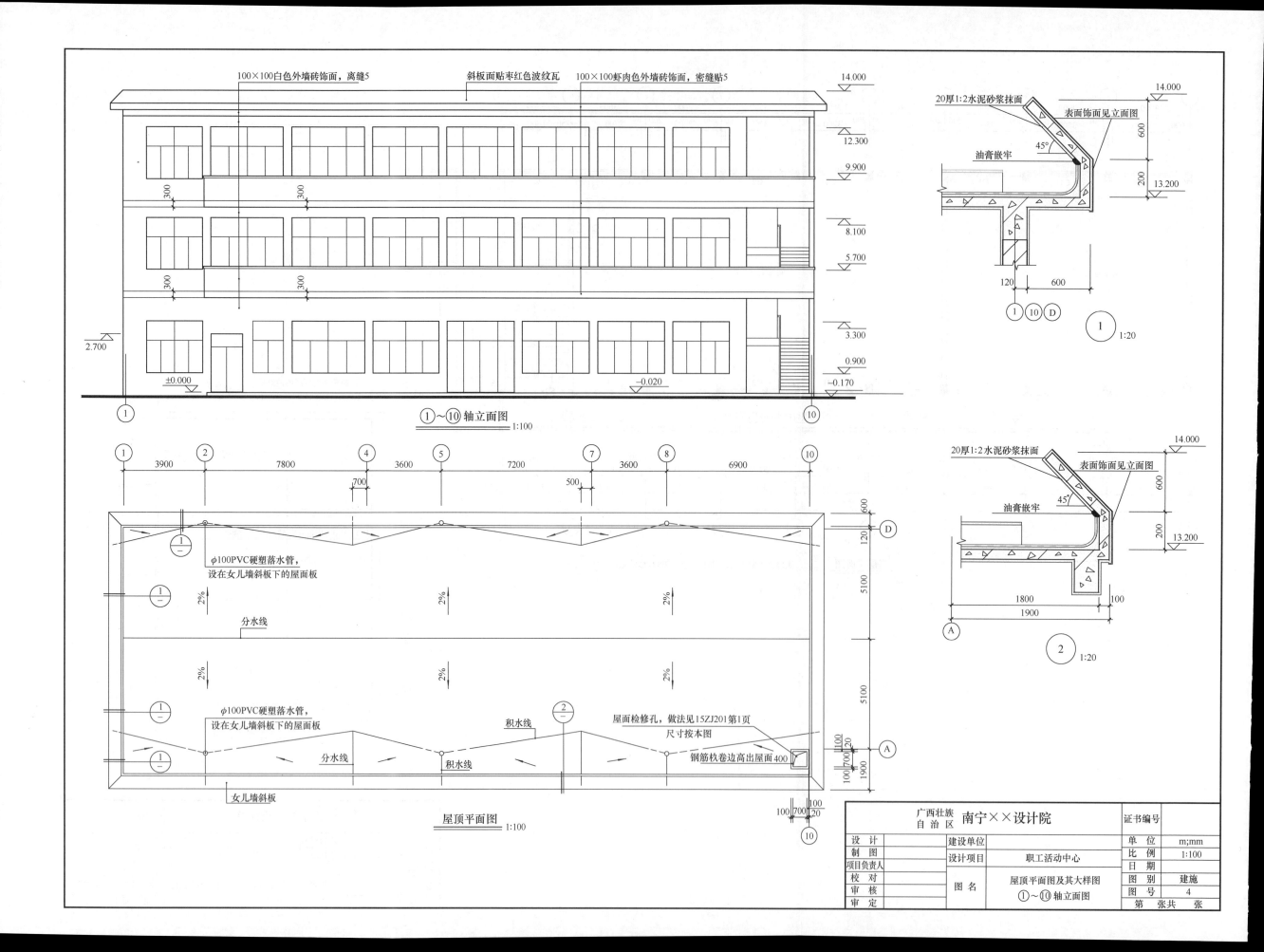

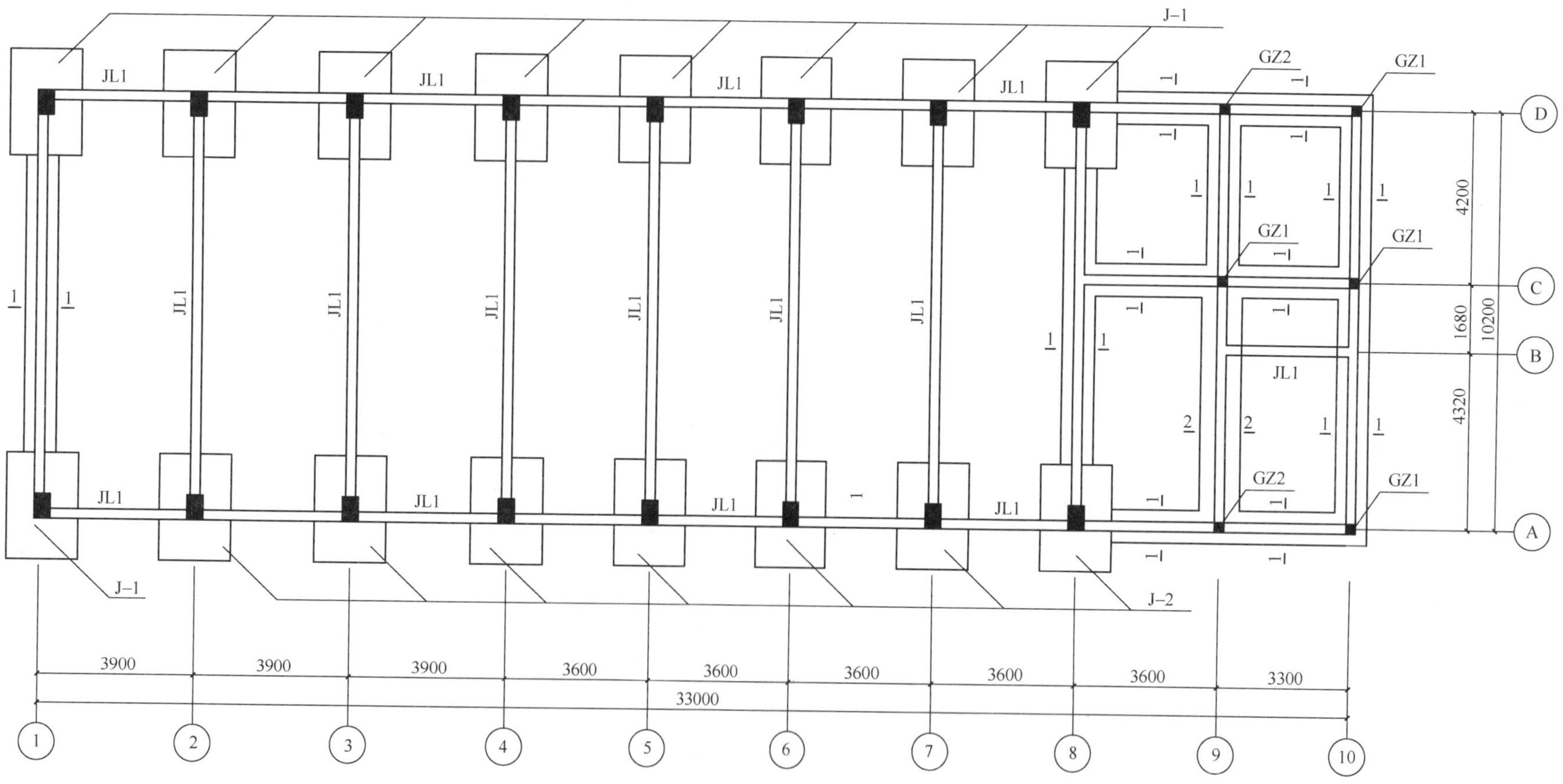

基础平面布置图

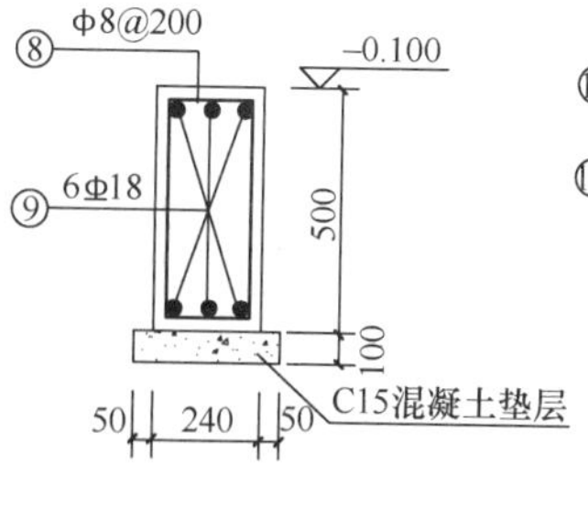

JL1

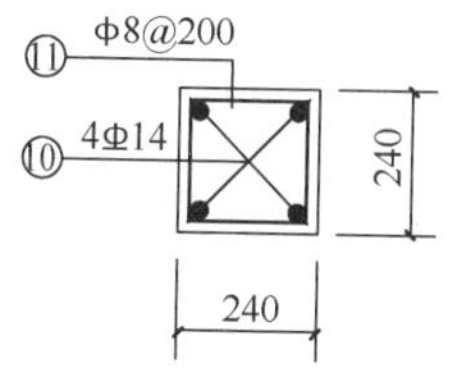

GZ1

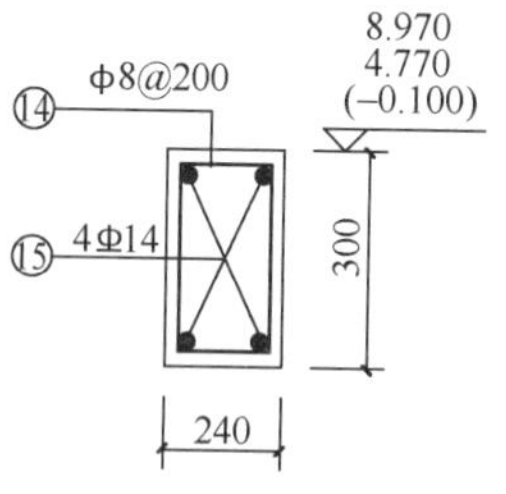

QL (JQL)

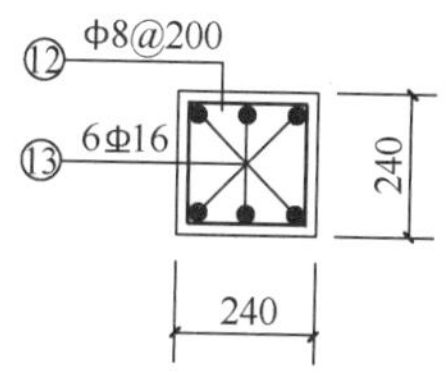

GZ2

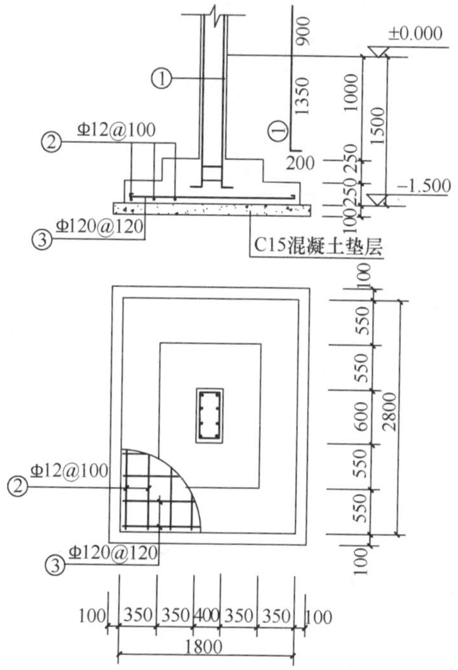

J—1

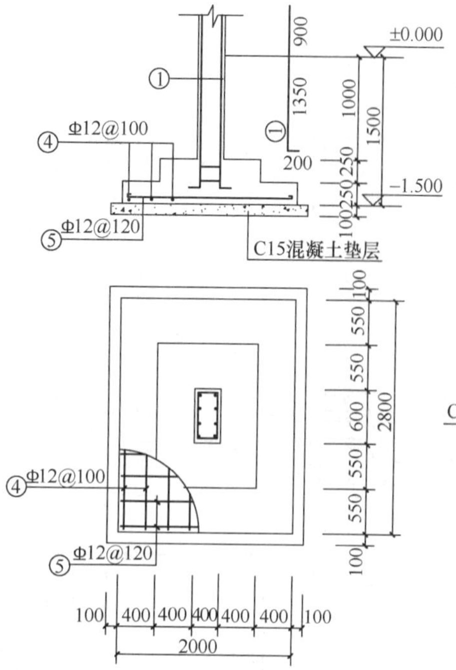

J—2

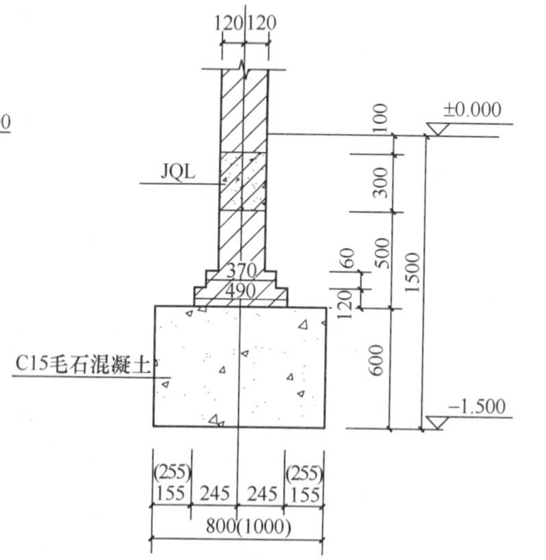

1—1
(2—2)

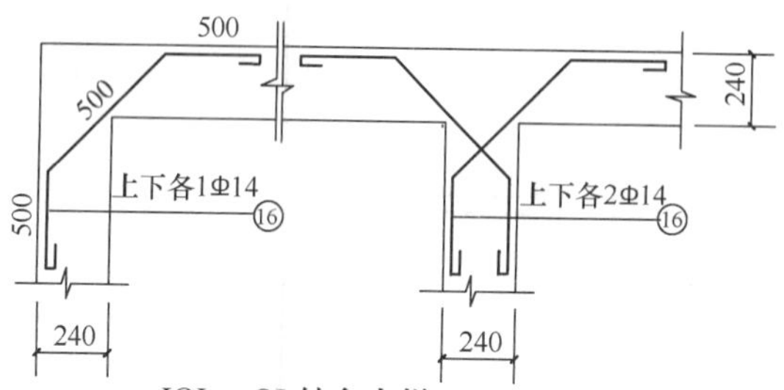

JQL、QL转角大样

广西壮族自治区	南宁××设计院			证书编号	
设计		建设单位		单位	m;mm
制图		设计项目	职工活动中心	比例	1:100
项目负责人		图名	基础图GZ1、GZ2、JL1、QL、JQL JQL、QL转角大样	日期	
校对				图别	结施
审核				图号	2
审定				第 张共 张	

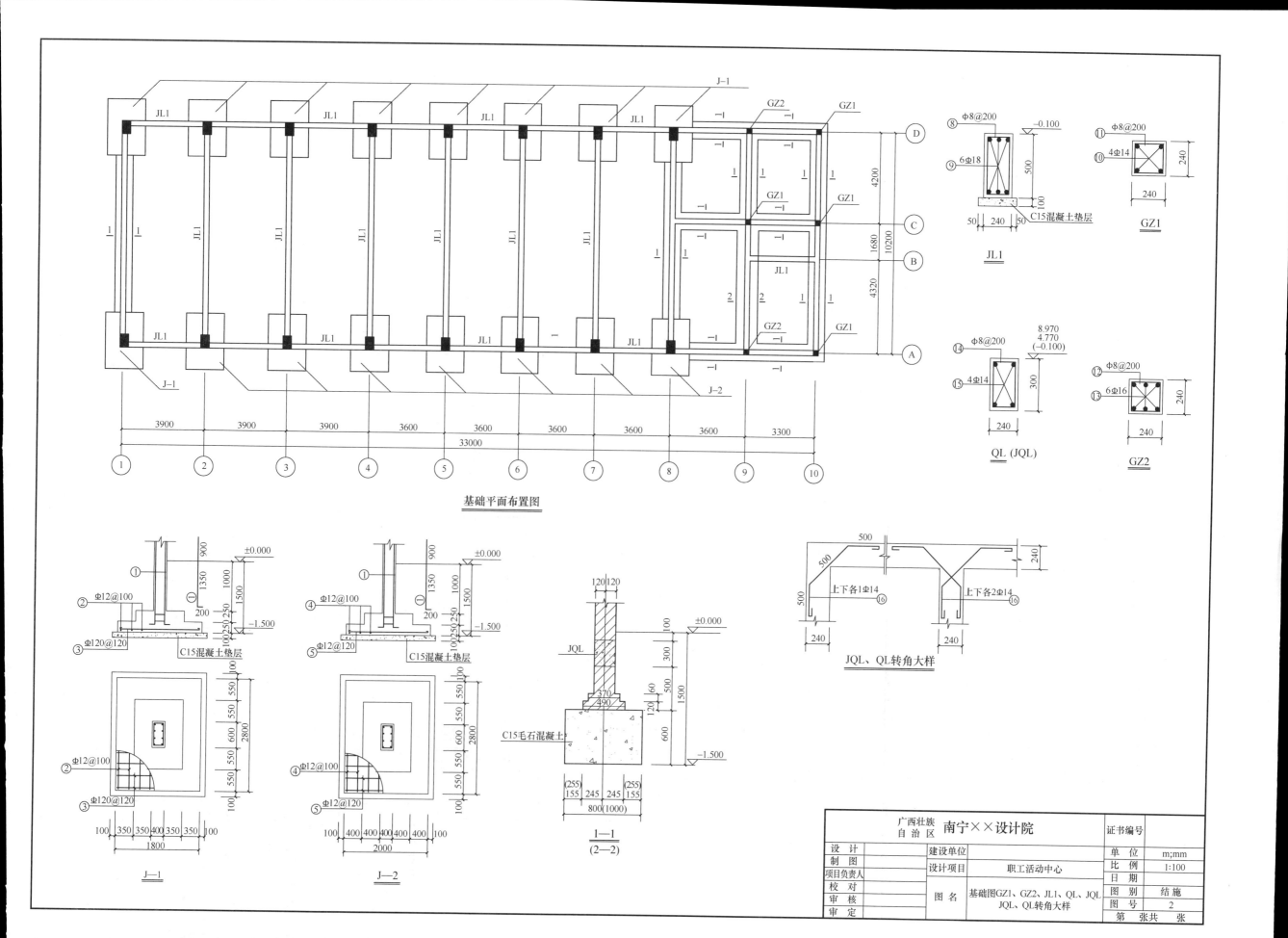

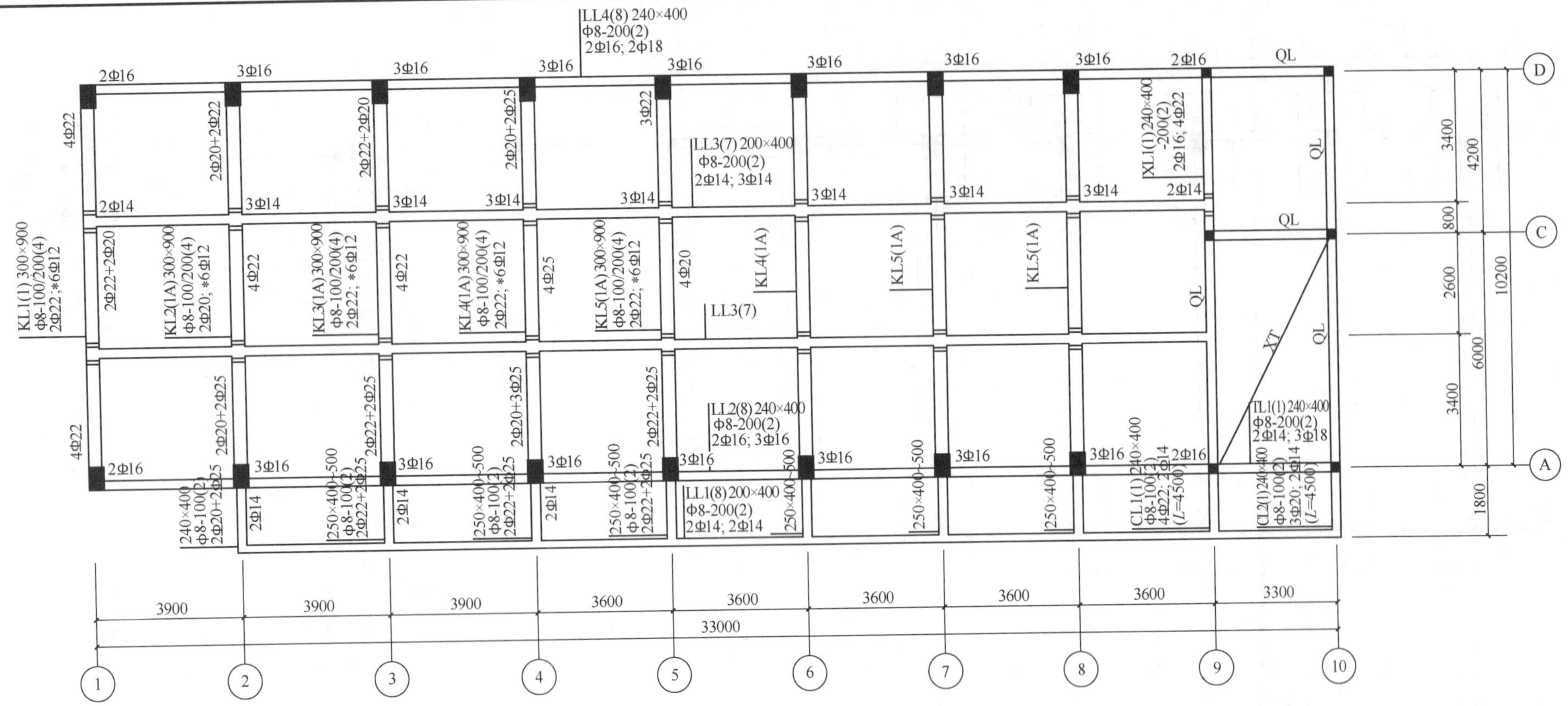

二～三层梁配筋图

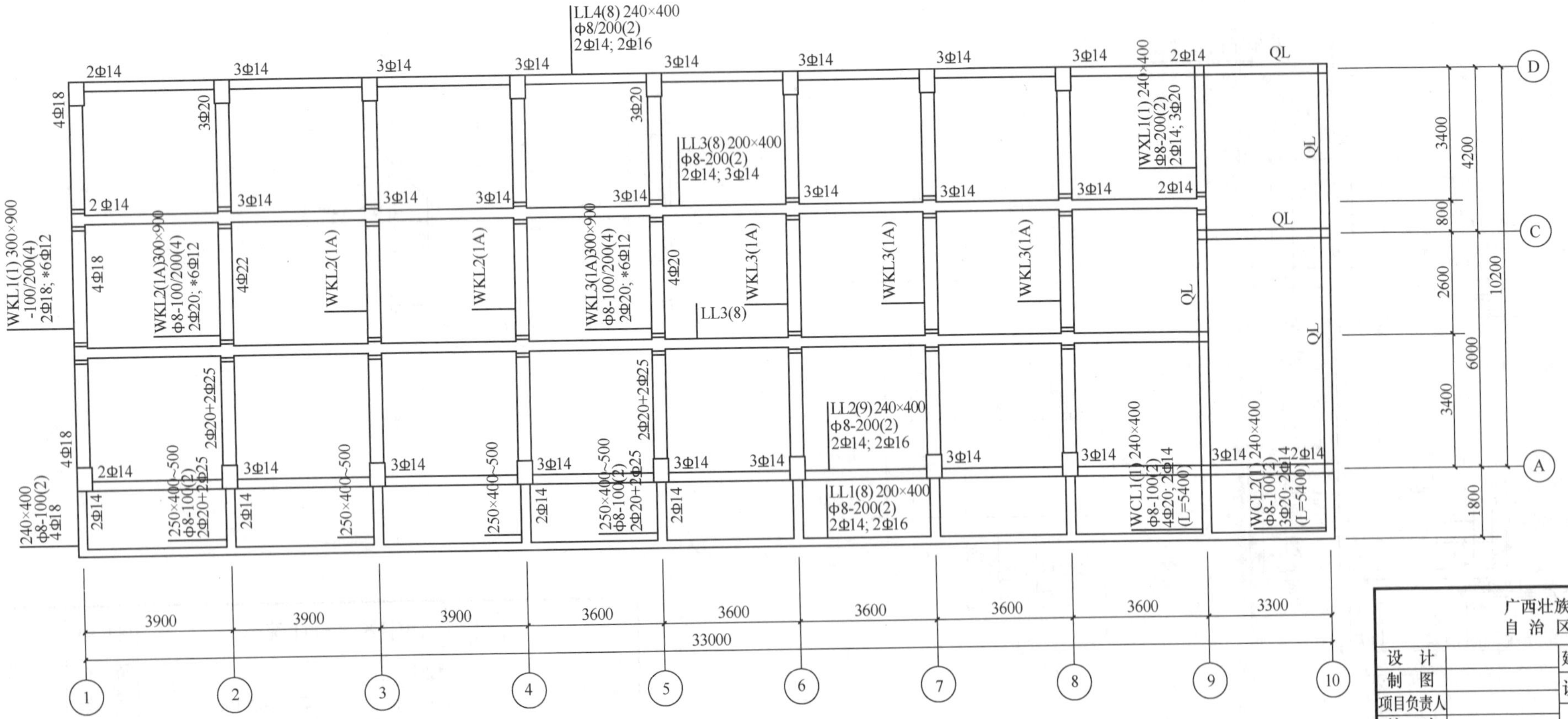

屋顶梁配筋图

屋面平面	13.170	
3（三层楼面）	8.970	4200
2（二层楼面）	4.770	4200
1（一层楼面）	-0.100	4870
层号	标高(m)	层高(mm)

结构层楼面标高
结构层高

广西壮族自治区 南宁××设计院				证书编号	
设 计		建设单位		单 位	m;mm
制 图		设计项目	职工活动中心	比 例	1:100
项目负责人				日 期	
校 对		图 名	二～三层梁配筋图 屋顶梁配筋图	图 别	结施
审 核				图 号	3
审 定				第 张共 张	

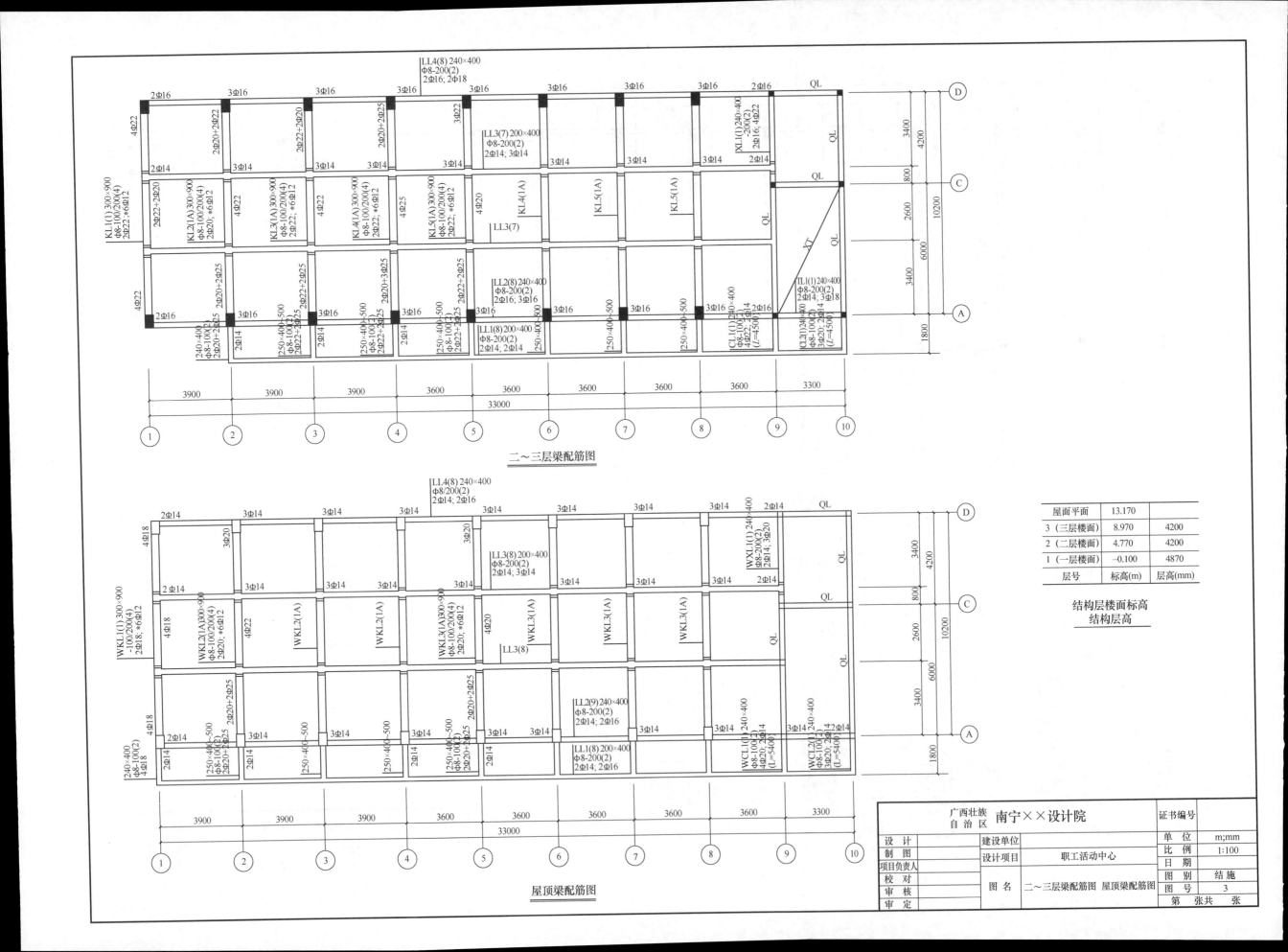

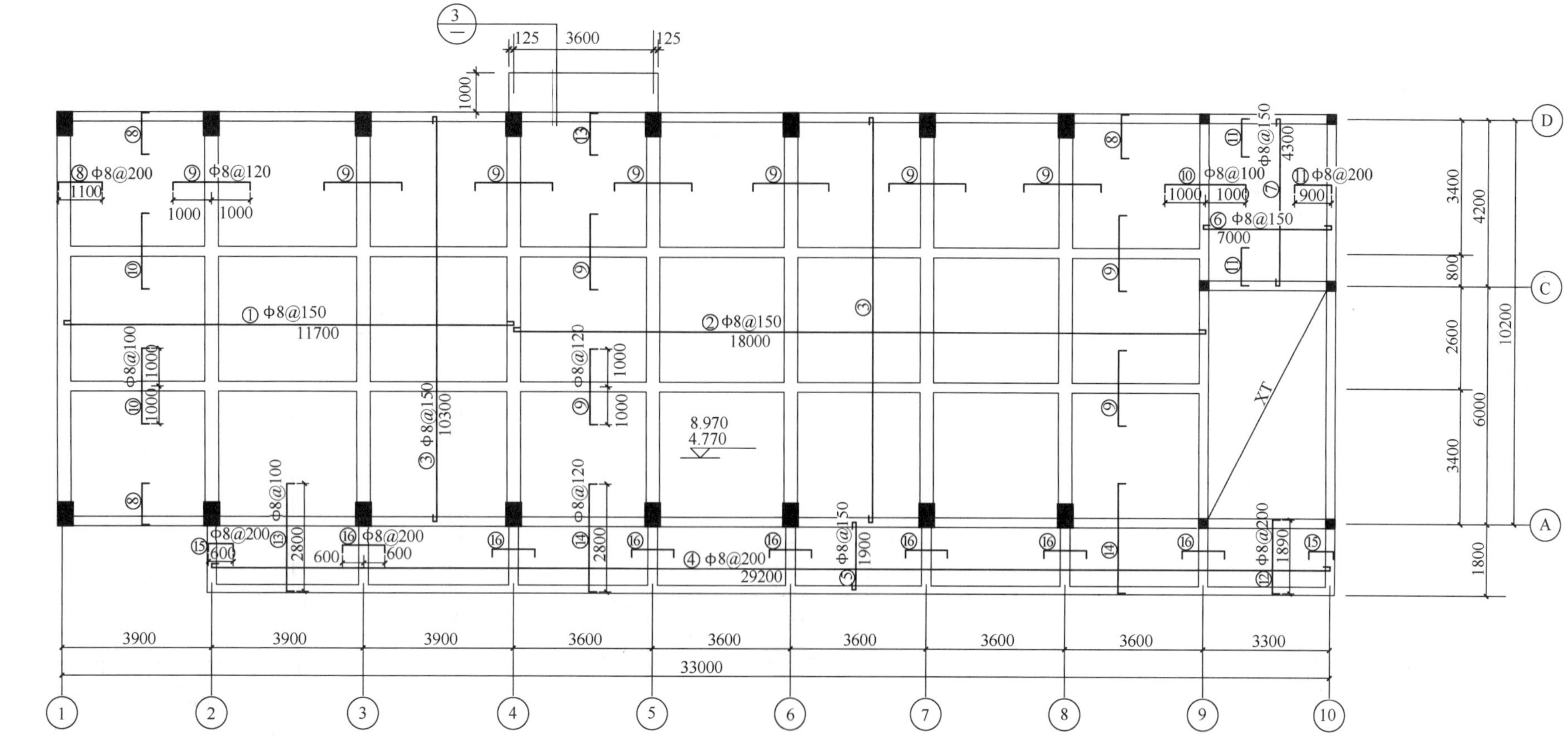

二～三层平面板配筋图

注：1.走廊板厚为100；

2.除注明外其余板厚均为120。

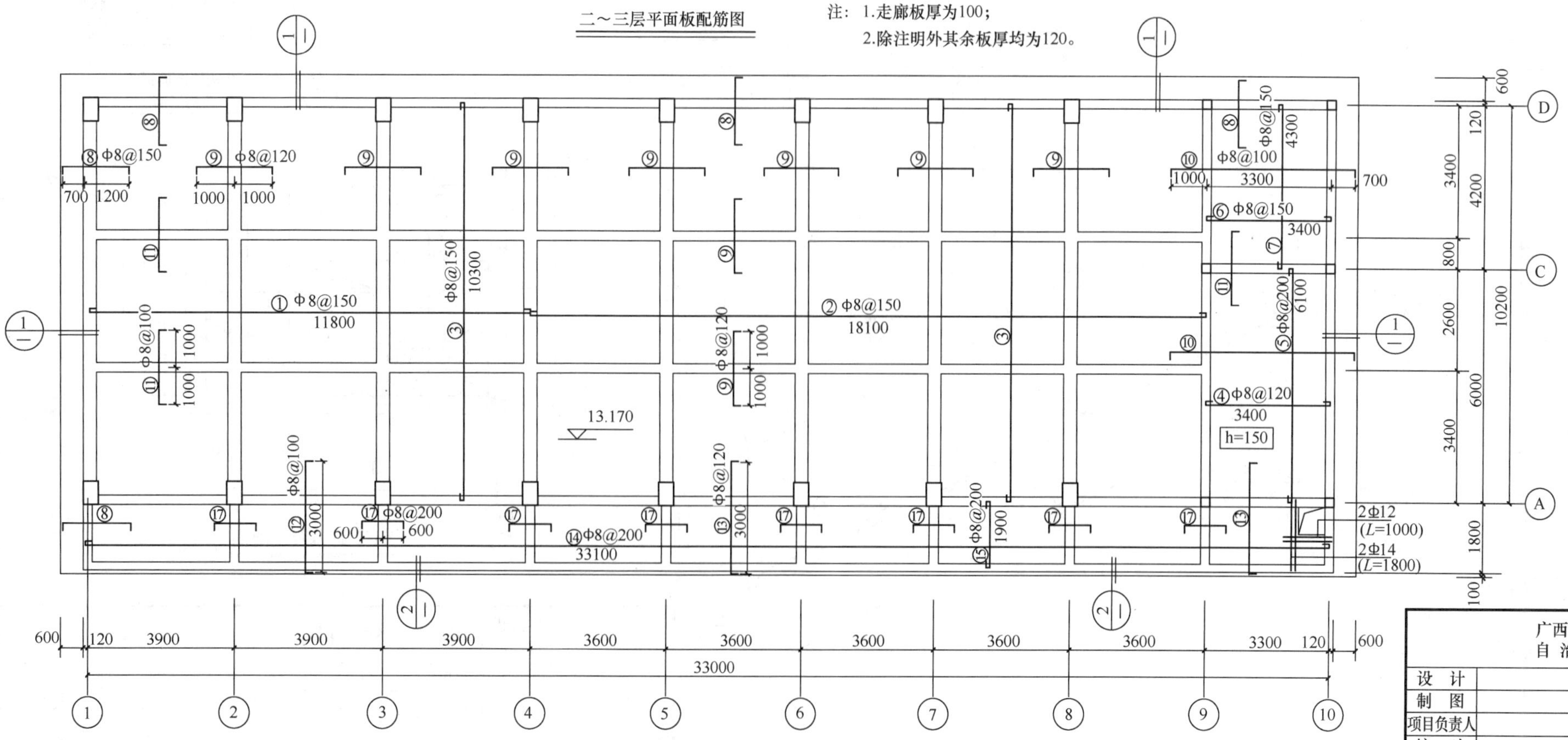

屋顶平面板配筋图 注：除注明外其余板厚均为120。

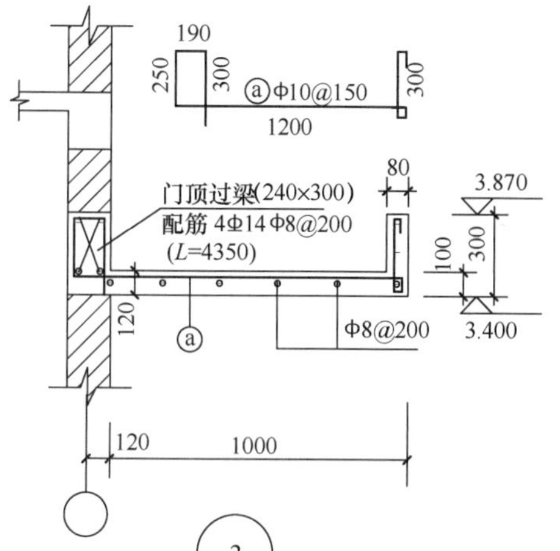

3 雨篷大样

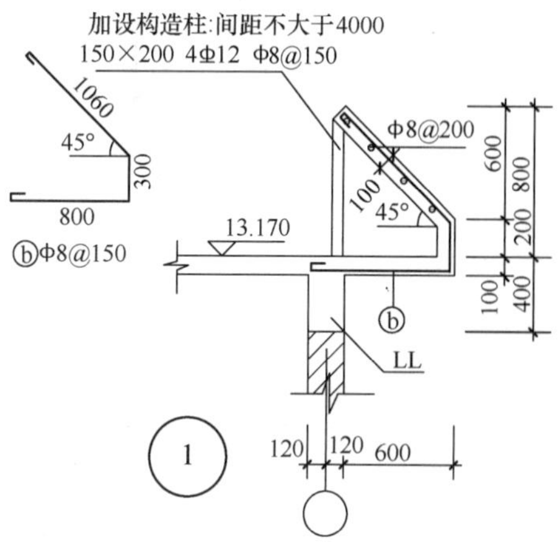

1

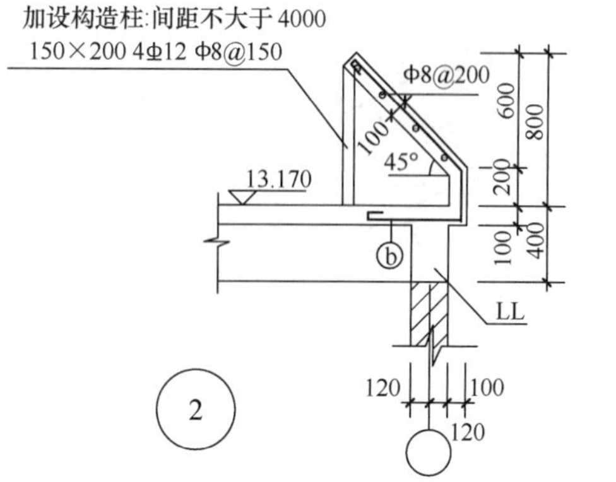

2

广西壮族自治区	南宁××设计院			证书编号	
设计		建设单位		单位	m;mm
制图		设计项目	职工活动中心	比例	1:100
项目负责人				日期	
校对		图名	二～三层平面板配筋图 屋顶平面板配筋图	图别	结施
审核				图号	4
审定				第 张共 张	

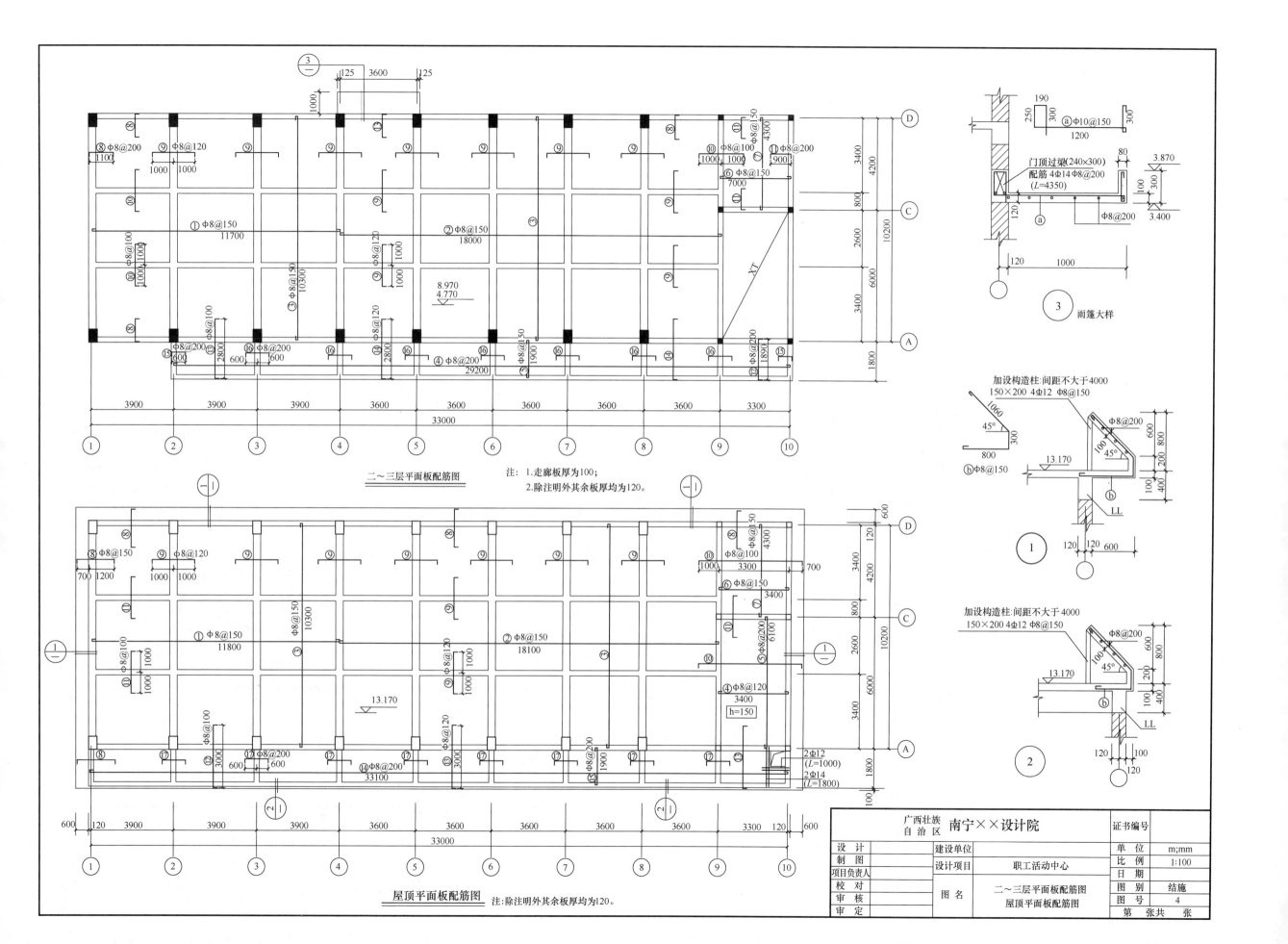

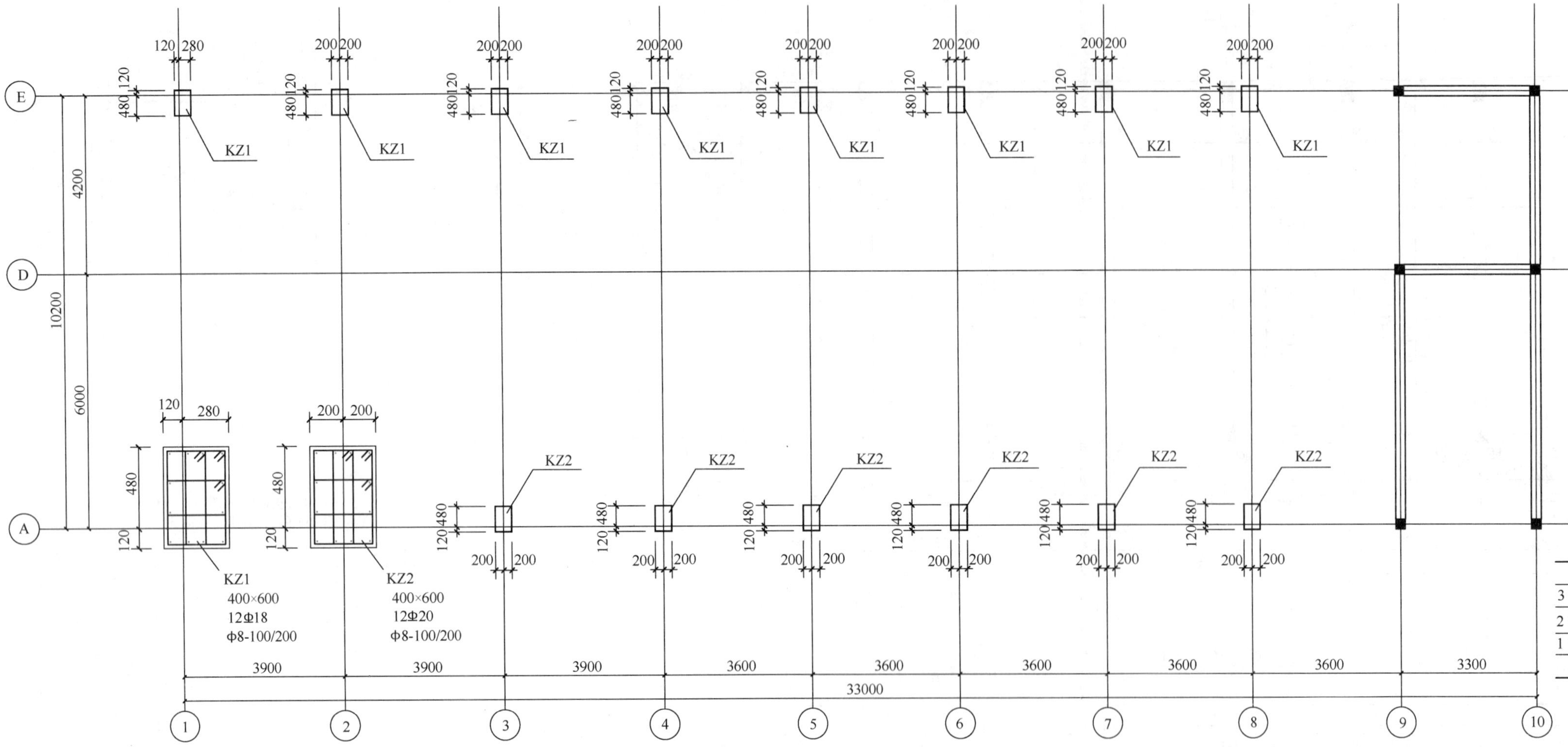

屋面平面	13.170	
3（三层楼面）	8.970	4200
2（二层楼面）	4.770	4200
1（一层楼面）	−0.100	4870
层号	标高(m)	层高(mm)

结构层楼面标高
结构层高

框架柱平面配筋图

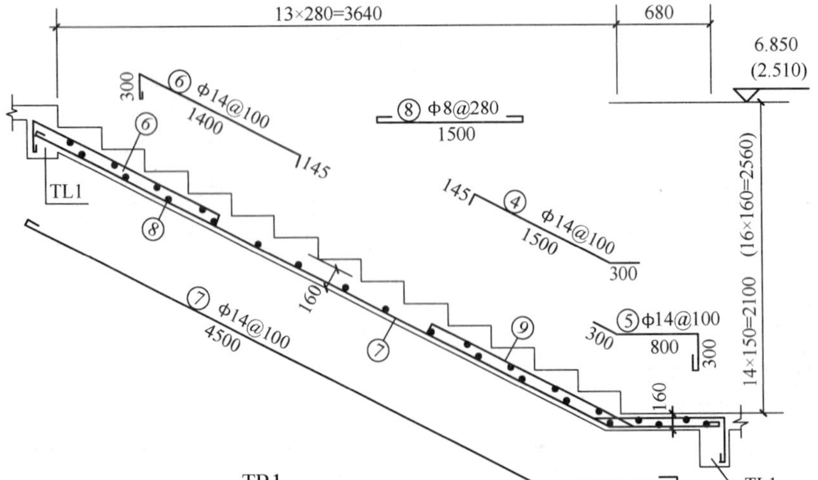

TB1

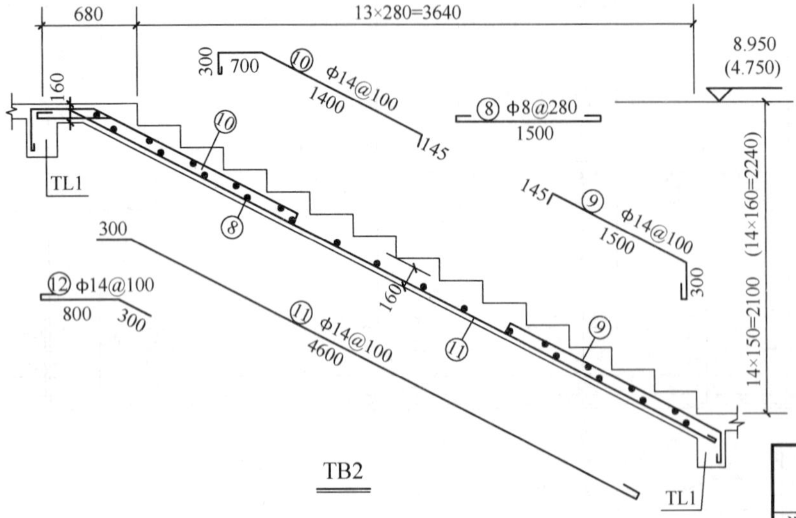

TB2

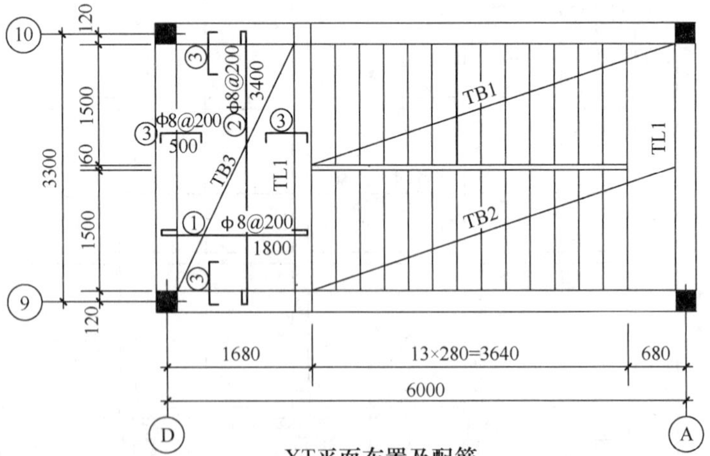

XT平面布置及配筋 (TB3板厚为80)

广西壮族自治区	南宁××设计院			证书编号	
设 计		建设单位		单 位	m;mm
制 图		设计项目	职工活动中心	比 例	1:100
项目负责人				日 期	
校 对		图 名	框架柱平面布置、配筋图 XT平面布置及配筋	图 别	结施
审 核				图 号	5
审 定				第 张共 张	

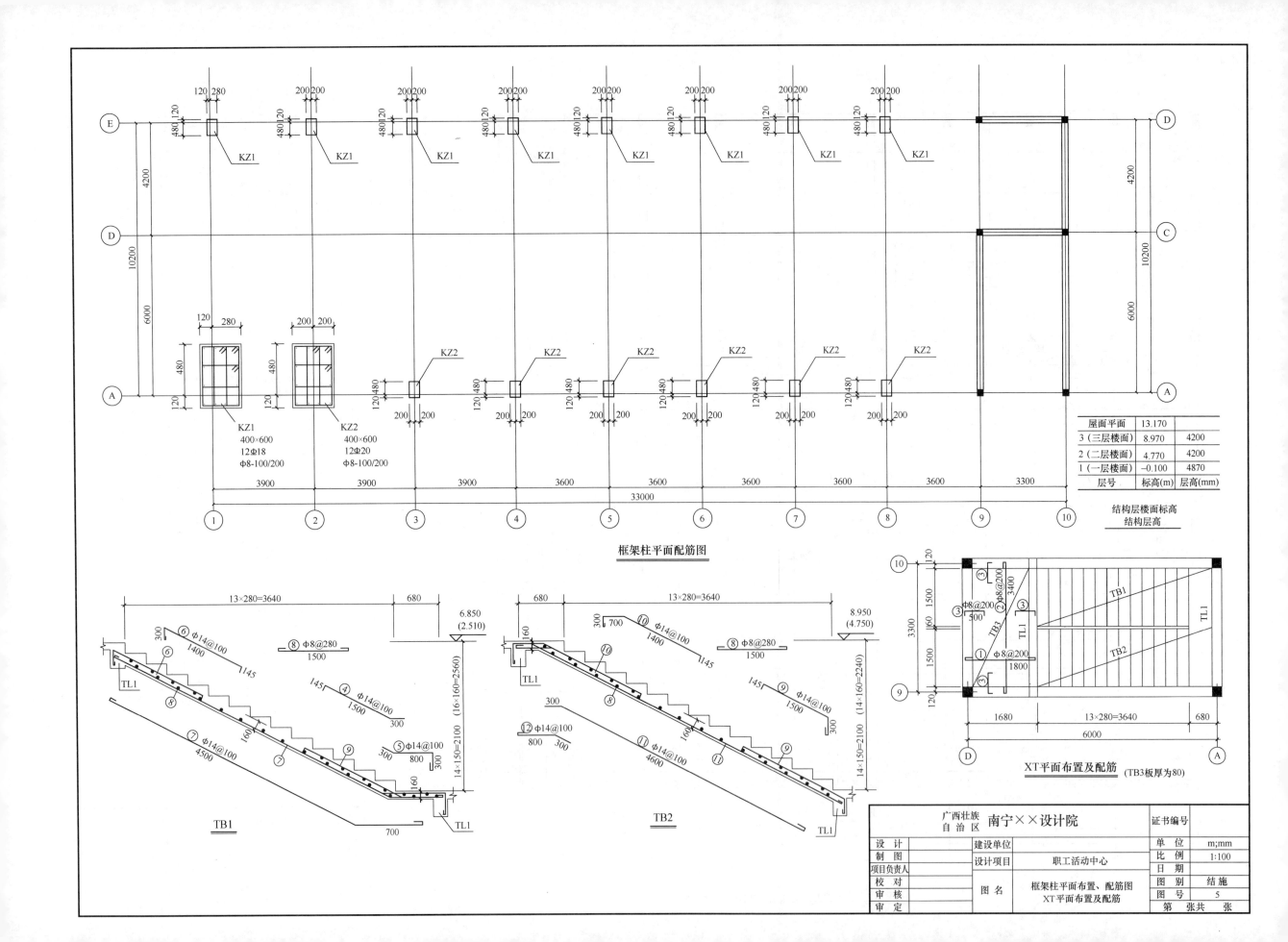

结构设计施工总说明

（一）本工程图按下列规程规范设计：
1.《建筑结构荷载规范》GB 50009—2012
2.《建筑抗震设计规范》GB 50011—2010
3.《混凝土结构设计规范》 GB 50010—2010
4.《砌体结构设计规范》 GB 5003—2011
5.《建筑地基基础设计规范》 GB 50007—2011
6.《建筑结构制图标准》GB/T 50105—2010
7.《建筑结构可靠度设计统一标准》 GB 50068—2018

（二）本工程楼面、屋面的活荷载标准值的取用：单位kN/m²
1. 二、三层楼面：3.0；
2. 走廊、卫生间：2.5；
3. 楼梯间：3.5；
4. 非上人屋面：0.70。

（三）本工程按六度地震设防，抗震等级为四级，安全等级为二级，基础设计安全等级为丙级，合理使用寿命为五十年。

（四）本工程图纸平法标准图采用图集：16G101梁柱必须按照该图集的构造详图施工。

（五）材料
1. 混凝土：地梁、基础柱混凝土均为：C25板、梁、柱、楼梯混凝土均为：C25
2. 钢筋：HPB300级钢（Φ），HRB335级钢（Φ），锚固长度除已注明外均分别为：35d，40d；搭接长度除注明外均分别为：42d，48d；d为较大钢筋直径。
3. 焊条：板HPB300级钢互焊用E43；HPB300级钢与HPB335级钢互焊及HRB335级钢互焊用E50。
4. 砌体：砖砌体采用M5.0混合砂浆，MU10烧结普通砖。
5. 混凝土保护层：

基础	桩纵筋保护层	50mm
	承台	40mm
	地梁	30mm
楼屋面	现浇板	15mm
	地面以上现浇梁	30mm
	地面以上现浇柱	30mm

（六）钢筋混凝土构件：梁（构造详图详见图集16G101）
1. 主梁与次梁交接处需设吊筋或加密箍筋：
图纸中的主梁不管是否注明吊筋或加密箍筋，均在主梁中于次梁两侧设置四道加密箍，间距为50，见图一，箍筋直径同主梁箍筋。
井字梁在节点两侧均设置四道加密箍，做法同上。

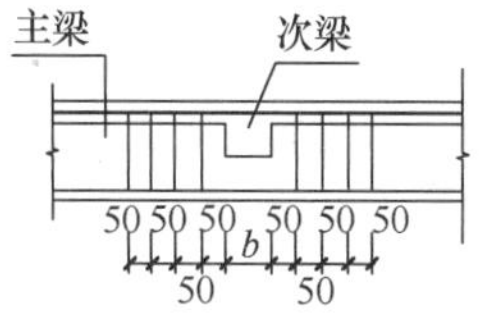

图一

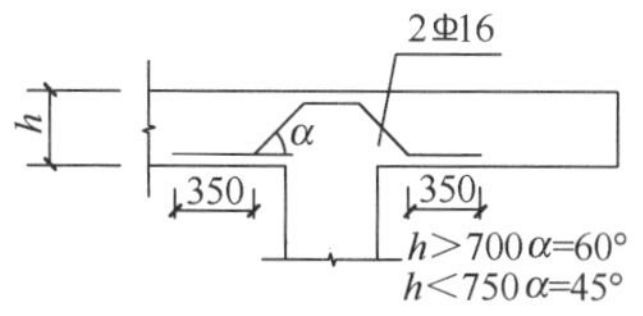

图二

2. 悬臂梁在悬臂长≥1500时，如图纸中未加说明，则在其支座处设置附加鸭筋 2Φ16，如图二所示。
3. 挑梁KL、CL、WCL的上部纵筋不得在悬挑支座处搭接。
4. 过梁：凡门窗洞顶没有结构梁的，均设置洞顶过梁，见图三。
4000≥L_o＞3000时，用A断面；
3000≥L_o＞2000时，用B断面；
2000≥L_o＞1200时，用C断面；
1200≥L_o＞1000时，用D断面；
1000≥L_o≥600时，用E断面；
当洞顶距梁底≤200时，按F大样。

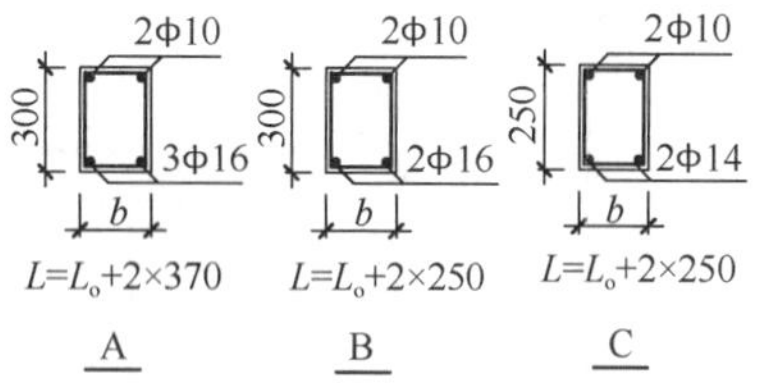

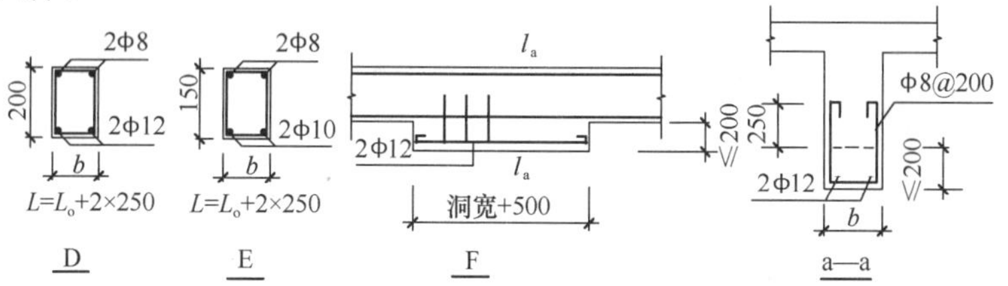

图三 （b为墙厚，L_o为门窗洞净宽，箍筋均为Φ8@200）

（七）钢筋混凝土构件：板
1. 板分布筋除注明外均为Φ8@200通长，搭接250。
2. 板受力筋长度为板跨[梁中至梁中加100]，短向钢筋放在长向筋之下，斜板钢筋按实际下料。
3. 分离式钢筋的板的负筋直勾长度，除图纸中标明者外，均为：板厚减保护层厚度，屋檐悬挑板阳角处板负筋按放射状设置，并且≥5Φ8@100。
4. 梁、板面标高除注明外均为：H−0.030，其中：H为相应的楼面建筑标高（梁布置见相应结构平面图）。

（八）钢筋混凝土构件：柱
1. 钢筋混凝土柱在纵筋搭接长度范围内，箍筋的间距100。
2. 钢筋混凝土柱与砌体连接：沿砖墙高度于钢筋混凝土柱中埋设锚筋与砖墙连接，如图四所示。

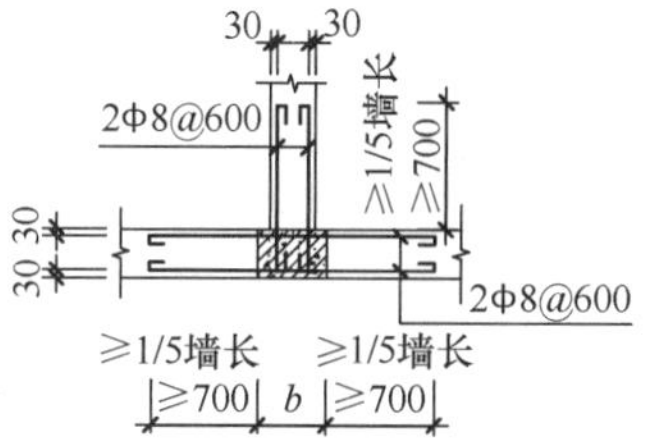

图四

3. 框架填充墙：当砌体长度L_o＞5000时，应在砌体中部加设构造柱GZ1截面。
配筋：200×240；4Φ12；Φ8@200 纵筋锚入梁或柱内500，且梁底与墙顶处用M5.0混合砂浆砌MU10.0烧结黏土空心砖一皮。
当砌体高度H_o＞4000时，应在砌体中部或窗台处加设圈梁QL1截面、配筋：200×300; 4Φ12通长，纵筋锚入框架柱内250。箍筋Φ8@200。

（九）其他
1. 梁、柱箍筋除注明外均按图集16G101。
2. 结构施工必须与建筑、水、电等工种密切配合，做好预埋铁件，预留孔洞等工作，不应事后凿混凝土。
3. 图纸必须经过会审后方可施工。且本说明如与图纸标注有矛盾，以图纸为准。
4. 施工必须按现行施工规范进行施工。

广西壮族自治区	南宁××设计院			证书编号	
设　计		建设单位		单　位	m;mm
制　图		设计项目	职工活动中心	比　例	1:100
项目负责人				日　期	
校　对		图　名	结构设计施工总说明	图　别	结施
审　核				图　号	1
审　定				第　张共　张	

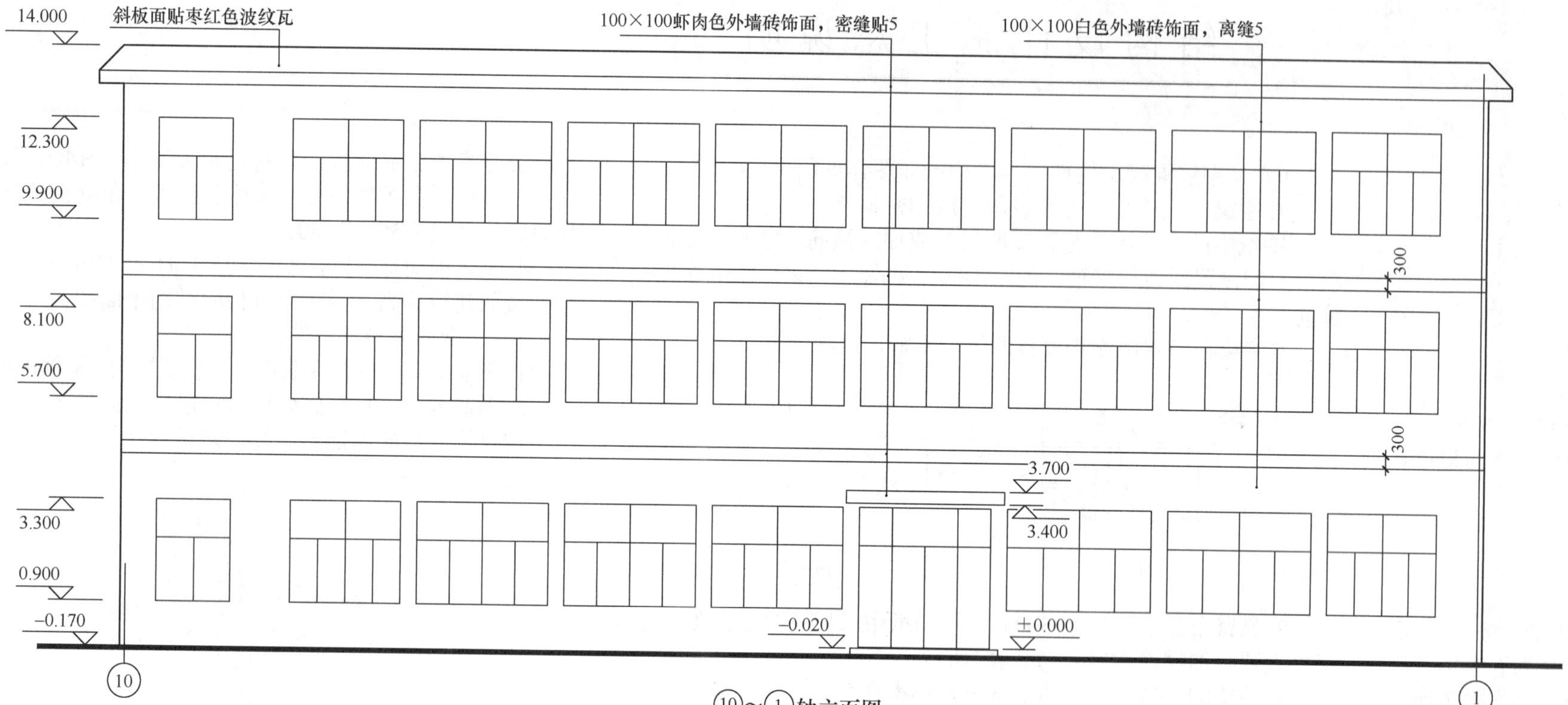

⑩~①轴立面图 1:100

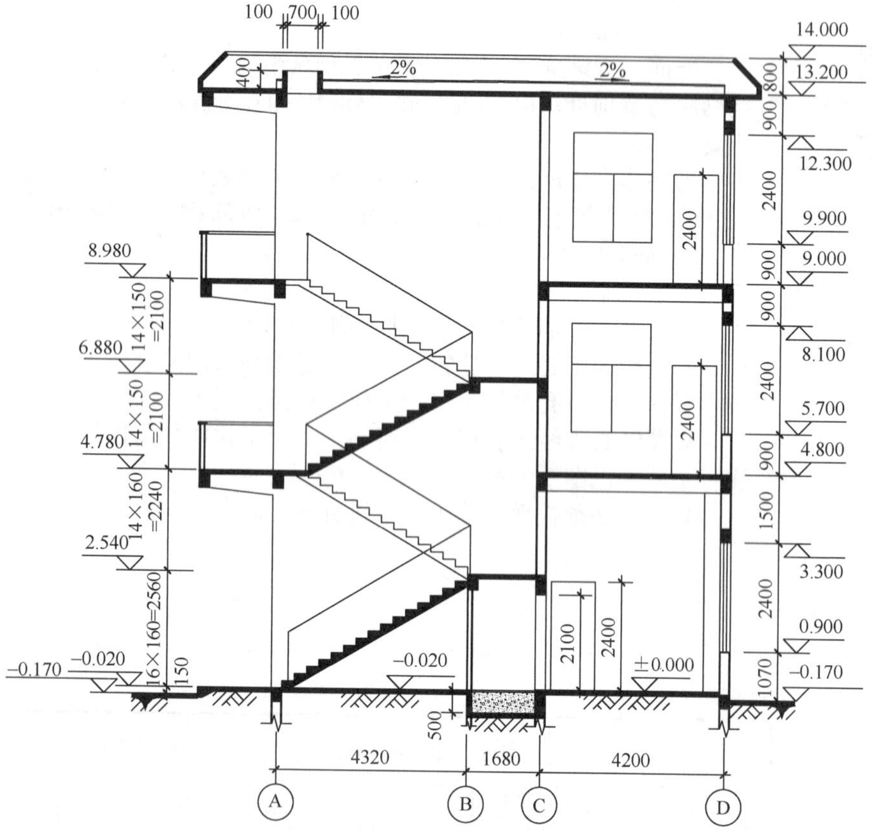

1-1剖面图 1:100

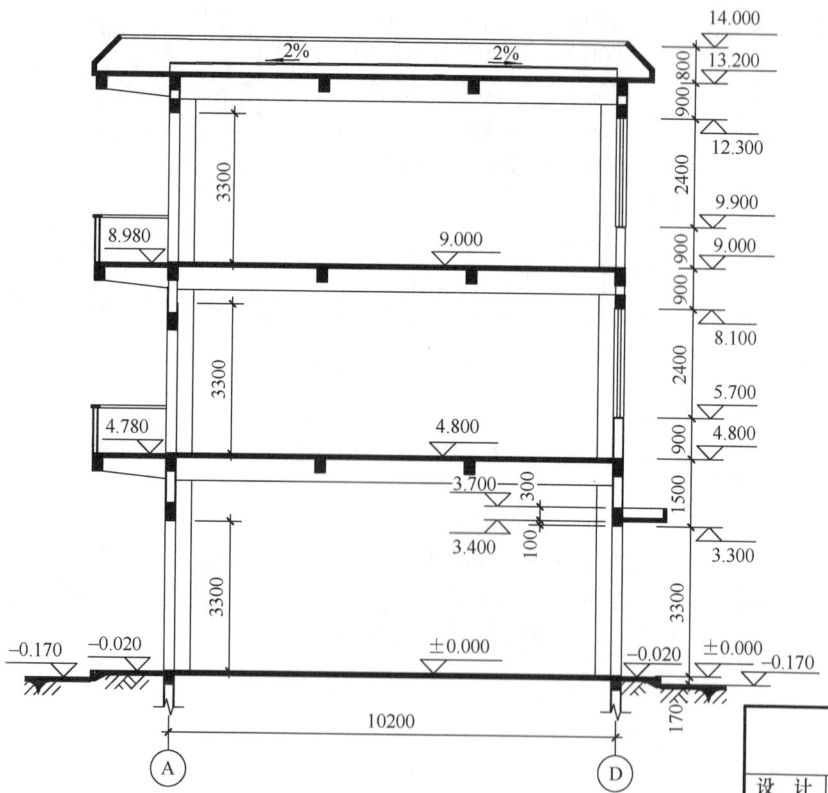

2-2剖面图 1:100

广西壮族自治区		南宁××设计院		证书编号	
设计		建设单位		单位	m;mm
制图		设计项目	职工活动中心	比例	1:100
项目负责人				日期	
校对		图名	⑩~①轴立面图 1—1、2—2剖面图	图别	建施
审核				图号	5
审定				第 张共 张	

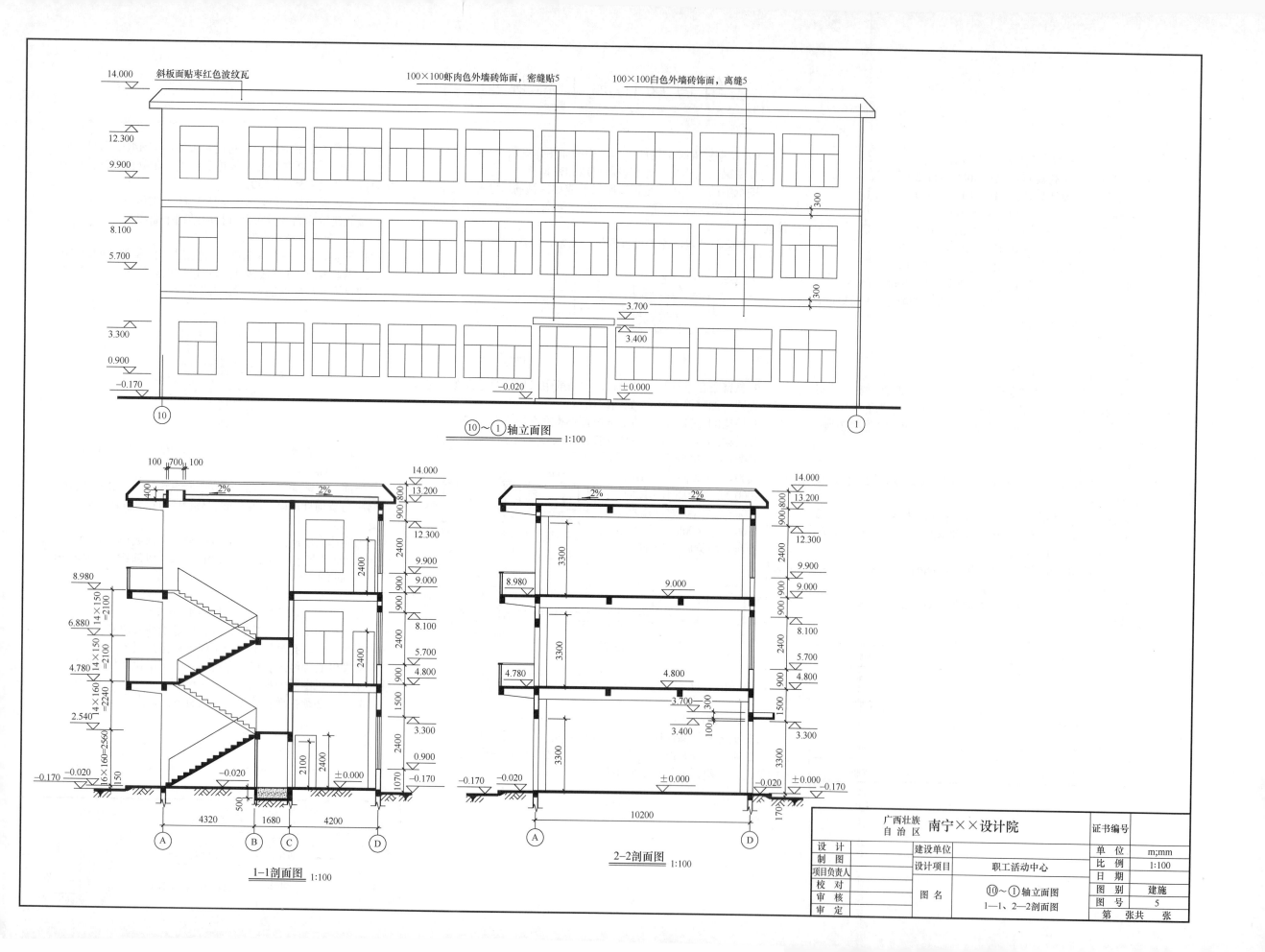

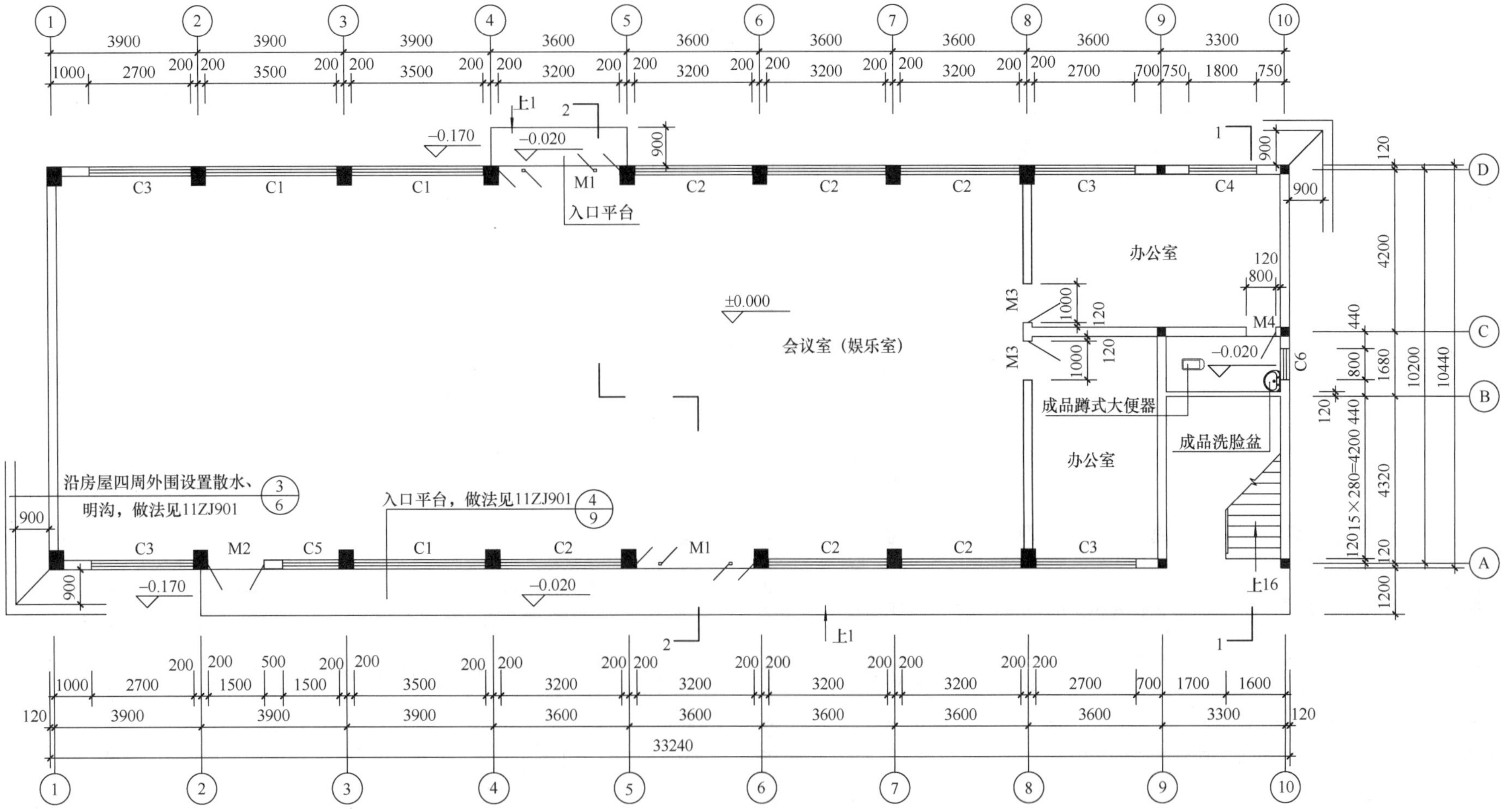

底层平面图 1:100

建筑设计说明

一、本工程总建筑面积1078m²，室内±0.000现定。

二、本工程砌体材料为普通页岩多孔砖(240×115×90)，砌体强度详见结构施工图；所有卫生间墙体下方做C20素混凝土反边，高300与墙体等宽。构造柱位置详结施图。

三、屋面防水做法参照15ZJ001屋109(防水、保温、不上人屋面)，防水做法：4.0厚SBS改性沥青防水卷材；保温做法：50厚挤塑聚苯乙烯泡沫塑料板。

四、外墙：面砖外墙做法详15ZJ001外墙17。

五、楼地面做法：

1.首层地面：20厚1:2水泥砂浆地面，做法详15ZJ001地101。
卫生间地面：300×300防滑砖，做法详15ZJ001地201-F1。

2.楼面：800×800抛光砖，做法详15ZJ001楼201。

3.楼梯：楼梯梯级砖，做法详15ZJ001楼201。

4.首层踢脚线：做法详见15ZJ001踢4。

5.楼面踢脚线：做法详见15ZJ001踢14。

六、内墙及顶棚做法：

1.内墙：(室内)20厚混合砂浆墙面，做法详15ZJ001内墙4；面层乳胶漆，做法详15ZJ001涂304。

2.内墙：(外走廊、楼梯间、走廊栏杆内侧及压顶面)：1500mm以下均贴釉面砖200×300墙裙，做法详15ZJ001裙8，1500mm以上做法同腻子内墙。

3.内墙(用于卫生间)：贴釉面砖200×300墙面至顶棚，做法详15ZJ001内墙24。

4.天棚：混合砂浆顶棚做法详15ZJ001顶2，面层乳胶漆，做法详15ZJ001涂304。

七、楼梯栏杆做法：栏杆选用11ZJ401-$\frac{Y}{12}$，扶手选用$\frac{15}{37}$，起步选用$\frac{12}{38}$。

八、油漆：

1.木门：油漆颜色为木质本色，面油调和漆。做法详15ZJ001涂101。

2.凡入墙木料必须满涂水柏油二道防腐。

3.所有外露铁件均油红丹打底，银粉漆二道。

九、凡涉及装修饰面材料的，必须由甲方和有关设计人员商定后方可施工，所有的墙砖必须粘贴牢固，不脱落。凡本说明未详之处请按现行施工与验收规范施工。

门窗统计表

编号	洞口尺寸(宽×高)	材料	数量			所在图集及图纸编号		备注
			一层	二层	三层			
M1	3200×3300	铝合金玻璃弹簧门	2	2	2	02ZJ603-1	LDHM100-60	采用5厚白玻璃，宽改为3200
M2	1500×2700	铝合金玻璃弹簧门	1			02ZJ603-1	LDHM100-23	采用5厚白玻璃
M3	1000×2400	木夹板门	2	1	1	04J601-1	PJM01-1024	
M4	800×2100	木夹板门	1			04J601-1	PJM01-0821	
M5	3500×3300	铝合金玻璃弹簧门		1	1	02ZJ603-1	LDHM100-70	采用5厚白玻璃，宽改为3500
C1	3500×2400	铝合金玻璃窗	3	3	3	02ZJ603-1	TLC90-51-S	采用5厚浮法玻璃，高改为2400，宽改为3500
C2	3200×2400	铝合金玻璃窗	6	6	6	02ZJ603-1	TLC90-51-S	采用5厚浮法玻璃，高改为2400，宽改为3200
C3	2700×2400	铝合金玻璃窗	4	4	4	02ZJ603-1	TLC90-51-S	采用5厚浮法玻璃，高改为2400
C4	1800×2400	铝合金玻璃窗	1	2	2	02ZJ603-1	TLC90-19-S	采用5厚浮法玻璃，高改为2400
C5	1500×2400	铝合金玻璃窗	1			02ZJ603-1	TLC90-11-S	采用5厚浮法玻璃，高改为2400
C6	800×600	铝合金玻璃窗	1			02ZJ603-1	TLC90-01-S	采用5厚浮法玻璃，宽改为800

广西壮族自治区	南宁××设计院		证书编号	
设计	建设单位		单位	m;mm
制图	设计项目	职工活动中心	比例	1:100
项目负责人			日期	
校对	图名	底层平面图 门窗统计表 建筑设计说明	图别	建施
审核			图号	1
审定			第 张共 张	

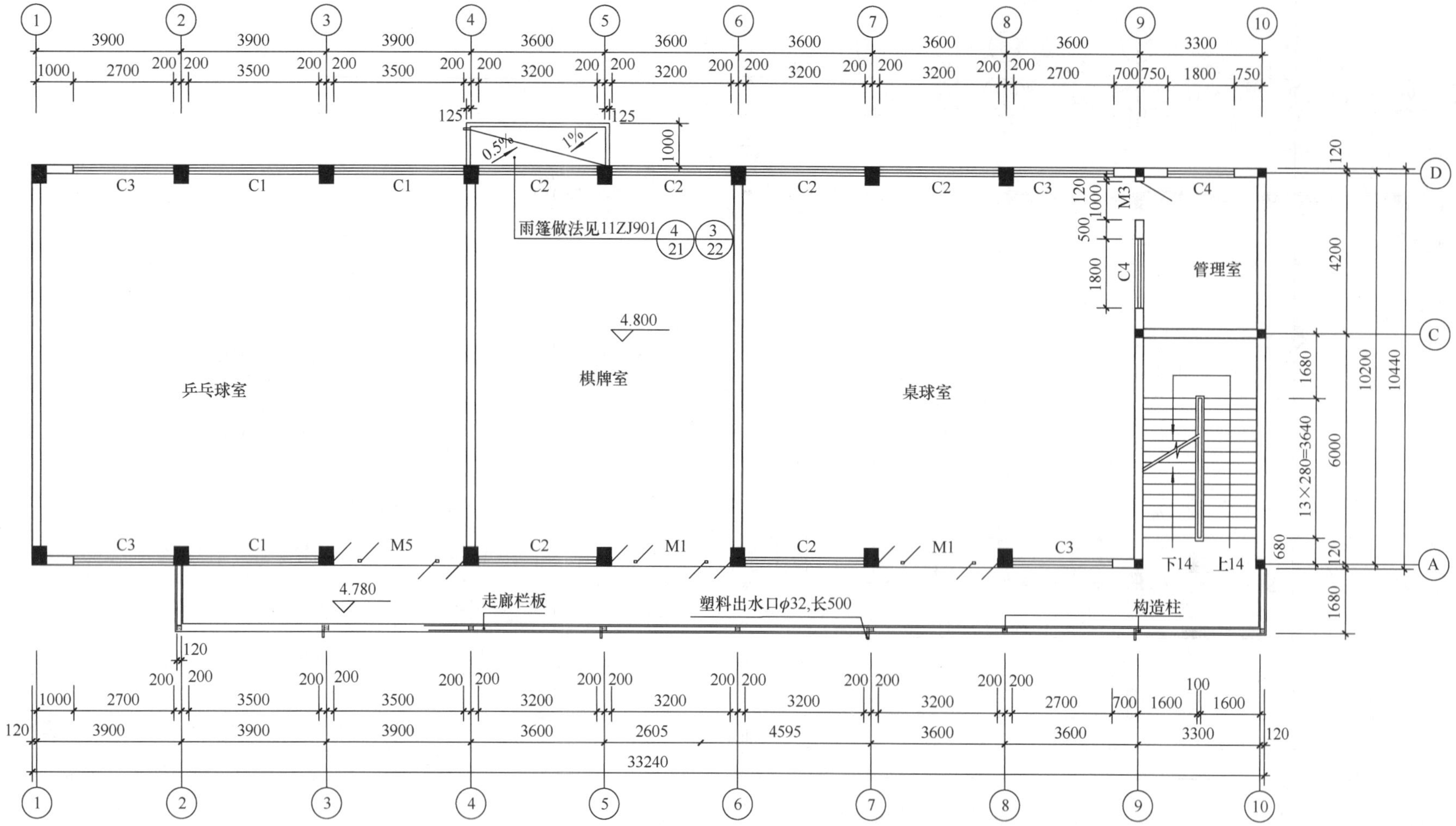

二层平面图 1:100　走廊栏板做法见11ZJ411 7/34　构造柱做法见11ZJ411 —/5

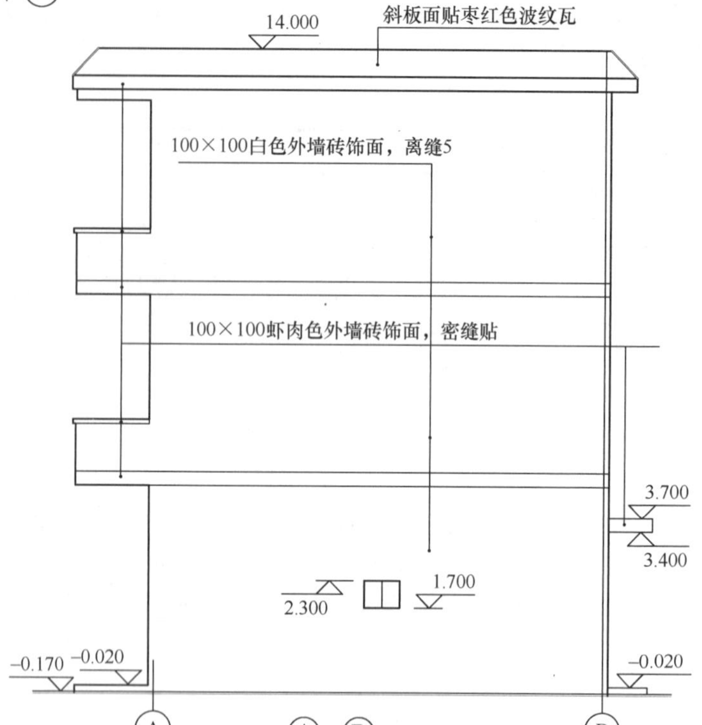

Ⓐ~Ⓓ 轴立面图 1:100

广西壮族自治区 南宁××设计院				证书编号	
设计		建设单位		单位	m;mm
制图		设计项目	职工活动中心	比例	1:100
项目负责人				日期	
校对		图名	二层平面图 Ⓐ~Ⓓ轴立面图	图别	建施
审核				图号	2
审定				第　张共　张	

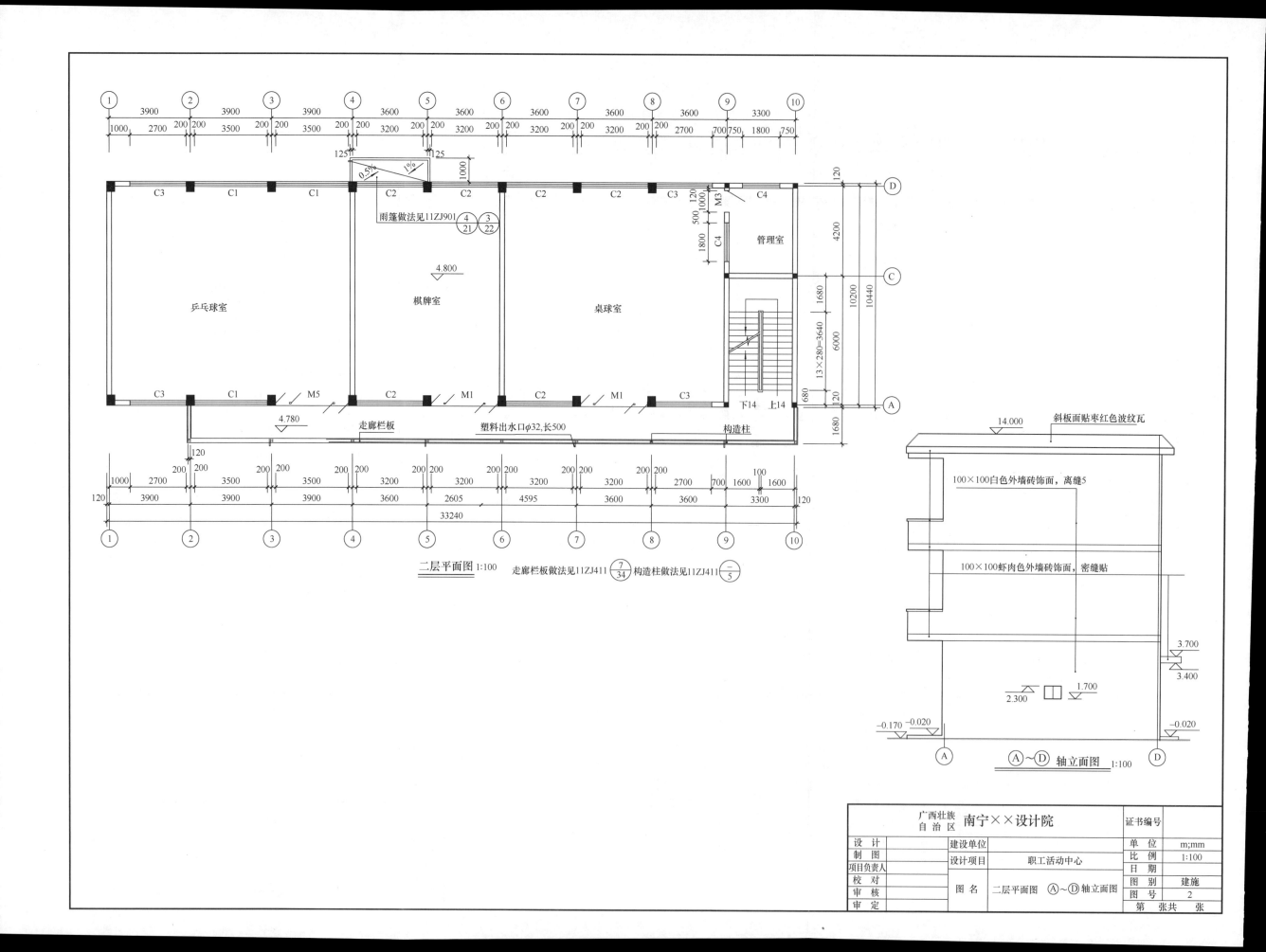

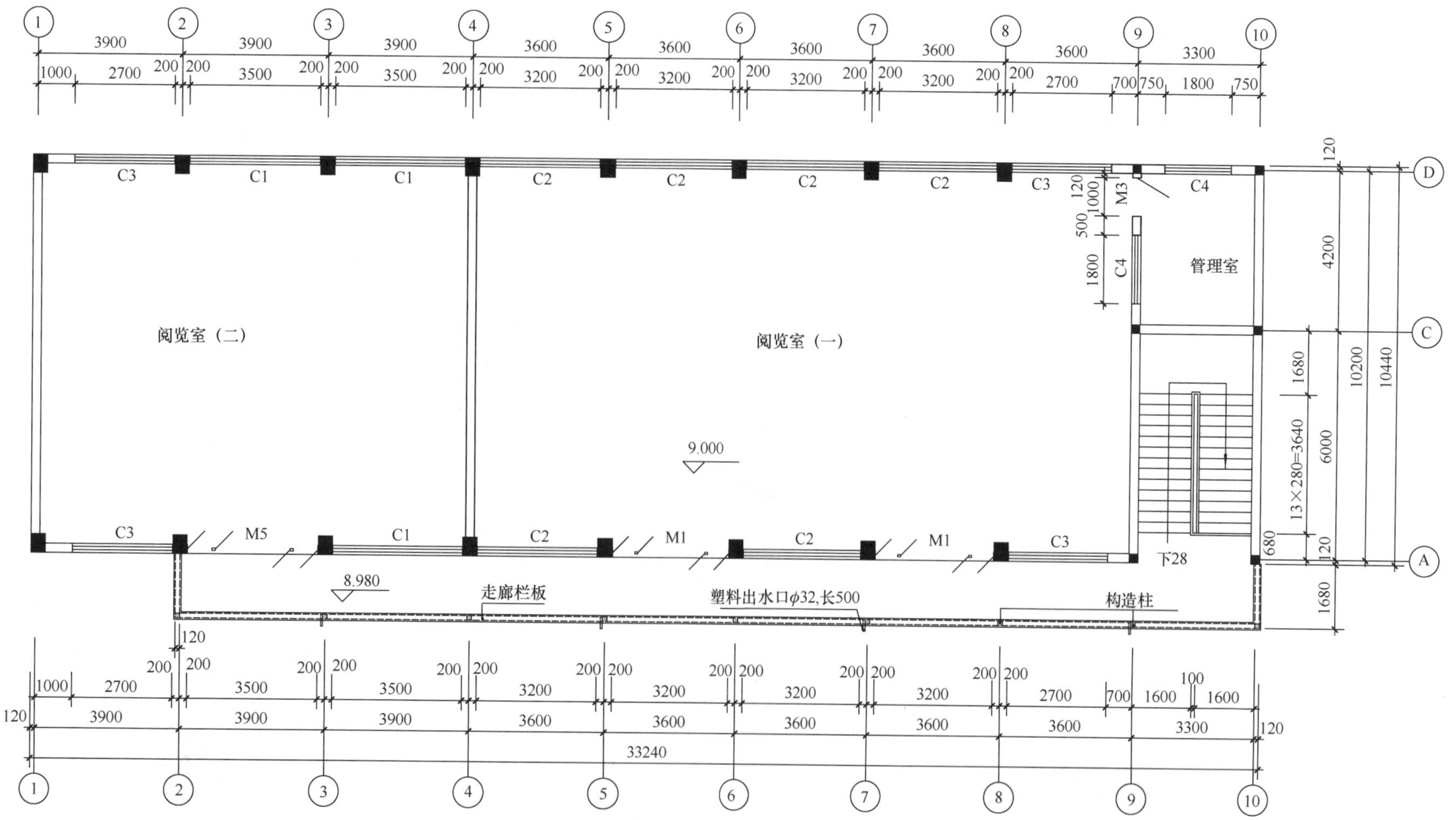

三层平面图 1:100 走廊栏板做法见11ZJ411 (7/34) 构造柱做法见11ZJ411 (—/5)

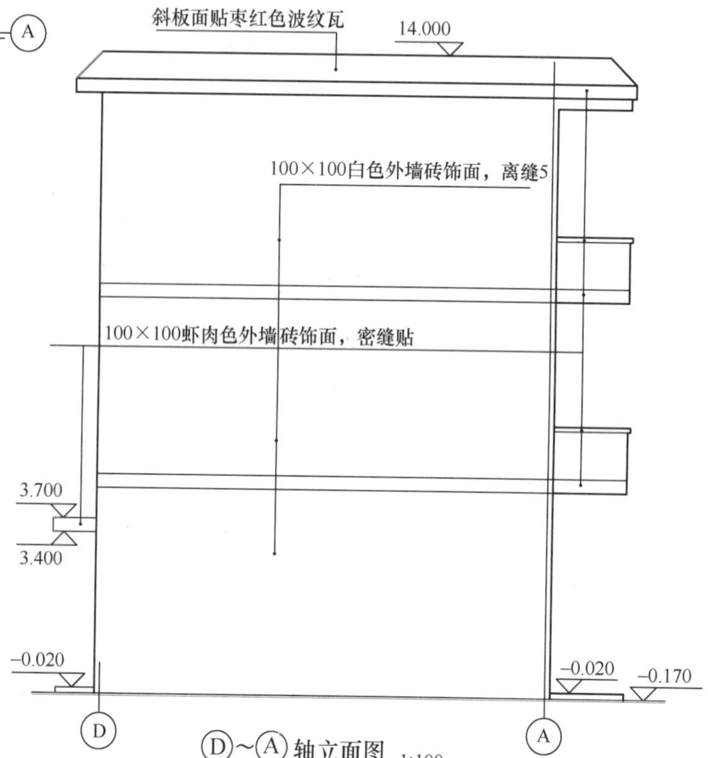

Ⓓ~Ⓐ轴立面图 1:100

广西壮族自治区 南宁××设计院				证书编号	
设计		建设单位		单位	m;mm
制图		设计项目	职工活动中心	比例	1:100
项目负责人				日期	
校对		图名	三层平面图 Ⓓ~Ⓐ轴立面图	图别	建施
审核				图号	3
审定				第 张共 张	

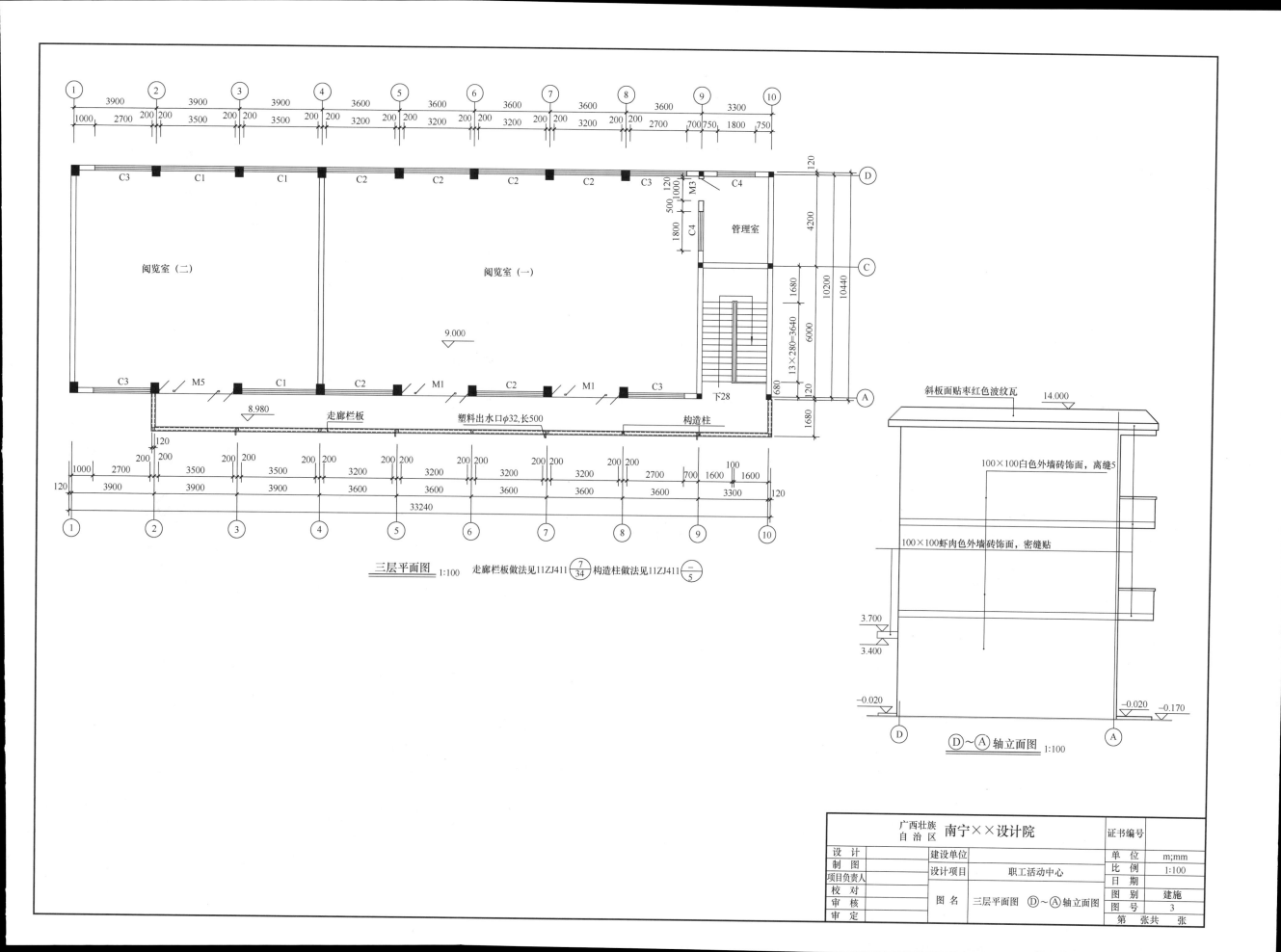

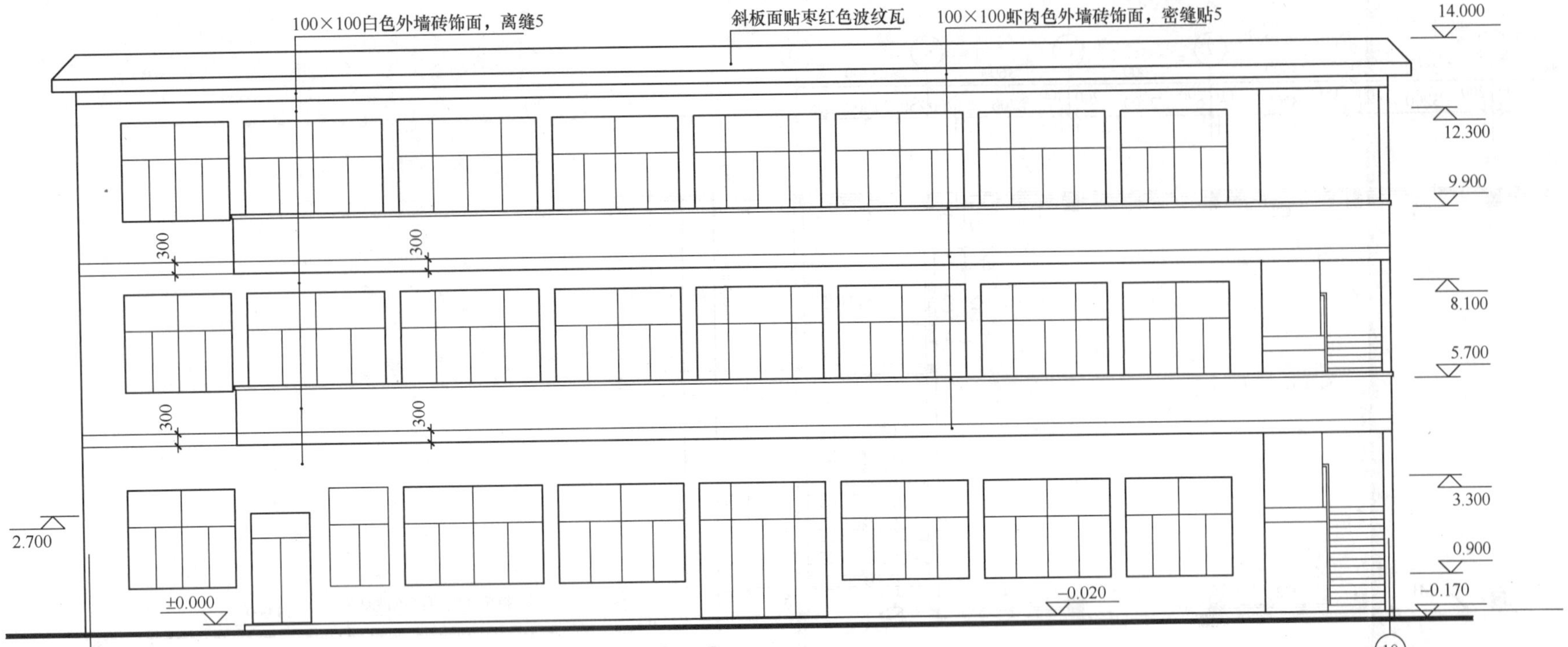

①~⑩轴立面图 1:100

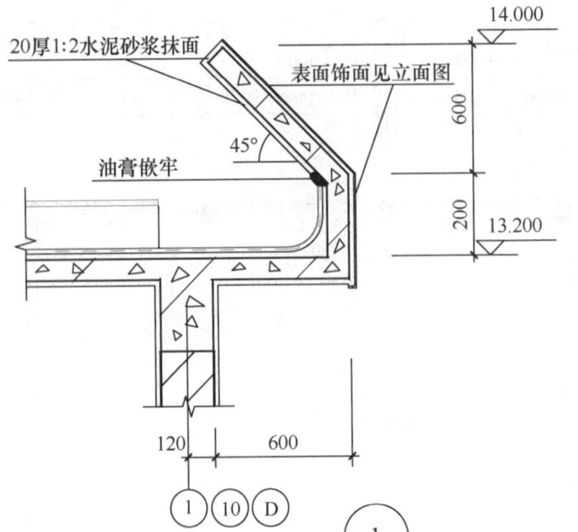

① 1:20

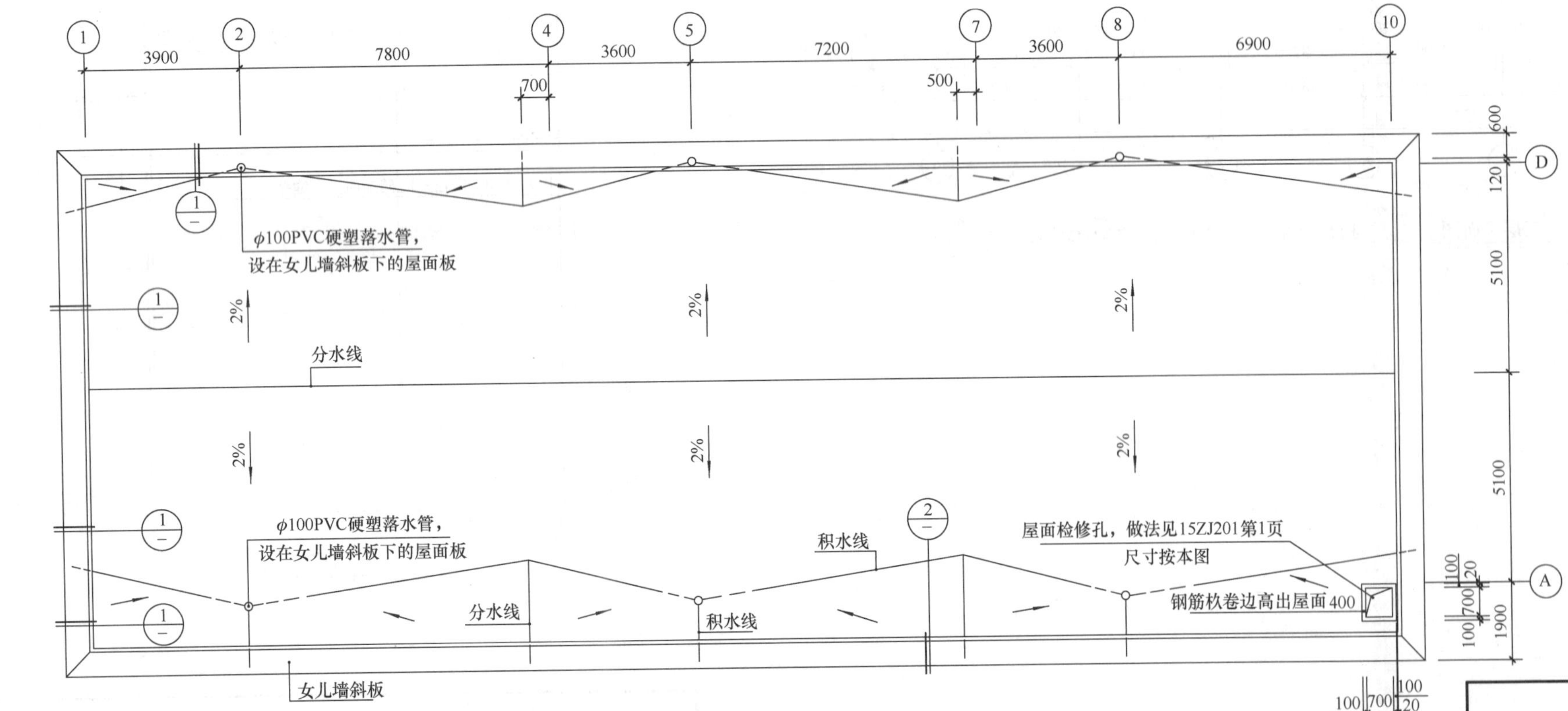

屋顶平面图 1:100

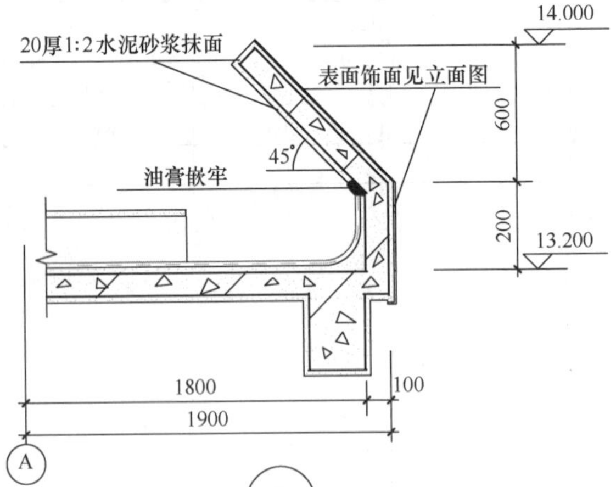

② 1:20

广西壮族自治区	南宁××设计院			证书编号	
设 计		建设单位		单 位	m;mm
制 图		设计项目	职工活动中心	比 例	1:100
项目负责人				日 期	
校 对		图 名	屋顶平面图及其大样图 ①~⑩轴立面图	图 别	建施
审 核				图 号	4
审 定				第 张共 张	

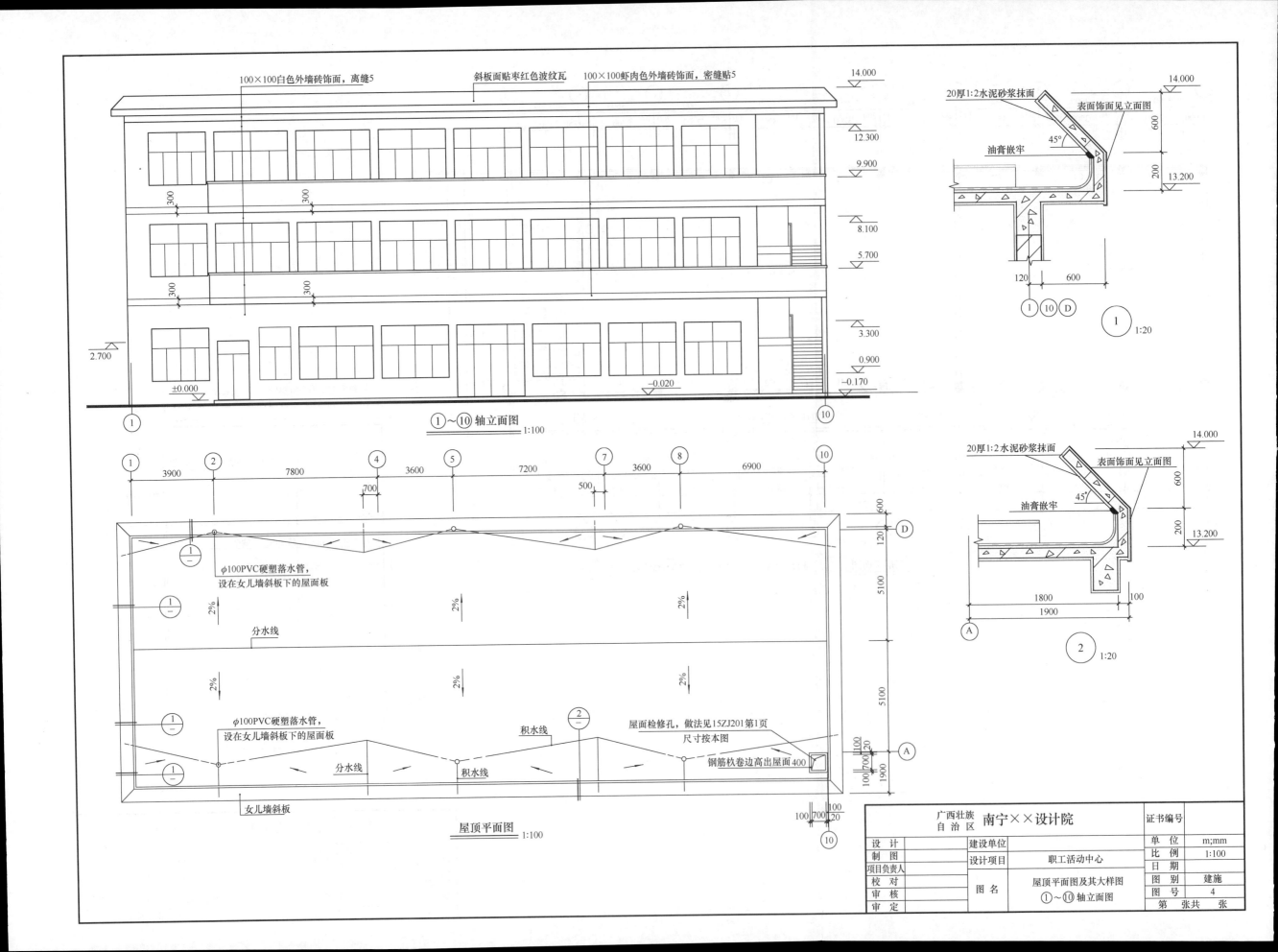

附录　造价工作常用资料一览表（部分）

序号	名称	备注
1	《建设工程工程量清单计价规范》GB 50500—2013	
2	《房屋建筑与装饰装修工程工程量计算规范》GB 50854—2013	
3	《2013 建设工程计价计量规范辅导》	
4	《〈建设工程工程量清单计价规范〉广西壮族自治区实施细则》	
5	《〈建设工程工程量计算规范〉广西壮族自治区实施细则》	
6	《广西壮族自治区工程量清单及招标控制价编制示范文本》	
7	2013 广西壮族自治区建筑装饰装修工程消耗量定额	一套 4 本
8	2016 广西壮族自治区建设工程费用定额	
9	2017 广西壮族自治区绿色建筑工程消耗量定额	
10	2017 广西壮族自治区装配式建筑工程消耗量定额	
11	建筑装饰装修工程定额宣贯资料	
12	（年度）建设工程造价管理文件	
13	（年度）补充定额和造价咨询解答	
14	五金手册	

参 考 文 献

[1] 张囡囡，张巍．土建造价员岗位实务知识[M]．北京：中国建筑工业出版社，2007.

[2] 中国建设工程造价管理协会．工程造价计价与控制[M]．北京：中国计划出版社，2009.

[3] 中国建设工程造价管理协会．建设工程造价管理基础知识[M]．北京：中国计划出版社，2011.

[4] 张寅．建筑装饰装修工程计量与计价[M]．北京：高等教育出版社，2006.

[5] 纪传印．装饰工程造价[M]．重庆：重庆大学出版社，2009.

[6] 王朝霞．建筑工程计价[M]．北京：中国电力出版社，2009.

[7] 周慧玲．建筑与装饰工程工程量清单计价(第二版)[M]．北京：中国建筑工业出版社，2020.

[8] 莫良善．建筑装饰装修工程计量与计价(上下册)[M]．北京：中国建材工业出版社，2014.

[9] 莫良善，陆丽娟．广西壮族自治区建筑装饰装修工程定额宣贯资料．广西建设工程造价管理总站，2013.

[10] 广西壮族自治区建设工程造价管理总站．广西壮族自治区建筑装饰装修工程消耗量定额(上下册)[M]．北京：中国建材工业出版社，2013.

[11] 广西壮族自治区建设工程造价管理总站．广西壮族自治区人工材料配合比机械台班基期价[M]．北京：中国建材工业出版社，2013.

[12] 广西壮族自治区建设工程造价管理总站．广西壮族自治区建筑装饰装修工程费用定额[M]．北京：中国建材工业出版社，2013.

[13] 广西壮族自治区建设工程造价管理总站．广西壮族自治区建设工程费用定额[M]．北京：中国建材工业出版社，2016.

[14] 广西壮族自治区建设工程造价管理总站．广西壮族自治区绿色建筑工程消耗量定额[M]．北京：中国建材工业出版社，2018.

[15] 广西壮族自治区建设工程造价管理总站．广西壮族自治区装配式建筑工程消耗量定额[M]．北京：中国建材工业出版社，2018.